AF608694

Einführung in die DEMAR

Martin Hinsch · Andreas Klarner ·
Caroline Berlinger

Einführung in die DEMAR

Strategien und Umsetzung des Zulassungswesens für Luftfahrzeuge der Bundeswehr

Martin Hinsch
AeroImpulse GmbH
Hamburg, Deutschland

Andreas Klarner
CQC Aviation GmbH & Co. KG
Untermeitingen, Deutschland

Caroline Berlinger
CQC Aviation GmbH & Co. KG
Straubing, Deutschland

ISBN 978-3-662-65675-4 ISBN 978-3-662-65676-1 (eBook)
https://doi.org/10.1007/978-3-662-65676-1

Die Deutsche Nationalbibliothek verzeichnet diese Publikation in der Deutschen Nationalbibliografie; detaillierte bibliografische Daten sind im Internet über http://dnb.d-nb.de abrufbar.

Planung/Lektorat: Michael Kottusch
Springer Vieweg ist ein Imprint der eingetragenen Gesellschaft Springer-Verlag GmbH, DE und ist ein Teil von Springer Nature.
Die Anschrift der Gesellschaft ist: Heidelberger Platz 3, 14197 Berlin, Germany

Geleitwort

Einsatzbereite Waffensysteme der Bundeswehr bilden eine wesentliche Grundlage für die sicherheitspolitische Handlungsfähigkeit der Bundesrepublik Deutschland, sowohl in der Landes-, wie auch in der Bündnisverteidigung.

Die Beschaffung und der Betrieb fliegender Waffensysteme stellt dabei sowohl die Bundeswehr, als auch die gewerbliche Wirtschaft regelmäßig vor große Herausforderungen. Wesentliche Treiber hierfür sind neben der zunehmenden technischen Komplexität, lange Projektlaufzeiten sowie die zunehmende Knappheit qualifizierter Ressourcen.

Zum Aufbau und Erhalt einsatzbereiter fliegender Waffensysteme der Bundeswehr ist daher eine enge Zusammenarbeit zwischen Bundeswehr und der gewerblichen Wirtschaft unerlässlich. Dies setzt eine verstärkte Angleichung von technischen und organisatorischen Anforderungen und Prozessen voraus, um den Austausch militärischer und gewerblicher Produkte und Dienstleistungen nachhaltig zu ermöglichen.

Hierbei fällt dem militärischen Zulassungswesen der Bundeswehr eine besondere Rolle zu. Als Garant für den sicheren Betrieb von militärischen Luftfahrzeugen hat die Bundeswehr über viele Jahre hinweg mit dem Altverfahren ein national ausgerichtetes Regelwerk für die Zulassung eigener Luftfahrzeuge erfolgreich genutzt. In multinationalen Projekten stößt dieses jedoch regelmäßig an seine Grenzen. Die aktuell laufende Migration in die DEMAR, als neues Standardverfahren für das Zulassungswesen der Bundeswehr stellt daher die logische Weiterentwicklung des nationalen militärischen Zulassungswesens in Deutschland dar. Angelehnt an die zivile Gesetzgebung der Europäischen Union wird die Einführung der DEMAR wesentliche Anforderungen und Prozesse des militärischen Zulassungswesens harmonisieren. Dabei tritt – wie im zivilen System bereits in den 1960er Jahren etabliert – die Produktorientierung zugunsten einer Prozessorientierung in den Hintergrund. Dies wird es sowohl der Bundeswehr, wie auch der gewerblichen Wirtschaft ermöglichen, den Austausch von Produkten und Dienstleistungen zu intensivieren und gleichsam nationale, wie auch internationale Lieferketten verstärkt zum Erhalt der Einsatzbereitschaft fliegender Waffensysteme zu nutzen. Allerdings bedarf die DEMAR Migration der

Bundeswehr einer konsequenten Umsetzung, um die gewünschte Zielstruktur möglichst verzugslos einzunehmen und die notwendigen Ressourcen zeitgerecht zu qualifizieren.

Dieses Buch schließt eine Lücke in der Personalqualifizierung im DEMAR Umfeld indem es deren Grundlagen erklärt und diese in den Gesamtzusammenhang des nationalen militärischen Zulassungswesens einordnet. Der besondere Verdienst des Buches liegt darin, in der Sprache des betrieblichen Alltags aufzuzeigen, wie die Umsetzung und Befolgung der DEMAR Vorgaben gelingen kann. Insbesondere vor dem Hintergrund immer umfangreicherer und komplexerer militärischer Zulassungsanforderungen, bietet das vorliegende Buch daher einen zentralen und wertvollen Beitrag für eine erfolgreiche Zusammenarbeit zwischen der Bundeswehr und der gewerblichen Wirtschaft. Daher wünsche ich dem Buch eine weite Verbreitung und viel konstruktive Beachtung.

Christoph Otten
Geschäftsführer
ESG Elektroniksystem- und Logistik-GmbH
München
Deutschland

Vorwort

Regelmäßig stellt das militärische Zulassungswesen die erfolgreiche Umsetzung von Rüstungsprojekten der Bundeswehr vor erhebliche Herausforderungen. Neben einer Erlangung und Aufrechterhaltung der Muster- und Verkehrszulassung militärischer Luftfahrzeuge gewinnt dabei vor allem auch die erfolgreiche Integration von unbemannten militärischen Fluggeräten in den zivilen Luftraum Bedeutung.

Aktuell erfolgt in zahlreichen Ländern eine europäische Harmonisierung der nationalen militärischen Zulassungsvorschriften sowie die Angleichung der Rollen und Aufgaben an das zivile Luftrecht. Neben einer erleichterten Zulassung multinationaler Rüstungsprojekte soll die Harmonisierung nicht zuletzt den Austausch von Produkten zwischen der militärischen und der zivilen Luftfahrt vereinfachen.

In Deutschland werden die neuen Regeln über die DEMAR-Vorgaben umgesetzt, welche seit 2019 das Standardverfahren für das nationale militärische Zulassungswesen bilden. Ziel dieses Buches ist es, dem Leser eine systematische Einordnung in diesen neuen Regelungsraum in Deutschland zu ermöglichen. Dies ist insofern von Bedeutung, da sich alleine der Umfang der militärischen Zulassungsanforderungen der Bundeswehr seit Beginn der DEMAR-Migration um rund 2000 Seiten erhöht hat und die allgemein zugängliche Literatur zu diesem Themengebiet sehr begrenzt ist. Hier bietet das Buch eine Hilfestellung, die auch dem Praktiker mit geringeren luftrechtlichen Vorkenntnissen das Zusammenspiel der inhaltlichen und organisatorischen Anforderungen vermittelt. Wo geboten und sinnvoll, werden dabei die Unterschiede zum bisherigen militärischen Zulassungswesen der Bundeswehr sowie zu den zivilen luftrechtlichen Anforderungen aufgezeigt.

Unser herzlicher Dank gilt allen Bekannten, Kollegen sowie den Führungskräften zahlreicher Unternehmen und der Bundeswehr, die uns bei der Erstellung des vorliegenden Textes geholfen haben. Mit ihren Anregungen und Hinweisen haben sie in den 6 Monaten zwischen der Idee und der Drucklegung wesentlich zum Gelingen dieses Werks beigetragen. Besonders bedanken möchten wir uns bei Herrn Torsten Feja aus dem BAAINBw, der uns während der Bucherstellung über nahezu alle Kapitel mit seinem Rat und seiner Erfahrung zur Seite stand. Ein weiterer Dank geht an Rechtsanwalt Frank Dörner für seine Unterstützung in der Darstellung der industriellen

Haftungsthematik, an Robert Haarmann, VP Quality der HENSOLDT für seine Ausführungen zur industriellen DEMAR-Migration sowie an Stefan Schunke, Sekretär des MAWA-Forums der EDA für seinen Ausblick auf die Weiterentwicklung der EMAR.

Hamburg
Atting
im Sommer 2022

Martin Hinsch
Caroline Berlinger
Andreas Klarner

Inhaltsverzeichnis

Abkürzungsverzeichnis

AD	Airworthiness Directive (Lufttüchtigkeitsanweisung)
ADD	Approved Design Data
AMC	Acceptable Means of Compliance
AML	Aircraft Maintenance Licence
AMM	Aircraft Maintenance Manual
AMSL	Airbus Military Sociedad Limitada
APU	Auxiliary Power Unit (Hilfstriebwerk)
AQAP	Allied Quality Assurance Publications
ARS	Airworthiness Review Staff (freigabeberechtigtes Personal in der CAMO)
ATA	Air Transport Association of America
B&A	Bau- und Ausrüstungsteile
BAAINBw	Bundesamt für Ausrüstung Informationstechnik und Nutzung der Bw
BDLI	Bundesverband der Deutschen Luft- und Raumfahrtindustrie
BDSV	Bundesverband der Deutschen Sicherheits- und Verteidigungsindustrie
BENF	Befristete Erlaubnis zur Nutzung im Flugbetrieb
BetrbVersVwt	Betriebs- und Versorgungsverantwortlicher
BGB	Bürgerliches Gesetzbuch
BGBl.	Bundesgesetzblatt
BM	Base Maintenance
BMVg	Bundesministerium der Verteidigung
BSI	Bundesamt für Sicherheit in der Informationstechnik
BWB	Bundesamt für Wehrtechnik und Beschaffung (heute BAAINBw)
CAMO	Continuing Airworthiness Management Organization
CAT	Category (AML Lizenz-Typen A, B, C)
CD	Computer Disc
CMM	Component Maintenance Manual
CoC	Certificate of Conformity
CofA	Certificate of Airworthiness
CPM	Customer Product Management

CRS	Certificate of Release to Service
CS	Certification Specifications (EASA Bauvorschriften)
CS	Certifying Staff
CSN	Cycles since new
CVE	Certification Verfication Engineer
DEMAR	German Military Airworthiness Requirements (DE)
DEMAR Form 1	Komponenten Freigabebescheinigung (DEMAR)
DEMPA	Deutsche Militärische Einzelteilzulassung
DEMTSO	Deutsche Military Technical Standard Order
DFF	Dauerhafte Flugrfreigabe
DGAC	Direction Generale de l'Aviation Civile
DIN	Deutsches Institut für Normung
DO	Design Organisation (21/J Entwicklungsbetrieb)
DoC	Declaration of Compliance
DOE	Design Organisation Exposition
EASA	European Aviation Safety Agency
EASA Form 1	Komponenten Freigabebescheinigung (EASA)
EBH	Entwicklungs-Betriebshandbuch
EDA	European Defence Agency
EDV	Elektronische Datenverarbeitung
EG	Europäische Gemeinschaft
EM	Engine Manual
EMACC	European Military Airworthiness Certification Criteria
EMAD	European Military Airworthiness Document
EMAR	European Military Airworthiness Requirements
EMJAAO	European Military Joint Airworthiness Authorities Organization
EN	Europäische Norm
EO	Engineering Order
ET	Wirbelstromprüfung
EU	Europäische Union
FAA	Federal Aviation Administration
FAR	Federal Aviation Regulations
FC	Starts/Landungen (Flight Cycles)
FCL	Flight Crew Licencing
FH	Flugstunde (Flight Hour)
FOD	Foreign Object Debris/Damage
FRA	Frankreich
FSTD	Flight Simulation Training Devices
GM	Guidance Material
HBH	Herstellungs-Betriebshandbuch
HMilMz	Halter der militärischen Musterzulassung (im BAAINBw)

IBH	Instandhaltungs-Betriebshandbuch
ICA	Instructions for Continued Airworthiness
ICAO	International Civil Aviation Organization
IETD	Interaktive Elektronische Technische Dokumentation
IHB	Instandhaltungbetrieb
IHP	Luftfahrzeug-Instandhaltungsprogramm
IPC	Illustrated Parts Catalogue
ITA	Italien
JAA	Joint Aviation Authorities
JAR	Joint Aviation Requirements
KM	Konfigurationsmanagement
LBA	Luftfahrt-Bundesamt
LDG	Landing (Landung)
LFBAG	Luftfahrt-Bundesamt Aufgaben Gesetz
Lfz	Luftfahrzeug
L/H	Left Hand (links/linke Seite)
LLP	Life Limited Parts
LT	Lufttüchtigkeit
LTA	Lufttüchtigkeitsanweisung
LufABw	Luftfahrtamt der Bundeswehr
LuftBO	Bauordnung für Luftfahrtgerät
LuftGerPO	Verordnung zur Prüfung von Luftfahrtgerät
LuftVG	Luftverkehrsgesetz
LuftVGBO	Luftverkehrsgesetzbeleihungsverordnung
LuftVZO	Luftverkehrs-Zulassungsordnung
LUH	Leichter Unterstützungshubschrauber
MAML	Military Aircraft Maintenance Licence
MARC	Military Airworthiness Review Certificate
MatVwtEinsRf	Materialverantwortlicher für die Einsatzreife
MAWA	Military Airworthiness Authority
MEL	Minimum Equipment List
MMEL	Master Minimum Equipment List
MoC	Means/Methods of Compliance
MOE	Maintenance Organisation Exposition
MPL	Musterprüfleitstelle
MT	Magnetpulverprüfung
MTC	Military Type Certificate
MTOE	Maintenance Training Organization Exposition
NADD	Non-Approved Design Data
NATO	North Atlantic Treaty Organisation
NDT	Non-Destructive Testing
NMAA	National Military Airworthiness Authority (militärische Luftfahrtbehörde)

No.	Number (Nummer)
öAG	öffentlicher Auftraggeber
OEM	Original Equipment Manufacturer
OSD	Operational Suitability Data
OT	Ultraschallprüfung
PfL	Prüfstellen für Luftfahrzeuge
PN	Part Number
PO	Production Organisation (21/G Herstellungsbetrieb)
POE	Production Organisation Exposition
PT	Eindringverfahren (Penetration Testing)
PtF	Permit to fly
PuZ	Prüf- und Zulassungswesen
QM	Quality Management
QS	Qualitätssicherung
Qty.	Quantity (Anzahl)
R/H	Right Hand (rechts/rechte Seite)
RT	Durchstrahlungsprüfung
SAR	Search and Rescue
SASPF	Standard-Anwendungs-Software-Produkt-Familien
SB	Service Bulletin
SN	Serialnummer (Serial Number)
SOF	Special Operations Forces
SOP	Standard Operating Procedure
SMS	Safety Management System
SRM	Structure Repair Manual
StGB	Strafgesetzbuch
StGrp	Steuergruppe
STC	Supplemental Type Certificate (Ergänzendes Musterzulassungskennblatt)
TC	Type Certificate (Musterzulassung)
TCI	Time Changeable Items
TSN	Time since new
TSO	Technical Standard Order
UAN	Unterauftragnehmer
UN	United Nations (Vereinte Nationen)
WDM	Wiring Diagram Manual
WTD	Wehrtechnische Dienststelle
ZDv	Zentrale Dienstvorschrift
ZK	Zustands Kodierung
ZtQ	Zentrum für technisches Qualitätsmanagement (im BAAINBw)

1 Einleitung

Das vorliegende Buch widmet sich einem Themenfeld, das in der Fachliteratur bisher fast keine Beachtung gefunden hat: dem Zulassungswesen für militärische Luftfahrzeuge in Deutschland. Hierunter fallen alle Anforderungen und Erfordernisse, die für die Erlangung und Aufrechterhaltung von militärischen Muster- und Verkehrszulassungen für Luftfahrzeuge der Bundeswehr über den gesamten Lebenszyklus notwendig sind. Den Schwerpunkt dieses Buchs bildet dabei der in 2013 eingeführte und seit 2019 als Standardverfahren geltende Regelungsraum DEMAR. In Anlehnung an die zivilen luftrechtlichen EU-Vorgaben soll die DEMAR die Harmonisierung multinationaler Zulassungsaktivitäten erleichtern und den verstärkten Austausch zwischen zivilen und militärischen Produkten und Dienstleistungen in der Luftfahrt ermöglichen.

Zunächst stellt das Buch in Kap. 2 die Grundlagen des Zulassungswesens für Luftfahrzeuge und Komponenten dar. Erklärt werden die Entwicklungsgeschichte, sowie die wesentlichen Anforderungen sowohl des zivilen wie auch des militärischen Zulassungswesens. Obgleich sich das Buch in erster Linie mit dem Standardverfahren DEMAR auseinandersetzt, wird auch das weiterhin angewandte Altverfahren für Luftfahrzeuge und Komponenten der Bundeswehr kurz dargestellt. Das Kapitel schließt mit den wesentlichen Unterschieden zwischen dem zivilen und militärischen Zulassungswesen.

Im Kap. 3 werden die zivilen und militärischen Behörden und Organisationen vorgestellt, die mit ihrem Handeln maßgeblich den grundlegen Aufbau und die generelle Funktionsweise des zivilen und des militärischen Zulassungswesens bestimmen. Nach einer Vorstellung der zivilen Behörden wird auf die European Defence Agency (EDA) und das MAWA Forum, vor allem aber auf die bundeswehrinternen Hauptakteure eingegangen: das Bundesministerium der Verteidigung (BMVg), das Luftfahrtamt der Bundeswehr (LufABw), das Bundesamt für Ausrüstung, Informationstechnik und Nutzung der Bundeswehr (BAAINBw) und die Streitkräfte als Nutzer militärischer Luftfahrzeuge. Das Kapitel

M. Hinsch et al., *Einführung in die DEMAR*,
https://doi.org/10.1007/978-3-662-65676-1_1

schließt mit einer kurzen Betrachtung ausländischer Zulassungsbehörden und deren Einbindung in das nationale Zulassungswesen.

Kap. 4 beschäftigt sich mit den militärischen Regelwerken und Anforderungen des Standardverfahrens DEMAR. Zunächst wird dabei auf die grundlegende Vorschriftenstruktur der Dach-, Einleitungs- und Durchführungsvorschriften im nationalen militärischen Zulassungswesen eingegangen. Im Anschluss folgt eine detailliertere Darstellung der DEMAR zur Entwicklung, Herstellung und Instandhaltung militärischer Luftfahrzeuge sowie zu CAMOs und Ausbildungsorganisationen.

In Kap. 5 werden zunächst die Grundlagen und die Unterschiede zwischen Dokumentation und Aufzeichnungen dargelegt. Darauf folgt eine Beschreibung behördlicher Dokumente mit Schwerpunkt auf Lufttüchtigkeitsanweisungen, behördliche Urkunden und Formblätter. Im weiteren Verlauf stehen die betrieblichen Dokumente und Aufzeichnungen im Fokus der Betrachtung. Dabei erfolgt sowohl eine Darstellung der betrieblichen QM-Dokumentation als auch der Vorgabedokumente des DEMAR 21J-Betriebs, dem im Bereich der Dokumentation eine Schlüsselrolle zukommt. Das Kapitel schließt mit Anforderungen zur Archivierung von Entwicklungs-, Herstellungs- und Instandhaltungsaufzeichnungen.

Im Kap. 6 werden die Grundsätze zur Entwicklung von Luftfahrzeugen und Komponenten nach DEMAR erklärt und die Genehmigungsvoraussetzungen an einen Entwicklungsbetriebs erläutert. Der Fokus richtet sich dann auf die Musterzulassung militärischer Luftfahrzeuge. Nach einer Darstellung der Grundlagen wird im Anschluss der Zulassungsprozess und die Nachweisführung detailliert erklärt. Dabei wird auch auf die Schlüsselrollen innerhalb der Entwicklung eingegangen. Abschließend werden kurz die Besonderheiten in der Entwicklung von Komponenten aufgezeigt.

Das Kap. 7 widmet sich der Herstellung militärischer Luftfahrzeuge und Komponenten. Zunächst werden die Grundlagen dargestellt. Im Anschluss widmet sich das Kapitel der Genehmigung eines militärischen Herstellungsbetriebs nach DEMAR und beschreibt den zu beantragenden Genehmigungsumfang. Es folgt ein Abriss über die Qualitätssysteme in der Herstellung, einschließlich der grundlegenden Qualitätsanforderungen und der Genehmigungsvoraussetzungen. Einen weiteren Schwerpunkt dieses Kapitels bilden zudem die Rechte und Pflichten eines genehmigten DEMAR 21G-Betriebs. Der Blick richtet sich dann auf die Anforderungen hinsichtlich der Zusammenarbeit mit dem zuständigen Entwicklungsbetrieb. Abschließend wird auf produktseitige Maßnahmen der Qualitätssicherung, die Abnahme sowie die Ausstellung der DEMAR Form 1 eingegangen.

Im Kap. 8 werden zunächst die Grundlagen der Instandhaltung im Allgemeinen sowie an militärischen Luftfahrzeugen und Komponenten im Besonderen erklärt. Es folgt dann eine Darstellung der Genehmigungsanforderungen und Genehmigungsvoraussetzungen an einen DEMAR Instandhaltungsbetrieb. In der Folge leitet das Kapitel zum Aufbau von Instandhaltungsbetrieben über. Dabei werden Begrifflichkeiten wie Line- und Base Maintenance sowie die Charakteristika von geplanter und ungeplanter Instandhaltung erläutert, bevor auf den Prozess der Instandhaltung im Detail eingegangen wird. Hierbei wird zwischen geplanter und ungeplanter Instandhaltung, sowie zwischen der Luftfahrzeug- und der Komponenteninstandhaltung unterschieden. Das Kapitel schließt mit einer Darstellung der Anforderungen an die Dokumentation und Freigabe durchgeführter Instandhaltungsmaßnahmen.

Kap. 9 beschäftigt sich mit dem Instandhaltungsmanagement und stellt die Aufgaben und Anforderungen an eine CAMO dar. Es folgt eine Darstellung der Grundlagen von CAMO-Organisationen, d. h. den Genehmigungsvoraussetzungen im Allgemeinen sowie den Anforderungen an das Personal im Besonderen. Im Folgenden werden Inhalt und Struktur von Luftfahrzeug-Instandhaltungsprogrammen ausführlich beschrieben, bevor sich der Text dem Zuverlässigkeitsmanagement widmet. Im Anschluss richtet sich der Fokus auf die Behörden- und Herstellerbekanntmachungen, wie etwa Lufttüchtigkeitsanweisungen und Service Bulletins. Das Kapitel schließt mit einer Darstellung zur periodischen Prüfung der Lufttüchtigkeit, sowie den diesbezüglichen Anforderungen an die Dokumentation.

Im Kap. 10 werden die DEMAR-relevanten Freigabe- und Konformitätsbescheinigungen beschrieben. Neben einer Darstellung des Zwecks dieser Bescheinigungen wird zunächst der Prozess einer Freigabe dargestellt. Im Anschluss werden die unterschiedlichen Arten von Freigabedokumenten aufgezeigt und im Detail erklärt. Dabei erfolgt zunächst eine Beschreibung der Konformitätserklärung nach der Herstellung eines Luftfahrzeugs, gefolgt von den unterschiedlichen Freigabebescheinigungen für Luftfahrzeuge und Komponenten. Im Anschluss wir auf das Certificate of Conformity, sowie auf weitere Prüfbescheinigungen eingegangen. Das Kapitel endet mit einer Ausfüllanleitung für eine DEMAR Form 1.

Das Kap. 11 beschäftigt sich mit den Personalanforderungen im Umfeld der DEMAR. Dabei werden neben den allgemeinen auch die besonderen Personal- und Qualifizierungsvorgaben für Herstellungs- und Instandhaltungspersonal thematisiert. Ein besonderer Fokus richtet sich dabei auf freigabeberechtigtes Personal. Es folgen die Anforderungen an administratives Personal. Dabei werden zunächst die besonderen Anforderungen an DEMAR-relevante Führungskräfte erläutert, bevor in den darauffolgenden Unterkapiteln auf die Anforderungen an die Qualifizierung von Herstellungs-, Instandhaltungs- und Entwicklungspersonal, sowie von administrativem Personal eingegangen wird. Den Abschluss des Kapitels bildet neben einer Einführung in weitere Typen der Personalqualifizierung, auch eine kurze Darstellung zu den behördlich geforderten Continuation Trainings.

Im Kap. 12 werden die wesentlichen Elemente in der Zusammenarbeit zwischen der Bundeswehr und der gewerblichen Wirtschaft aus Sicht der DEMAR dargestellt. Letztere wird unter DEMAR vermehrt in zulassungsrelevante Aufgabenstellungen der Bundeswehr eingebunden, wodurch sich verschiedene Herausforderungen aus dem militärischen Prüf- und Zulassungswesen ergeben. Zunächst werden die Entwicklungsgeschichte sowie die Grundlagen und Rahmenbedingungen zur Einbindung der gewerblichen Wirtschaft durch die Bundeswehr aufgezeigt. Der Text beschreibt darauffolgend die allgemeinen und zulassungsspezifischen Anforderungen und Rahmenbedingungen für die Einbindung dieser gewerblichen Leistungen. Zudem wird die Erlangung einer

DEMAR Betriebsgenehmigung durch die Industrie beschrieben und auf die Beleihungsmöglichkeiten der gewerblichen Wirtschaft durch die Bundeswehr eingegangen.

Das abschließende Kap. 13 beschäftigt sich mit den Herausforderungen der DEMAR Migration. Nach einer Einleitung werden in diesem Kapitel potenzielle bzw. noch nicht abschließend geklärte Handlungsfelder der DEMAR sowohl auf gewerblicher Seite wie auch aufseiten der Bundeswehr dargestellt. Diese umfassen neben systemischen auch regulatorische, organisatorische und personelle Herausforderungen, deren erfolgreiche Bearbeitung wesentlich zu einem Gelingen der DEMAR Migration des nationalen militärischen Zulassungswesens für Luftfahrzeuge beitragen können.

Grundlagen des Zulassungswesens für Luftfahrzeuge

2

Dieses Kapitel richtet den Schwerpunkt zunächst auf das zivile Zulassungswesen und dessen Entstehungsgeschichte auf der Basis des zivilen Luftrechts (Abschn. 2.1). Der zweite Fokus dieses Kapitels (Abschn. 2.2) befasst sich mit der Entwicklung des militärischen Zulassungswesens. Dieses basiert überwiegend auf dem zivilen Luftrecht und ermöglicht es den militärischen Nutzern, immer dort von den zivilen Vorgaben abzuweichen, wo es die besondere Aufgabenwahrnehmung von Streitkräften erforderlich macht. Der dritte Schwerpunkt des Kapitels (Abschn. 2.3) stellt an ausgewählten Beispielen die wesentlichen Unterschiede zwischen dem zivilen und militärischen Zulassungswesen dar.

2.1 Einführung in das zivile Zulassungswesen

Die Benutzung des Luftraumes durch Luftfahrzeuge ist grundsätzlich frei.[1] Jedoch setzt die Nutzung voraus, dass ein Luftfahrzeug über eine gültige Muster- und Verkehrszulassung verfügt[2]. Hieraus leitet sich die Notwendigkeit ab, ein geeignetes Zulassungswesen für Luftfahrzeuge zu etablieren. Die Zulassung von Luftfahrzeugen ist dabei eine nationale hoheitliche Aufgabe und dient der staatlichen Sicherheits- und Risikovorsorge. Sie ist vorgeschriebene Notwendigkeit für die sichere Teilnahme von Luftfahrzeugen am allgemeinen Luftverkehr und wird durch die zuständige Luftfahrtbehörde auf Antrag und nach Prüfung erteilt.

[1] Vgl. LuftVG (2021), § 1.

[2] Vgl. LuftVG (2021), § 2.

M. Hinsch et al., *Einführung in die DEMAR*,
https://doi.org/10.1007/978-3-662-65676-1_2

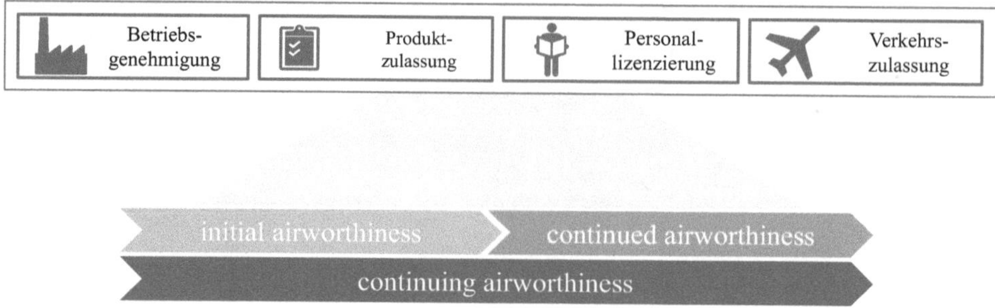

Abb. 2.1 Aufbau des Zulassungswesens

Aufgrund der Hoheitlichkeit dieser Aufgabe unterliegen die Definition der Zulassungsanforderungen sowie deren Kontrolle der Einhaltung den dafür zuständigen Behörden oder staatlicher Organisationen.

Als exekutive Grundlage dienen Gesetze, Verordnungen und Verwaltungsvorschriften. In der Europäischen Union basieren diese auf europäischem Recht, welches das nationale Recht weitestgehend abgelöst hat. Die Umsetzung und Überwachung erfolgt auf europäischer Ebene durch die EASA und national in Deutschland durch das LBA bzw. die zuständigen Landesluftfahrtbehörden.

2.1.1 Grundlegende zivile Anforderungen

Im Rahmen dieses Buches sollen die Bereiche Initial Airworthiness, Continued Airworthiness und Continuing Airworthiness[3] betrachtet werden. Übergreifend kann man hierbei vom *Zulassungswesen für Luftfahrzeuge* sprechen.

Im Zulassungswesen unterscheiden wir im Wesentlichen vier Arten der behördlichen Erlaubnis, wie in Abb. 2.1 dargestellt, nämlich:

- die Genehmigung,
- die Musterzulassung,
- die Verkehrszulassung sowie
- die Lizenz.

Genehmigung

Als Genehmigung bezeichnet man die behördliche Erlaubnis an eine Organisation, luftfahrtkonforme Produkte und Dienstleistungen zu erbringen. Im Bereich des europäischen Zulassungswesens unterscheiden wir dabei Genehmigungen für:

---

[3] Vgl. Abschn. 4.3.

- Entwicklungsbetriebe,
- Herstellungsbetriebe,
- Instandhaltungsbetriebe,
- Ausbildungsbetriebe für Prüfpersonal,
- Organisation zum Management der Aufrechterhaltung der Lufttüchtigkeit.

Grundsätzlich ist es für eine Organisation möglich, eine oder mehrere dieser Betriebsgenehmigungen gleichzeitig zu beantragen und zu halten.

Diese Genehmigung bildet jedoch nur den notwendigen organisatorischen Rahmen einer behördlichen Erlaubnis. Erst mit dem von der zuständigen Luftfahrtbehörde festgelegten Genehmigungs*umfang* wird bestimmt, welche Luftfahrzeuge und Komponenten durch eine genehmigte Organisation tatsächlich entwickelt, hergestellt oder instandgehalten und in Verkehr gebracht werden dürfen. Somit setzt eine unternehmerische Tätigkeit in der Luftfahrt immer voraus, dass ein Unternehmen sowohl über eine gültige Betriebsgenehmigung als auch über einen freigegeben Genehmigungsumfang durch die jeweils zuständige Luftfahrtbehörde verfügt. So darf beispielsweise ein genehmigter Instandhaltungsbetrieb nur an den Luftfahrzeugmustern Instandhaltungsmaßnahmen in einem festgelegten Umfang durchführen, die in seinem Genehmigungsumfang enthalten sind. Möchte dieser Betrieb nun sein Leistungsportfolio ausbauen, z. B. Instandhaltung an zusätzlichen Luftfahrzeugmustern durchführen, bedarf es einer Erweiterung des bestehenden Genehmigungsumfangs sowie einer entsprechenden behördlichen Freigabe.

Im europäischen Rechtsraum setzt die Erteilung einer behördlichen Betriebsgenehmigung in der Luftfahrt immer eine Antragstellung bei der jeweils zuständigen Luftfahrtbehörde voraus. In der Folge leitet die Behörde einen Genehmigungsprozess ein, der bei Vorliegen der notwendigen Voraussetzungen zur Genehmigung oder Genehmigungserweiterung der antragstellenden Organisation führt. Hierbei ist zu berücksichtigen, dass neben einer Erteilung der Erstgenehmigung auch die kontinuierliche Aufrechterhaltung der Genehmigungsvoraussetzungen durch die zuständige Luftfahrtbehörde regelmäßig überprüft werden.

Muster- und Verkehrszulassung

Als Zulassung bezeichnet man die behördliche Erlaubnis für den Betrieb eines Luftfahrzeugs. Dabei unterscheidet man im Zulassungswesen für Luftfahrzeuge zwischen der

- Musterzulassung und
- Verkehrszulassung.

Dabei bezieht sich die Musterzulassung eines Luftfahrzeugs immer auf ein Muster, d. h. eine Reihe von Luftfahrzeugen gleicher Bauart. Hierbei wird das Muster, oder vereinfacht die Konstruktion des Luftfahrzeugs im Rahmen einer Musterprüfung mit den Anforderungen aus den festgelegten Bauvorschriften verglichen und bei Vorliegen der erforderlichen Nachweise durch die zuständige Luftfahrtbehörde zugelassen. Die Musterzulassung, im englischen Sprachgebrauch *Type Certificate* (TC), beschreibt somit die technischen Parameter eines Luftfahrzeuges und definiert die grundlegenden Betriebsgrenzen. Die Musterzulassung wird in der Regel von einem genehmigten Entwicklungsbetrieb und auf der Basis behördlich herausgegebener Bauvorschriften beantragt und immer von einer Luftfahrtbehörde erteilt. Nach Erteilung der Musterzulassung bedarf es für die Aufrechterhaltung dieser Musterzulassung immer eines genehmigten Entwicklungsbetriebs, der im Rahmen der Continued Airworthiness dafür Sorge trägt, dass das Muster nach erstmaliger Zulassung (Initial Airworthiness), über den gesamten Lebenszyklus den sicherheitstechnischen sowie luftrechtlichen Anforderungen entspricht.

Anders als die Musterzulassung bezieht sich die Verkehrszulassung stets auf das Stück, d. h. auf ein konkretes Luftfahrzeug. Auch die Erteilung der Verkehrszulassung erfolgt immer auf Antrag bei der nationalen Luftfahrtbehörde für ein einzelnes Luftfahrzeug. Erst mit der Verkehrszulassung darf es am allgemeinen Luftverkehr teilnehmen. Die Verkehrszulassung erfolgt durch die behördliche Eintragung in die Luftverkehrsrolle eines Staates und die Zuweisung eines Luftfahrzeugkennzeichens. Dabei kann die Erteilung einer Verkehrszulassung nur erfolgen, wenn:

- eine gültige Musterzulassung vorliegt,
- der Nachweis über die Verkehrssicherheit erbracht wurde,
- ein Versicherungsnachweis für das Luftfahrzeug vorliegt und
- für das Luftfahrzeug ein Lärmschutzzeugnis erteilt wurde.[4]

Lizenz

Als Lizenz bezeichnet man die behördliche Erlaubnis an eine Person, bestimmte Tätigkeiten im Bereich der Luftfahrt ausführen zu dürfen. Vergleichbar zu einer Genehmigung, umfasst die Lizenz dabei einen festgelegten Tätigkeits- und Erlaubnisumfang. Im Bereich des Zulassungswesens von zentraler Bedeutung sind hierbei Luftfahrzeugfreigaben nach einer Instandhaltungsmaßnahme. Diese Tätigkeit wird in der Luftfahrt durch freigabeberechtigtes Personal durchgeführt. Die Ausstellung einer entsprechenden Lizenz zur Freigabe von Gesamtluftfahrzeugen erfolgt durch die zuständige Luftfahrbehörde. Für eine Freigabe von Tätigkeiten unterhalb der Ebene Gesamtluftfahrzeug, also auf Komponentenebene, erfolgt keine behördliche Lizenzierung. Hierfür bedarf es innerhalb der Betriebe geeigneter Verfahren, um die entsprechenden Mitarbeiter zu qualifizieren. Auch findet die Erteilung entsprechender Freigabeberechtigungen innerbetrieblich statt und orientiert sich an durch die zuständige Luftfahrtbehörde freigegebenen Verfahren.

[4] Vgl. LuftVG (2021), § 2 (1).

Wichtig bleibt dabei festzuhalten, dass die Vielzahl an Genehmigungen, Zulassungen und Lizenzen im Bereich des Zulassungswesens immer in einer direkten gegenseitigen Abhängigkeit zueinanderstehen. Verliert beispielsweise ein Entwicklungsbetrieb seine behördliche Betriebsgenehmigung, kann dies dazu führen, dass die durch ihn gehaltenen Musterzulassungen ihre Gültigkeit verlieren und damit alle Verkehrszulassungen dieses Muster betreffend, weltweit widerrufen und mit einem unmittelbaren Flugverbot belegt werden, da die für die Verkehrszulassung zwingend erforderliche Musterzulassung nicht mehr existent ist.

2.1.2 Entwicklungsgeschichte des zivilen Zulassungswesens

Die Geschichte des zivilen Zulassungswesens begann in Deutschland nach dem 2. Weltkrieg im Jahr 1951 mit Gründung der Abteilung Luftfahrt im Bundesministerium für Verkehr. Bereits ein Jahr später erfolgte die erste deutsche Musterzulassung nach dem Krieg.[5] Im selben Jahr übernahm der Bund die Verantwortung für die Musterprüfung und die Bundesländer für die Stück- und Nachprüfung von Luftfahrtgerät.[6]

1968 trat die neue Prüfordnung für Luftfahrtgerät (LuftGerPO) in Kraft, wodurch im Prüfwesen das Delegationsprinzip neu organisiert wurde. Fortan wurden technische Prüfungen (Muster-, Stück- und Nachprüfungen) nicht mehr staatlich von den Prüfstellen für Luftfahrtgerät (PfL) durchgeführt, sondern von anerkannten Betrieben. Die Genehmigung und Überwachung dieser Entwicklungs-, Herstellungs- und Instandhaltungsbetriebe erfolgte durch das Luftfahrt Bundesamt (LBA).

Im selben Jahr vereinbarten die französische Luftfahrtbehörde Direction Générale de l'Aviation Civile (DGAC) und das LBA erstmals die Grundlagen für eine gemeinsame Durchführung der Musterprüfung und Musterzulassung der Flugzeuge des Musters Airbus A300B.

1970 kam es zur Gründung der Joint Aviation Authorities (JAA), einem Zusammenschluss zahlreicher europäischer Luftfahrtbehörden. Die JAA setze sich zum Ziel, gemeinsame Normen zur Zertifizierung großer Flugzeuge und Turbinen zu vereinbaren. In 1974 wurden die ersten gemeinsamen europäischen Bauvorschriften (JAR[7]-25) veröffentlicht und den beteiligten nationalen Luftfahrtbehörden zur Anwendung empfohlen. Im selben Jahr trat die Bauordnung für Luftfahrtgerät in Kraft (LuftBauO), die den Erlass von Bauvorschriften für Luftfahrtgerät regelte. Hierdurch wurden auch Bauvorschriften, die nicht in Deutschland erlassen worden waren (z. B. die FAR[8] der FAA[9])

[5] Vgl. Chronik des Luftfahrt-Bundesamtes (2006), S. 3.

[6] Vgl. Chronik des Luftfahrt-Bundesamtes (2006), S. 4.

[7] JAR: Joint Aviation Requirements.

[8] FAR: Federal Aviation Requirements.

[9] FAA: Federal Aviation Administration.

anerkannt. In 1977 trat die „Erste Durchführungsverordnung zur Prüfordnung für Luftfahrtgerät“ (1. DV LuftGerPO) in Kraft. In ihr wurden Einzelheiten für die Anerkennung von Entwicklungsbetrieben zur Durchführung von Musterprüfungen geregelt.

In 1998 erfolgte die Übernahme der Bestimmungen der JAA zu einheitlichen Zulassungsverfahren. Dies betraf Luftfahrzeuge und Komponenten, technische Beschreibungen und Festlegungen der Luftfahrzeugausrüstung, freigabeberechtigtes Personal, Instandhaltung sowie zu genehmigten Ausbildungsbetriebe. Hiermit wurde ein weiterer Schritt zur europäischen Harmonisierung erreicht.

Mit der Verordnung (EG) Nr. 1592/2002 des Europäischen Parlaments und des Rates erfolgte in 2002 die Festlegung auf gemeinsame verbindliche Vorschriften für die Zivilluftfahrt in Europa und zur Errichtung einer Europäischen Agentur für Flugsicherheit (EASA). Hierdurch gingen wesentliche Zuständigkeiten von den Luftfahrtbehörden der EU-Mitgliedsstaaten auf die EASA über, die im September 2002 gegründet wurde und 2003 den Betrieb aufnahm.

2.2 Einführung in das militärische Zulassungswesen

Die Zulassung von militärischen Luftfahrzeugen ist eine nationale hoheitliche Aufgabe. In Deutschland erlaubt es das nationale Luftverkehrsgesetz (LuftVG) der Bundeswehr, von den Vorschriften des ersten Abschnittes des LuftVG abzuweichen, soweit dies zur Erfüllung der besonderen Aufgaben der Bundeswehr erforderlich ist. Die hierzu zu erlassenden Vorschriften sind unter Beachtung der öffentlichen Sicherheit und Ordnung zu gestalten.[10]

Eine Ermächtigungsgrundlage im Luftverkehrsgesetz zur Schaffung von allgemeingültigen untergesetzlichen Regelungen respektive Verordnungen durch die Bundeswehr existiert jedoch nicht. Daher sind die Anforderungen an das nationale militärische Zulassungswesen in Deutschland nur durch interne Verwaltungsvorschriften beschrieben und gelten zunächst ausschließlich im Bundeswehrinnenverhältnis. Die Übertragung dieser Anforderungen in ein Außenverhältnis erfolgt auf der Grundlage von Verträgen zwischen der Bundeswehr und der gewerblichen Wirtschaft.

2.2.1 Grundlegende militärische Anforderungen

Das Ziel des militärischen Zulassungswesens ist es, ein einheitlich hohes Sicherheitsniveau im militärischen Flugbetrieb sicherzustellen. Hierzu bedarf es für die unterschiedlichen Anwendungen und Anforderungen der Streitkräfte geeigneter Zulassungslösungen. Auch soll das Zulassungswesen die vorgesehene Verwendung

[10] Vgl. LuftVG (2021), § 30a.

militärischer Luftfahrzeuge, sowie eine vertiefte und ressourcenschonende Kooperation mit nationalen und internationalen Partnern, sowie mit der gewerblichen Wirtschaft unterstützen.[11]

Unter einem Luftfahrzeug versteht die Bundeswehr dabei jedes Gerät, welches unabhängig davon, ob es sich um ein bemanntes, oder um ein unbemanntes System handelt:

- in einer Höhe von mehr als 30 m über Grund oder über Wasser betrieben werden kann und
- für die mehr als einmalige Verwendung bestehend aus Start, Verbleib im Luftraum und kontrollierter Landung vorgesehen ist.[12]

Dabei muss die Bundeswehr im Rahmen der Umsetzung der Anforderungen aus dem militärischen Zulassungswesen sicherstellen, dass:

- militärische Luftfahrzeuge zu jeder Zeit den höchstmöglichen technischen Sicherheitsstandards entsprechen,
- luftfahrttechnisches Personal in erforderlicher Qualität und Quantität zur Verfügung steht, um einen sicheren militärischen Flugbetrieb zu gewährleisten und
- die Organisation des militärischen Zulassungswesens klar strukturiert und transparent gestaltet ist und es so allen Beteiligten ermöglicht, die Anforderungen effektiv *und* effizient umzusetzen.

2.2.2 Entwicklungsgeschichte des militärischen Zulassungswesens

Seit Aufstellung der Luftwaffe in 1956 überwacht das militärische Zulassungswesen alle Luftfahrzeuge der Bundeswehr. Dabei handelte es sich in den 1950er Jahren zunächst um Luftfahrzeuge aus Beständen der alliierten Streitkräfte, welche der Bundesrepublik Deutschland im Rahmen der Wiederbewaffnung überlassen wurden.

In den 1960er Jahren wurden erstmals Luftfahrzeuge unter eigener Verantwortung der Bundeswehr entwickelt und beschafft, wobei der überwiegende Teil auf bereits abgeschlossenen Entwicklungsvorhaben anderer Streitkräfte aufsetzte und nur die Endfertigung in Deutschland erfolgte.[13]

---

[11] Vgl. BMVg (2021a), Dachvorschrift, A-275/1, #1002.

[12] Vgl. BMVg (2021a), Dachvorschrift, A-275/1, #2004.

[13] z. B. F4 Phantom II, F-104 Starfighter, CH-53.

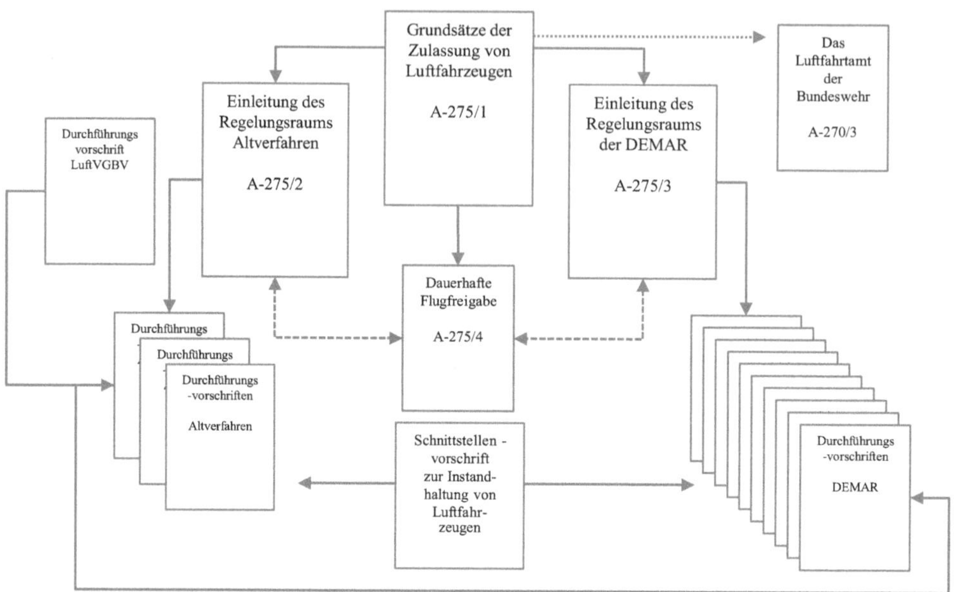

Abb. 2.2 Zusammenspiel der Vorschriften im militärischen Zulassungswesen in 2022

In den 1970er, 1980er und 1990er Jahren erfolgten dann zunehmend umfangreichere Eigenentwicklungen, die mit einer steigenden Anzahl internationaler Kooperationspartner durchgeführt wurden.[14]

Insgesamt hat die Bundeswehr zwischen 1956 bis 2022 über 90 verschiedene Luftfahrzeugmuster für die Teilnahme am allgemeinen Luftverkehr zugelassen und betrieben. Zählt man die unbemannten Systeme und die Experimentalmuster dazu, erhöht sich diese Zahl auf ca. 120. Die Lufthansa betrieb im gleichen Zeitraum gerade einmal 25 verschiedene Luftfahrzeugmuster.

Im Bereich des militärischen Zulassungswesens finden/fanden bis heute bei der Bundeswehr verschiedene Zulassungsverfahren Anwendung. Diese werden als Regelungsräume bezeichnet und unterteilen sich grundsätzlich in[15]:

- Das Altverfahren seit 1956,
- Das Standardverfahren DEMAR seit 2013, sowie

[14] z. B. C-160 Transall, Alpha Jet, Tornado, Eurofighter, Tiger, NH-90.

[15] Vgl. Bericht des Bundesministeriums der Verteidigung zu Rüstungsangelegenheiten Teil 1 Berlin, Oktober 2015, S. 14.

- Die Dauerhafte Flugfreigabe (DFF), die von 2017 bis 2021 ein eigenständiger Regelungsraum war und seit 2021 ergänzend im Altverfahren und im Standardverfahren angewendet werden kann.[16]

Aktuell stehen der Bundeswehr damit im Bereich des militärischen Zulassungswesens zwei Regelungsräume zur Verfügung, das Altverfahren und das Standardverfahren DEMAR. Beide Verfahren regeln die jeweiligen militärischen Anforderungen an die Genehmigung luftfahrttechnischer Betriebe, an die Zulassung von Luftfahrzeugen, sowie an die Ausbildung von luftfahrttechnischem Freigabepersonal. Im Bereich der betrieblichen Genehmigung wird dabei, analog dem zivilen Vorgehen, zwischen militärischen Entwicklungs-, Herstellungs-, Instandhaltungs-, und Ausbildungsbetrieben, sowie CAMOs unterschieden.

Grundsätzlich sieht das militärische Zulassungswesen vor, dass die Beschaffung *(mil: Rüstung)* und der Betrieb *(mil: Nutzung)* eines Luftfahrzeugmuster in einem einheitlichen Regelungsraum erfolgen sollen.[17]

Das Zusammenspiel der wesentlichen Vorschriften aus dem nationalen militärischen Zulassungswesen wird in Abb. 2.2 dargestellt.

Altverfahren

Die militärische Zulassung von Luftfahrzeugen der Bundeswehr erfolgte von 1956 bis 2009 auf der Grundlage der Anforderungen aus der ZDv 19/1, dem heutigen Altverfahren. Halter der Vorschrift war das BMVg.

Das Altverfahren orientierte sich dabei weitestgehend an der damals bestehenden nationalen Gesetzgebung des LuftVG und den zugehörigen Verordnungen. Im Grundgedanken des Altverfahrens fungiert die Industrie als verlängerte Werkbank für die Bundeswehr im Rahmen der Entwicklung und Herstellung sowie Instandhaltung militärischer Luftfahrzeuge.

Vergleichbar der zivilen Herangehensweise in den ersten Jahren der zivilen Luftfahrt galten Musterprüfungen, Stück- und Nachprüfungen ausschließlich als hoheitliche Aufgabe. Es wurden staatliche Prüfer ausgebildet, die produktorientiert die handelnden Firmen überwachten.

Die zulassungsrelevante Abnahme von Luftfahrzeugen und Komponenten erfolgt im Altverfahren immer im Rahmen einer Stück- und Nachprüfung und ist somit produktbezogen. Ursprünglich sah das Altverfahren zunächst nicht vor, dass Prüfungen auch durch die gewerbliche Wirtschaft durchgeführt werden können, wie dies in der zivilen Luftfahrt üblich ist (Privilegienvergabe). Die dafür notwendigen Voraussetzungen der Betriebsgenehmigung mit einem fest definierten Genehmigungsumfang für die gewerbliche Wirtschaft wurden erst später durch die Bundeswehr etabliert.

---

[16] Vgl. BMVg (2021a), Dachvorschrift, A-275/1, #3001.

[17] Vgl. BMVg (2021a), Dachvorschrift, A-275/1, #3005.

Mit der Veröffentlichung der Verordnung zur Änderung luftrechtlicher Vorschriften über die Prüfung, die Zulassung und den Betrieb von Luftfahrgerät und Kosten der Luftfahrtverwaltung im Jahr 2012, ist das Altverfahren, welches sich auf vorige Stände des LuftVG bezieht, nur noch mit geringem Anschluss an die zivile Regelungswelt.

Das Altverfahren ermöglichte über Jahrzehnte und bis heute die erfolgreiche Muster- und Verkehrszulassung, unabhängig davon, wo und durch wen diese Luftfahrzeuge entwickelt und hergestellt wurden. Seit 2009 durchlief das Altverfahren zahlreiche Änderungen:

- 2009: Überführung der ZDv 19/1 in die Vorschriften A-1525-1 und A-1525-2 in Verantwortung des BMVg.
- 2016: Übergang der Verantwortung für das Altverfahren an das LufABw (mit der Herausgabe der A1-1525/0-8901 und A1-1525/0-8902).
- 2019: Mit der Einführung des § 30a LuftVG sowie der LuftVG-Beleihungsverordnung erfolgte erstmals die Möglichkeit, auch im Altverfahren der gewerblichen Wirtschaft zulassungsrelevante Aufgaben unter Beibehaltung eines zweistufigen Prüfansatzes in der Stück- und Nachprüfung zu übertragen.[18]
- In 2021 erfolgte eine neuerliche Umbenennung des Altverfahrens in A1-275/2-8901 und A1-275/2-8902.

Das historisch gewachsene Altverfahren wird auch in Zukunft für bereits zugelassene Luftfahrzeugmuster aufrechterhalten. Zudem kann es auch weiterhin bei neu zu beschaffenden Luftfahrzeugen angewendet werden, um in multinationalen bzw. außereuropäischen Kooperationen eine weitere Handlungsmöglichkeit sicherzustellen.[19] Außerdem findet das Altverfahren noch regelmäßig Anwendung bei der Beschaffung und im Betrieb unbemannter Luftfahrzeuge.

Grundsätzlich soll seit 2019 bei Neuzulassungen jedoch ausschließlich das Standardverfahren DEMAR zur Anwendung kommen. Die Entscheidung über Ausnahmen trifft ausschließlich das BMVg.[20]

Standardverfahren DEMAR

Um die weitere Harmonisierung militärischer Zulassungsanforderungen für multinationale Rüstungsprojekte in Europa voranzutreiben, begann in 2008 die gemeinschaftliche Definition verbindlicher Standards für das militärische Zulassungswesen in Europa.

Auf Grundlage der bestehenden EU-Regelungen für die zivile Luftfahrt wurden unter dem Dach der Europäischen Verteidigungsagentur (EDA) die European Military Airworthiness Requirements (EMAR) erarbeitet. Für die Bundeswehr erfolgt die

[18] Vgl. LufABw (2020), C1-275/1-8900, #203.

[19] Vgl. BMVg (2021a), Dachvorschrift, A-275/1, #3002.

[20] Vgl. BMVg (2021a), Dachvorschrift, A-275/1, #3013.

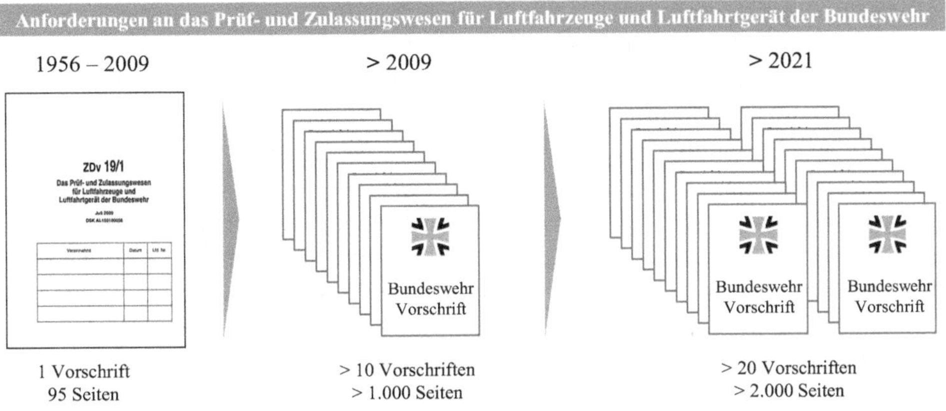

Abb. 2.3 Entwicklung der Vorschriftenlandschaft im militärischen Zulassungswesen seit 1956

Umsetzung der EMAR seit 2013 schrittweise und projektbezogen durch die Erarbeitung und Einführung der German Military Airworthiness Requirements (DEMAR[21]). Ziel ist es, die Anforderungen der EMAR sukzessive in das nationale militärischen Zulassungswesen zu überführen. Die ersten DEMAR wurden 2014 waffensystemspezifisch für den A400M angewendet. In 2017 erfolgte erstmals die Veröffentlichung allgemeingültiger DEMAR, seit 2019 firmieren die DEMAR unter dem Begriff des *Standardverfahrens.* Einhergehend wurde das bis dahin als Regelverfahren gültige Zulassungswesen für Luftfahrzeuge und Luftfahrtgerät der Bundeswehr in Altverfahren umbenannt.

Inzwischen bildet die DEMAR die Zulassungsanforderungen an die Entwicklung, Herstellung, und Instandhaltung von Luftfahrzeugen und Komponenten vollständig ab. Zusätzlich existieren DEMAR Anforderungen für die Aufrechterhaltung der Lufttüchtigkeit sowie für die Ausbildung von technischem Prüfpersonal.

Andere Anwendungsfelder aus den zivilen Regularien, beispielsweise Anforderungen an Flugsimulatoren (FSTD)[22] oder an fliegendes und fliegerisches Personal (FCL)[23] wurden bisher nicht in die EMAR überführt und finden dementsprechend auch keine Berücksichtigung in der DEMAR. Hierzu werden seitens der Bundeswehr die bestehenden zivilen Regularien herangezogen, z. B. für die Lizenzierung des fliegerischen Personals für den A400M durch das LufABw.

[21] German Military Airworthiness Requirements (deutsche militärische Lufttüchtigkeitsanforderungen; *DE* für German nach der in der Europäischen Union genutzten DIN EN ISO 3166-1), vgl. BMVg (2018b), A-270/3, #501.

[22] Flight Simulation and Training Devices.

[23] Flight Crew Licencing.

Dauerhafte Flugfreigabe
Im Zeitraum von 2017 bis 2021 unterhielt das BMVg einen dritten Regelungsraum für das militärische Zulassungswesen, die Dauerhafte Flugfreigabe (DFF).[24] Basierend auf den Erfahrungen aus den Zulassungsaktivitäten des Euro Hawk Projekts sah die Bundeswehr die Notwendigkeit, eine Möglichkeit zu schaffen, Luftfahrzeuge auch dann militärisch zulassen zu können, wenn nicht alle erforderlichen ausländischen Zulassungsnachweise für die nationale Musterprüfung verfügbar gemacht werden können. Dies ist häufig bei internationalen Beschaffungsprojekten der Fall, wenn die Militärbehörden der Beschaffungsländer Design- bzw. Leistungsmerkmale der Produkte aus Gründen der Geheimhaltung nicht preisgeben. Kerngedanke der DFF ist dabei, nicht vorliegende Zulassungsnachweise durch eine eigene Risikobewertung zu ersetzen. So soll auf Basis statistischer Ausfallrisiken und Eintrittswahrscheinlichkeiten eine positive Zulassungsaussage erreicht und eine militärische Muster- und Verkehrszulassung ermöglicht werden. Mit der Veröffentlichung der Dach- und Einleitungsvorschriften für das militärische Zulassungswesen in 2021, wurde der DFF der Status als eigener Regelungsraum entzogen. Fortan steht die DFF dem Altverfahren und dem Standardverfahren als ergänzende Vorschrift immer dann zur Verfügung, wenn die Anwendung eines risikobasierten Ansatzes erforderlich ist, um eine positive Zulassungsaussage durch das LufABw zu ermöglichen.

Mit Stand Sommer 2022 umfasst das nationale Zulassungswesen für Luftfahrzeuge der Bundeswehr mittlerweile über 20 verschiedene Vorschriften mit über 2000 Seiten Umfang. Vor Beginn der DEMAR Migration umfasste die ZDv 19/1 in ihrer letzten veröffentlichten Version im Jahr 2008 95 Seiten. Diese Entwicklung wird in Abb. 2.3 verdeutlich.

2.3 Wesentliche Unterschiede zwischen dem zivilen und militärischen Zulassungswesen

Obgleich sich die DEMAR an der zivilen luftrechtlichen Gesetzgebung der EU orientiert, bestehen in der militärischen Umsetzung einige Unterschiede, die im Folgenden kurz erläutert werden.

Zulassungsprozess als Hauptprozess
Im zivilen Anwendungsbereich setzt das gesetzliche Zulassungswesen den Rahmen für alle wirtschaftlichen und privaten Interessen.

Dies wird im nationalen militärischen Zulassungswesen aktuell nicht umgesetzt. In der Bundeswehr ist der Prozess für das Zulassungswesens von militärischen Luftfahr-

[24] Vgl. BMVg (2017), Dauerhafte Flugfreigabe, A-275/4.

zeugen teilweise konkurrierend mit den Anforderungen aus dem Beschaffungsprozess (CPM), dem Regelungsmanagement (A-550/1) sowie weiteren Prozessen geregelt.

Anwendung unterschiedlicher Regelungsräume
Das zivile europäische Zulassungswesen kennt nur einen Regelungsraum, basierend auf der Gesetzgebung der EU. Die sich daraus ableitenden Zulassungsanforderungen gelten für Entwicklungs-, Herstellungs-, Instandhaltungs- und Ausbildungsbetriebe in allen EASA-Staaten verbindlich und legen gleichermaßen die zentralen Anforderungen für Betriebsgenehmigungen, Produktzulassungen und Personallizenzierungen fest.

Das nationale militärische Zulassungswesen in Deutschland weicht von diesem Vorgehen ab. Seit Gründung der Bundeswehr 1956 gab es bis 2009 in Deutschland nur den Regelungsraum 19/1. In 2009 wurde die ZDv 19/1 durch die A-1525 ersetzt. In 2013 kam im Zuge der angestrebten europäischen Harmonisierung mit der DEMAR ein weiterer Regelungsraum hinzu.

Zusätzlich besteht für die Bundeswehr die Option, unterschiedliche Regelungsräume in hybrider Anwendung zu nutzen.[25]

Anwendung standardisierter Bauvorschriften
Das zivile Zulassungswesen unterscheidet zwischen verschiedenen Klassen von Luftfahrzeugen und Komponenten. Für diese existieren einheitliche Bauvorschriften (Certification Specifications – CS), welche Anforderungen an die konstruktive Auslegung und deren Nachweisführung als Voraussetzung für die Produktzulassung verbindlich regeln.

Bei militärischen Entwicklungen und Beschaffungen reichen diese zivilen standardisierten Bauvorschriften oft nicht aus, um alle notwendigen Einsatz- und Ausbildungsanforderungen abbilden zu können. Die DEMAR sieht zwar diesbezüglich eine Abstützung auf die zivilen Bauvorschriften und auf die European Military Airworthiness Certification Criteria (EMACC) vor, kann aber über die produktabhängige Zulassungsstrategie sowie die Musterzulassungsbasis, weitere Zulassungsanforderungen individuell festlegen.

Allgemeinverbindlichkeit von Zulassungsanforderungen
Zivile Zulassungsanforderungen müssen per Gesetz oder Verordnung grundsätzlich von jedermann befolgt werden. Da militärische Zulassungsanforderungen immer national festgelegt werden, liegt es an den jeweiligen Ländern, wie sie die rechtliche Verbindlichkeit für ihr militärisches Zulassungswesen im Außenverhältnis regeln.

In Deutschland hält man an dem bisherigen Weg fest und regelt auch die Zulassungsanforderungen der DEMAR durch interne Verwaltungsvorschriften der Bundeswehr. Da hierdurch keine Rechtsverbindlichkeit im Außenverhältnis erreicht werden kann, müssen Zulassungsanforderungen zivilrechtlich über Verträge geregelt werden und sind

[25] Vgl. BMVg (2021b), Einleitungsvorschrift DEMAR, A-275/3, #801

zwischen dem Auftraggeber Bundeswehr und der gewerblichen Wirtschaft frei verhandelbar. Andere EMAR-Nationen gehen hierzu einen anderen Weg. Dort hat man sich im Zuge der EMAR Migration dazu entschieden, die entsprechenden Regelung als nationales Gesetz zu etablieren.

Umsetzung der Gewaltenteilung

Die Erstellung, Überwachung und Kontrolle der zivilen Zulassungsanforderungen in der Luftfahrt sind gesetzlich klar geregelt. Die EU-Kommission erarbeitet und verabschiedet die Zulassungsanforderungen über das EU-Parlament. Im Anschluss wird die EASA damit beauftragt, die Einführung und deren Umsetzung der Gesetze sicherzustellen und deren Einhaltung zu überwachen. Hierfür wird sie von den zivilen Luftfahrtbehörden der EU-Mitgliedstaaten unterstützt.

Im nationalen militärischen Zulassungswesen in Deutschland erfolgt dagegen die Erstellung der Durchführungsvorschriften, deren Implementierung im Rahmen der Genehmigung, Zulassung und Lizenzierung, sowie die Feststellung[26] der Nicht-Einhaltung im Regelungsraum DEMAR ausschließlich durch das LufABw. Zwar werden die Dach- und Einleitungsvorschriften durch das BMVg und weitere nachgeordnete zulassungsrelevante Vorschriften durch das BAAINBw und die Streitkräfte erlassen, zentrale Legislativ- und Exekutivaufgaben für die DEMAR sind jedoch im LufABw als Bundesoberbehörde gebündelt.

Allgemeine Antragsberechtigung

Im zivilen Zulassungswesen ist grundsätzlich jede natürliche oder juristische Person mit einer nachgewiesenen Zweckmäßigkeit gegenüber der EASA bzw. den nationalen Luftfahrtbehörden antragsberechtigt. Dies bedeutet, dass der Zugang zu Betriebsgenehmigungen, Produktzulassungen und Personallizenzen frei ist und der jeweilige Antragsteller, eine Genehmigung, Zulassung oder Lizenz erhält, wenn er die jeweils gültigen Anforderungen erfüllt und die entsprechenden Gebühren entrichtet hat.

Im Gegensatz besteht hier nach DEMAR kein Rechtsanspruch. Es wird bei einer Antragstellung also nicht automatisch ein Genehmigungs- oder Zulassungsverfahren eingeleitet. Die beginnt erst, wenn ein dienstliches Interesse des BAAINBw gegenüber dem LufABw vorliegt, vgl. Abschn. 7.1.

Halterschaft der Musterzulassung

Im zivilen Zulassungswesen bezeichnet man die Musterzulassung als die behördlich erteilte Produktzulassung eines Flugzeug-, oder Baumusters zum allgemeinen Luftver-

[26] Die Feststellung einer Nichteinhaltung der DEMAR Anforderungen kann zu einem Entzug der Betriebsgenehmigung durch das LufABw führen.

kehr. Im Rahmen der Musterzulassung wird dabei durch die zuständige Luftfahrtbehörde überprüft, ob die jeweils gültigen Bauvorschriften erfüllt wurden.[27]

Das zivile TC eines Luftfahrzeugmusters wird dabei im zivilen Zulassungswesen üblicherweise von dem Entwicklungsbetrieb gehalten, der Entwickler und üblicherweise auch Hersteller des entsprechenden Musters ist.

Für Luftfahrzeuge der Bundeswehr gibt es einen eigenen militärischen Halter der Musterzulassung (HMilMz), unabhängig davon, ob bereits ein anderes TC desselben Musters existiert. Hierdurch soll sichergestellt werden, dass für die durch die Bundeswehr genutzten Muster immer die Aufrechterhaltung der Lufttüchtigkeit gewährleistet ist,[28] unabhängig vom Fortbestand des bereits vorliegenden Grundmusters (TC). Dabei stützt sich der HMilMz für die Erfüllung seiner diesbezüglichen Aufgaben[29] üblicherweise auf die gewerbliche Wirtschaft durch eine oder mehrere Untervergaben ab.

Privilegienvergabe an die Industrie

Das zivile Zulassungswesen sieht mit der Erteilung einer Genehmigung grundsätzlich eine Vergabe gesetzlich definierter Rechte (Privilegien) an die gewerbliche Wirtschaft/den Genehmigten vor, z. B. die eigenständige Ausstellung von Freigabebescheinigungen nach der Instandhaltung. Mit der Genehmigung wird eine kontrollierte Umgebung geschaffen. Dies ermöglicht, dass der technologische kompetente Betrieb für sein Tun sachgerecht verantwortlich gemacht werden kann. Die überwachende Luftfahrtbehörde kommt somit ihrem gesetzlichen Überwachungsauftrag nach, ohne für die individuellen Produkte direkt Verantwortung zu übernehmen. Die Vergabe von Privilegien geht im zivilen Zulassungswesen mit der Erteilung einer behördlichen Betriebsgenehmigung einher. Erfüllt also ein ziviler Entwicklungs-, Herstellungs-, Instandhaltungs-, oder Ausbildungsbetrieb bzw. eine CAMO über eine behördliche Genehmigung und einen in dieser Genehmigung festgelegten Genehmigungsumfang, ist er automatisch berechtigt die ihm erteilten Privilegien vollumfänglich anzuwenden.

Das nationale militärische Zulassungswesen geht in der DEMAR einen zweistufigen Weg. Wird einem militärischer Entwicklungs-, Herstellungs-, Instandhaltungs-, oder Ausbildungsbetrieb eine behördliche Genehmigung durch das LufABw erteilt, erhält dieser zunächst nicht automatisch Privilegien.

Diese Privilegienvergabe bedarf eines gesonderten Antrags durch die gewerbliche Wirtschaft und erfolgt parallel zur Genehmigung entlang der Beleihungsverordnung durch LufABw. Dabei unterliegt jedoch die Privilegienvergabe an die gewerbliche Wirtschaft gewissen Beschränkungen. So ist beispielsweise derzeit die Ausstellung eines Permit to fly, in der DEMAR als solches nicht vorgesehen. Dies liegt darin begründet, dass ein militärisches Luftfahrzeug eben auch eine Waffe darstellen kann, sodass es nach

[27] Vgl. LBA (2022).

[28] Vgl. BMVg (2021a), Dachvorschrift, A-275/1, #5020.

[29] Vgl. BMVg (2021a), Dachvorschrift, A-275/1, #5021.

derzeitiger Bewertung als nicht möglich betrachtet wird, dieses Recht an Dritte zu übergeben (staatliches Gewaltmonopol).

Wechselndes Aufgabenspektrum für ein Muster
Das zivile Zulassungswesen sieht nur eine eingeschränktes Aufgabenspektrum für ein einzelnes Muster vor, für welches standardisierte Zulassungsanforderungen vorliegen. Im Gegensatz dazu ist es üblich, dass militärische Muster zahlreiche Funktionen (Rollen) durchführen und diese auch kurzfristig wechseln. So müssen beispielsweise die militärischen Zulassungsanforderungen gleichsam den Transport von Personen und Gütern, als auch das Absetzen von Fallschirmspringern, den Lastenabwurf oder den Verwundetentransport mit entsprechendem Rettungsgerät sowie die Luftbetankung ermöglichen. Diese Vielfältigkeit jedoch erhöht die technische Komplexität des jeweiligen Musters und stellt regelmäßig eine Herausforderung bei der Definition und Umsetzung militärischer Zulassungsanforderungen dar.

Literatur

Bundesministerium der Verteidigung (BMVg, 2015): Bericht des Bundesministeriums der Verteidigung zu Rüstungsangelegenheiten, Teil 1, Berlin 2015

Bundesministerium der Verteidigung (BMVg, 2017): Dauerhafte Flugfreigabe, Nr. A-275/4, Version 1, 2017

Bundesministerium der Verteidigung (BMVg, 2018): Das Luftfahrtamt der Bundeswehr als nationale militärische Luftfahrtbehörde, Nr. A-270/3, Version 3, 2018b

Bundesministerium der Verteidigung (BMVg 2021a): Grundsätze der Zulassung von Luftfahrzeugen (Dachvorschrift), Nr. A-275/1, Version 1, 2021

Bundesministerium der Verteidigung (BMVg 2021b): Einleitung des Regelungsraums DEMAR (Einleitungsvorschrift DEMAR), Nr. A-275/3, Version 1, 2021

Luftfahrtamt der Bundeswehr (LufABw, 2020): Bestimmungen zur Beauftragung mit der Wahrnehmung von Aufgaben gemäß § 30a Luftverkehrsgesetz und der Beleihungsverordnung zum Luftverkehrsgesetz, Nr. C1-275/1–8900, Version 1, 2020

Luftfahrt-Bundesamt (LBA): Musterzulassungen und Einzelstückzulassungen. Ohne JG. Abgerufen am 02.05.2022.

Luftfahrt-Bundesamt (LBA): Musterzulassungen und Einzelstückzulassungen. O.Jg. abgerufen am 02.05.2022: https://www.lba.de/DE/Technik/Musterzulassungen/Musterzulassungen_node.html

Luftfahrt-Bundesamt (LBA): Chronik des Luftfahrtbundesamts, 2006

Luftverkehrsgesetz (LuftVG) in der Fassung der Bekanntmachung vom 10. Mai 2007 (BGBl. I S. 698), das zuletzt durch Artikel 131 des Gesetzes vom 10. August 2021 (BGBl. I S. 3436) geändert worden ist. 2021

3 Behörden und Organisationen

In diesem Kapitel werden die zivilen und militärischen Organisationen und Behörden im Umfeld der luftfahrttechnischen Leistungserbringung vorgestellt. Mit ihrem Handeln bestimmen diese Institutionen maßgeblich den grundlegenden Aufbau und die generelle Funktionsweise des zivilen und militärischen Zulassungswesens.

Zunächst werden die zivilen Luftfahrtorganisationen und Behörden erklärt. Das Kapitel beginnt mit der ICAO, der Luftfahrtorganisation der UN (Abschn. 3.1). Dem folgt die Vorstellung der europäischen Luftfahrtbehörde EASA (Abschn. 3.2). Anschließend widmet sich der Text einer Darstellung des Luftfahrt-Bundesamts (Abschn. 3.3). In diesem Kontext werden die wesentlichen Unterschiede und die Aufgabenverteilung zwischen der EASA und den nationalen Luftfahrtbehörden in den Grundzügen dargestellt.

Danach liegt der Fokus auf einer Darstellung der wichtigsten militärischen Stakeholder. Zunächst werden die europäischen Player erklärt. Eine wichtige Rolle spielt hier die European Defence Agency EDA (Abschn. 3.4) und das zugehörige MAWA Forum. Anschließend erfolgt eine Übersicht der deutschen Akteure: das Bundesministerium der Verteidigung (BMVg) (Abschn. 3.5), das Luftfahrtamt der Bundeswehr (LufABw) (Abschn. 3.6), das Bundesamt für Ausrüstung, Informationstechnik und Nutzung der Bundeswehr (BAAINBw) (Abschn. 3.7) als zentrale Einkaufsorganisation, die Streitkräfte (Abschn. 3.8) als Nutzer des militärischen Luftfahrtgeräts, sowie die gewerbliche Wirtschaft (Abschn. 3.9). In einem letzten Unterkapitel wird auf die Bedeutung ausländischer Militärbehörden eingegangen (Abschn. 3.10).

Teile dieses Kapitels wurden ursprünglich veröffentlicht in: Hinsch, M. (2019): Industrielles Luftfahrmanagement. 4. Aufl. Berlin, Heidelberg. 2019.

M. Hinsch et al., *Einführung in die DEMAR*,
https://doi.org/10.1007/978-3-662-65676-1_3

3.1 International Civil Aviation Organization (ICAO)

Die International Civil Aviation Organization (ICAO) ist die für den zivilen Luftverkehr verantwortliche **Unterorganisation der Vereinten Nationen** (UN). Deren Kernaufgabe ist die Standardisierung und Regulierung im Bereich der zivilen Luftfahrt mit dem Ziel, einen sicheren und effizienten Flugverkehr zu gewährleisten. Die ICAO setzt mit der Definition weltweiter Standards den Rahmen für die gesamte Luftfahrt und beeinflusst insoweit weltweit Aufbau und Organisation luftfahrttechnischer Betriebe.

Die ICAO wurde 1944 auf Basis des Übereinkommens über die internationale Zivilluftfahrt (Chicagoer Abkommen) gegründet. Offiziell nahm die ICAO 1947 ihren Betrieb auf. Die Organisation hat ihren Sitz in Montréal (Kanada). Aktuell gehören der ICAO 193 Staaten an. Die Bundesrepublik Deutschland wird bei der ICAO durch das Bundesministerium für Digitales und Verkehr vertreten.

Die ICAO erstellt grundlegende Mindeststandards auf allen Feldern der zivilen Luftfahrt. Hierbei handelt es sich beispielsweise um Vorgaben im Hinblick auf die Personalqualifizierung, Abkürzungen und Definitionen, Technik und Design, Infrastruktur, Kartierungen, oder den Funkverkehr. Die von der ICAO festgelegten Regularien können sowohl den Charakter verbindlicher Mindeststandards oder lediglich nicht bindender Handlungsempfehlungen haben. Sie haben jedoch keinen Gesetzescharakter. Für die Umsetzung dieser Anforderungen ist im Anschluss in Europa die Europäischen Kommission verantwortlich. Dabei ist es nicht unüblich, dass die ICAO-Richtlinien nur die Ausgangsbasis einer auf europäischer oder nationaler Ebene weit detaillierteren Luftfahrtgesetzgebung bilden.

3.2 Europäische Agentur für Flugsicherheit (EASA)

Die Europäische Agentur für Flugsicherheit (*European Union Aviation Safety Agency* – EASA) ist die Luftfahrtbehörde der Europäischen Union. Die EASA handelt auf Basis von EU-Verordnungen, welche aufgrund der Überwachung der Einhaltung durch die EASA im Sprachgebrauch oftmals als EASA-Regularien bezeichnet werden. Diese EU-Verordnungen stellen allgemeines Recht der Europäischen Union (EU) dar. Sie besitzen Gesetzescharakter und sind in allen europäischen Mitgliedsstaaten unmittelbar anzuwenden, ohne dass eine anschließende Zustimmung der nationalen Parlamente notwendig ist.

Der EASA gehören 31 Staaten an (Abb. 3.1). Neben allen EU-Nationen sind auch die Schweiz, Liechtenstein, Norwegen und Island Bestandteil des EASA-Raums (vgl. Abb. 2.1). Das Vereinigte Königreich ist 2022 aus der EASA ausgeschieden. Dienstsitz der EASA ist Köln.

Die **Aufgaben der EASA** bestehen darin, die Europäische Kommission auf den Gebieten der Flugsicherheit und der internationalen Luftfahrt-Harmonisierung zu beraten

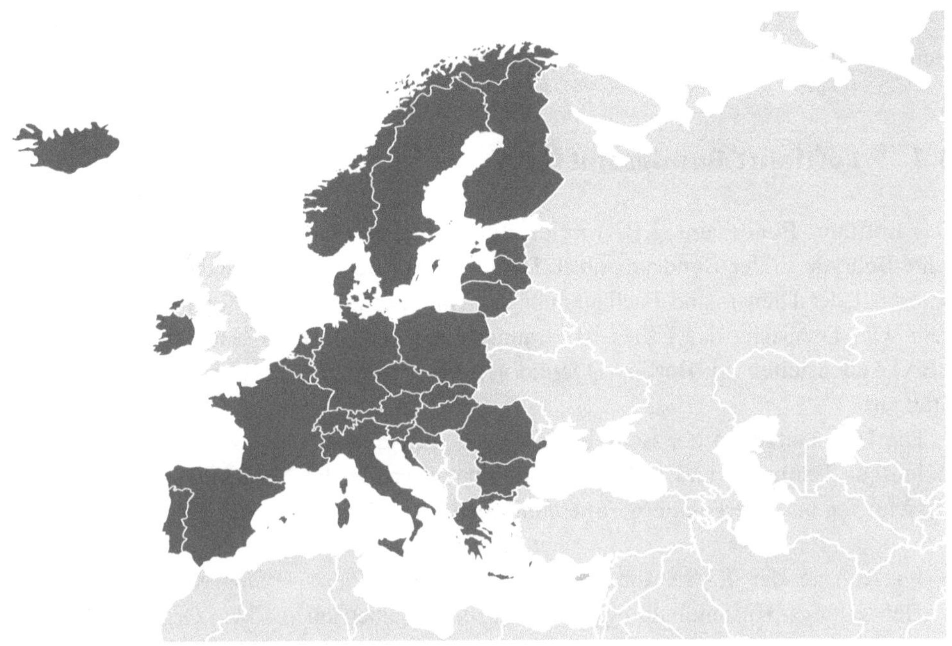

Abb. 3.1 Übersicht der EASA-Mitgliedsstaaten

sowie einheitliche Sicherheits- und Umweltschutzbestimmungen für die zivile Luftfahrt zu entwickeln, sicherzustellen und deren Umsetzung im betrieblichen Alltag zu überwachen. Im Einzelnen zeichnet die Agentur verantwortlich für:

- Beratung der Europäischen Kommission bei der Ausarbeitung der Gesetzgebung,
- Erhebung und Analyse von Daten zur Verbesserung der Flugsicherheit,
- Überwachung der Einhaltung von gesetzlichen Vorgaben gegenüber Fluggesellschaften und Betrieben der Luftfahrtindustrie. Die EASA genehmigt im Bereich der Entwicklung, Herstellung, Instandhaltung und Aufrechterhaltung der Lufttüchtigkeit tätige Unternehmen.
- Herausgabe von Lufttüchtigkeitsanweisungen, Leitfäden und Bauvorschriften,
- Anleitung und Kontrolle der Mitgliedsstaaten und der Industrie bei der Umsetzung von Vorschriften,
- Zulassung luftfahrttechnischer Produkte.

Unterstützung bei der Wahrnehmung dieser Aufgaben erhält die Agentur durch die nationalen Luftfahrtbehörde (z. B. im Rahmen der Betriebsüberwachung, der Datenerhebung oder durch gesetzgeberische Beratung). So verbleiben die Zuständigkeiten für die Durchsetzung der Vorgaben für die Flugsicherheit in Teilen auch weiterhin bei den nationalen Luftfahrtbehörden, wie z. B. für die Erteilung von Genehmigungen für Herstellungs- und Instandhaltungsbetriebe nach Part 21G bzw. Part 145.

3.3 Luftfahrt-Bundesamt (LBA)

Das Luftfahrt-Bundesamt (LBA) ist die für Aufgaben der zivilen Luftfahrt verantwortliche Behörde in der Bundesrepublik Deutschland. Sie ist eine Bundesoberbehörde und unterliegt der Dienst- und Fachaufsicht des Bundesministeriums für Digitales und Verkehr. Der Dienstsitz des LBAs ist Braunschweig. Neben dem Hauptsitz unterhält das LBA Außenstellen in Berlin, Düsseldorf, Frankfurt/Main, Hamburg, München und Stuttgart.

Die Hauptaufgaben der Behörde leiten sich aus dem LBA Gesetz ab[1] und umfassen technische Prüfungs- und Zulassungsaktivitäten, sowie die Herausgabe von nationalen Vorschriften und Merkblättern. Im technischen Bereich verantwortet das LBA:

- im Auftrag der EASA die Genehmigung und Überwachung von Entwicklungs-, Herstellungs-, Instandhaltungs-, und Ausbildungsbetrieben sowie Organisationen zur Überwachung der Lufttüchtigkeit (CAMOs),
- Prüfung und Freigabe von Instandhaltungsprogrammen sowie die Herausgabe von Lufttüchtigkeitsanweisungen,
- Genehmigung, Überwachung, Prüfung von freigabeberechtigtem Personal von Instandhaltungsbetrieben,
- Beteiligung an der Erarbeitung von Gesetzesvorschlägen.

Zudem überwacht das LBA im fliegerischen Bereich nationale Fluggesellschaften und andere Luftfahrzeughalter. In diesem Rahmen nimmt die Behörde teilweise in Zusammenarbeit mit der EASA oder der Deutschen Flugsicherung folgende Aufgaben wahr:

- Genehmigung und Überwachung deutscher Fluggesellschaften bzw. Luftfahrzeugbetreiber (Operator),
- Zulassung von zivilen Luftfahrzeugen (z. B. Flugzeuge, Hubschrauber, Ballone und Luftschiffe) sowie Erteilung von Luftfahrzeug-Kennungen,
- Verwaltung zentraler Luftfahrtdatenbanken, z. B. das Luftfahrzeugregister, die zentrale Luftfahrerdatei, die Luftfahrer-Eignungsdatei, das Deliktregister oder die Datei der Flugsicherungs-, Erlaubnis- und Berechtigungsinhaber,

[1] Vgl. LFBAG (2021).

- Erteilung von Einflug- oder Überflugerlaubnissen für Fluggesellschaften außerhalb des EASA-Raums sowie Erteilung von Flugliniengenehmigungen an deutsche Luftfahrtunternehmen sowie die Ausstellung von Genehmigungen für Strecken des innergemeinschaftlichen Flugverkehrs.

Zuständige Behörde

Sowohl in den zivilen Gesetzen als auch in den militärischen Vorschriften werden unterschiedliche Begriffe verwendet, wenn es um die zuständige Luftfahrtbehörde geht.

So sprechen die EU-Regularien von der *Competent Authority,* also der zuständigen Behörde, wenn die EASA oder die nationalen Luftfahrtbehörden der EASA-Mitgliedsstaaten gemeint sind. In Deutschland ist die zuständige Behörde das LBA.

Die EMAR nennt den Begriff der *National Military Airworthiness Authorities* (kurz: NMAA). In der DEMAR wird diese Bezeichnung der NMAA direkt auf die deutsche militärische Luftfahrtbehörde, das LufABw, transferiert.

Diese drei maßgeblichen Behörden unterscheiden sich in ihrer Entstehungsgeschichte und -weise voneinander:

- Die Gründung des **LBA** erfolgte mit dem Gesetz über das Luftfahrt-Bundesamt (LFBAG) in seiner Ursprungsversion vom 30.11.1954. Hier wurde festgelegt, dass das LBA als Bundesoberbehörde für Aufgaben der Zivilluftfahrt errichtet wird und dem Bundesministerium für Verkehr und digitale Infrastruktur untersteht.[2]
- Die **EASA** tritt als europäische Agentur auf. Ihre Gründung wurde vom Europäischen Parlament und Rat mittels der im Jahr 2002 veröffentlichten *Basic Regulation* beschlossen.[3] Zweck dieser Vorschrift war es, gemeinsame Vorschriften für die Zivilluftfahrt in Europa festzulegen. Der EASA wurde hier als Überwachungsorgan verschiedene Aufgaben und Pflichten übertragen, die sich seit der Gründung kontinuierlich erweitert und detailliert haben.
- Durch eine interne Organisationsanweisung des BMVg wurde in 2014 die Gründung des **LufABw** angeordnet. Die offizielle Indienststellung erfolgte am 7. Januar 2015. Wie auch das LBA, hat das LufABw den Status einer Bundesoberbehörde inne.

[2] Vgl. LFBAG (2021), § 1.

[3] Vgl. Europäisches Parlament und Europäischer Rat (2002), Basic Regulation Nr. 1592/2002, 2002, aktuelle Fassung: 2018/1139.

3.4 European Defence Agency (EDA) und MAWA Forum

Die Agentur für die Entwicklung der Verteidigungsfähigkeiten, Forschung, Beschaffung und Rüstung, kurz Europäische Verteidigungsagentur (EVA), englisch European Defence Agency (EDA), ist eine 2004 gegründete Behörde der Europäischen Union mit Sitz in Brüssel. Der EDA gehören 26 EU-Staaten an.

Die EDA unterstützt die Mitgliedstaaten der europäischen Union bei der Entwicklung und Koordination von Rüstungsaktivitäten sowie gemeinsamer Beschaffungsvorhaben der Mitgliedstaaten. Darüber hinaus engagiert sie sich für die Finanzierung europäischer Rüstungsforschung. Durch die Koordinierungstätigkeit der EDA sollen Überkapazitäten vermieden und durch Synergieeffekte eine effizientere Nutzung der Rüstungsbudgets der europäischen Staaten ermöglicht werden.

MAWA Forum

Das Military Airworthiness Authority (MAWA) Forum wurde 2008 gegründet. Gleichzeitig wurde die EDA mit der Organisation und Betreuung des MAWA Forums beauftragt. Das MAWA Forum setzt sich aus Vertretern der militärischen Luftaufsichtsbehörden der EDA Mitgliedsstaaten, den sog. National Military Airworthiness Authorities (NMAAs), zusammen. Unterstützung erhält das MAWA Forum durch zahlreiche Gremien und Organisationen (z. B. EASA, NATO und Industrie), die bedarfsweise in die eigenen Aktivitäten einbezogen werden. Ausgangspunkt war die Erkenntnis der Mitgliedstaaten, dass Zulassungsaktivitäten nicht mehr unabhängig voneinander gestaltet werden konnten.

Im Bereich des militärischen Zulassungswesens besteht die Aufgabe des MAWA-Forums in der Entwicklung und Erreichung der folgenden Ziele:

- Schaffung eines gemeinsamen Standards für militärische Zulassungsaktivitäten,
- Einführung eines standardisierten militärischen Zulassungsverfahrens,
- Umsetzung eines gemeinsamen Ansatzes für Betriebsgenehmigungen,
- Definition gemeinsamer Zertifizierungs-/Designcodes,
- Ausarbeitung eines gemeinsamen Konzepts zur Aufrechterhaltung der Lufttüchtigkeit,
- Festlegung geeigneter Vorkehrungen für die gegenseitige Anerkennung von Zulassungsnachweisen für Luftfahrzeuge und Komponenten sowie Personallizenzen,[4]
- Aufbau einer European Military Joint Airworthiness Authorities Organization (EMJAAO).

Das MAWA Forum erarbeitet Vorschläge; es erlässt keine verbindlichen Regelungen. Die rechtswirksame Umsetzung erfolgt immer national, entweder durch Gesetze und

[4] Vgl. Abschn. 3.10.

Verordnungen oder, wie im Fall Deutschlands, durch bundeswehrinterne Verwaltungsvorschriften.

Vier Fragen an Stefan Schunke[5] zum Stand der EMAR Migration in Europa

1. Wie ist der Stand der EMAR Migration und was sind die wesentlichen Treiber für die Harmonisierung militärischer Zulassungsanforderungen?
Die EMAR-Migration bezieht sich direkt auf die Roadmap-Objectives (2008) des MAWA-Forums. Diese fordern unter anderem einen einheitlichen Rechtsrahmen für militärische Lufttüchtigkeitsanforderungen, einheitliche Zertifizierungsverfahren für militärische Luftfahrzeuge und Luftfahrzeugausrüstungen sowie einen einheitlichen Ansatz für die Genehmigung von Entwicklungs-, Herstellungs-, Wartungs- und Instandhaltungsorganisationen. Im November 2009 erklärten die Verteidigungsminister der EDA-Mitgliedstaaten ihre volle politische Unterstützung und forderten die Entwicklung und Umsetzung der EMARs.

Die ursprüngliche Fassung des Basic Framework Document des MAWA-Forums aus 2008 verpflichtete die nationalen militärischen Zulassungsorganisationen, die EMAR so schnell wie möglich und mit minimalen nationalen Abweichungen als einzig gültige Vorschriften zu übernehmen. In der aktuellen Fassung wird gefordert, dass die EMAR, einschließlich der militärischen Acceptable Means of Compliance und Guidance Materiel so schnell wie möglich umgesetzt werden sollen. Sollten die EMAR aus nationalen Gründen nicht umgesetzt werden können, hätte dies lediglich Auswirkungen auf die Möglichkeiten der gegenseitigen Anerkennung. Es wird nicht näher definiert, was mit der „Umsetzung" der EMAR eigentlich gemeint ist.

Trotz dieser Änderung der ursprünglichen Selbstverpflichtung schreitet die Umsetzung der EMARs in nationale Vorschriften immer weiter voran.

2. Worin sehen Sie den Nutzen der EMAR Einführungen?
Industrie, Projektorganisationen und nationale militärische Luftfahrtbehörden profitieren gleichermaßen von einem einheitlich geltenden Regelungsrahmen. So ermöglichte beispielsweise die einheitliche Anwendung der europäischen Zulassungsvorschriften für die Zivilluftfahrt (EASA Part 21) die gemeinsame Prüfung der Lufttüchtigkeit des A400M durch die EASA und die speziell für den militärischen Teil gegründete multinationale Prüforganisation (A400M Certification and Qualification Organisation). Für den NH-90 wurde eine projektspezifische Implementierung der EMAR 21 (JMAAN 21) entwickelt. Für zukünftige Projekte ist sogar ein direkter Bezug auf die EMAR denkbar.

[5] Stefan Schunke ist Sekretär des MAWA-Forums der EDA.

Andererseits bietet die EMAR den Mitgliedstaaten, die bisher über kein eigenes militärisches Prüf- und Zertifizierungssystem verfügen, die Möglichkeit, ein solches auf der Grundlage multinationaler Standards zu etablieren. Diese Staaten setzen die EMAR dann auch in der Regel direkt und mit eher geringen Abweichungen um.

3. Worin sehen Sie die wesentlichen Herausforderungen in der Migration des bestehenden nationalen Zulassungswesens der einzelnen Länder in die EMAR?
Die Herausforderungen ergeben sich aus dem für die Erstellung der EMAR verfügbaren Know-how, nationalen Einflüssen im Rahmen der Konsultation und bei der anschließenden Implementierung der EMARs sowie aus dem Mandat des MAWA Forums selbst.

Während die zivilen EU-Verordnungen als Best Practice allgemein anerkannt sind und sich dadurch als Grundlage für EMARs hervorragend eignen, müssen Inhalte, die spezifisch für die militärische Luftfahrt sind, zunächst aufwendig entwickelt und in die EMAR Struktur eingearbeitet werden. Kritisch ist hierbei die Verfügbarkeit von Experten für die Mitarbeit in den Arbeitsgremien des MAWA Forums zu bewerten.

Nationale Regelungen für das militärische Prüf- und Zulassungswesen sind in die verschiedenen Rechtssysteme der einzelnen Staaten eingebettet. Sie sind dabei an die jeweiligen Strukturen und Arbeitsabläufe der militärischen Beschaffungs- und Zulassungsorganisationen angepasst.

Eine einheitliche Umsetzung der EMAR in den einzelnen Staaten kann nur dann erfolgreich realisiert werden, wenn die jeweiligen Randbedingungen es zulassen. Dazu kann es auch notwendig sein, einzelne Regelungen dieser Rechtssysteme zu ändern. Auch ist es dazu erforderlich, etablierte Strukturen und Prozesse der militärischen Beschaffungs- und Zulassungsorganisationen anzupassen. Solche Veränderungsprozesse sind oft sehr langwierig.

Ein Beispiel hierfür ist die Erteilung von Privilegien für nach DEMAR 21 genehmigte Entwicklungs- und Herstellbetriebe. So konnten diese nach der vorherrschenden Rechtsauffassung nicht ohne Änderung des deutschen Luftverkehrsgesetzes in der DEMAR eingeführt werden.

Die EMARs basieren auf den Lufttüchtigkeitsvorschriften der EU-Verordnung (EU) 2018/1139 (Grundverordnung). Sie enthalten jedoch keine harmonisierten Anforderungen für den Flugbetrieb, die Flugbesatzung, das Flugverkehrsmanagement oder die Flugnavigation, da diese Bereiche nicht vom Mandat des MAWA-Forums abgedeckt werden. Die Lufttüchtigkeitsvorschriften können aber nicht isoliert betrachtet werden. Vielmehr müssen die Wechselwirkungen zwischen den oben genannten Bereichen gebührend Berücksichtigung finden. So können beispielsweise die von der Europäischen Kommission 2014 eingeführten

Anforderungen an die Zertifizierung von „Operational Suitability Data" (OSD) nur teilweise in EMARs aufgenommen werden, da sie auch die Pilotenausbildung oder die Zulassung von Simulatoren behandeln, für die das MAWA-Forum nicht zuständig ist.

4. Welchen zukünftigen Handlungsbedarf sehen sie bzw. welche Herausforderungen bestehen für die weitere Harmonisierung militärischer Anforderungen?

EMARs müssen kontinuierlich weiterentwickelt und gepflegt werden. Der Änderungsbedarf ergibt sich aus der Anpassung der Vorschriften für die Zivilluftfahrt und den Bedürfnissen des militärischen Betriebs. Außerdem leitet sich Handlungsbedarf aus den Entwicklungen im Bereich der Flugsicherheit und den Erfahrungen bei der Umsetzung der EMAR ab. Dies erfordert nicht nur Fachpersonal, sondern auch administrative Unterstützung, die derzeit von der EDA geleistet wird.

Zur Vervollständigung des EMAR-Regelwerks und zur effizienten Unterstützung gemeinsamer Operationen und multinationaler Einrichtungen wie des EATC (European Air Transport Command) ist eine weitere Harmonisierung der Anforderungen an Flugbesatzungen und den militärischen Flugbetrieb erforderlich. Die Initiative wird auch als Gesamtkonzept für die Sicherheit der militärischen Luftfahrt oder auch ‚total system approach to military aviation safety' bezeichnet. Um dies zu erreichen, muss eine geeignete Managementstruktur hierfür gebildet und mandatiert werden, analog zum MAWA-Forum für Lufttüchtigkeit.

Die administrative Unterstützung und die Managementstrukturen, einschließlich des MAWA-Forums, sollten auf Dauer angelegt sein und auf einer gegenseitigen Verpflichtung der Staaten beruhen, einen gemeinsamen Rechtsrahmen für die Militärluftfahrt in Europa kontinuierlich zu gewährleisten und weiterzuentwickeln. Die mit dem Vertrag von Lissabon eingeführte ständige strukturierte Zusammenarbeit (PESCO) könnte ein geeigneter Rahmen für die Einrichtung solcher Strukturen sein. Die allgemeine Anerkennung von EMAR-Antragstellungen, -Zulassungen und -Genehmigungen zwischen den nationalen Zulassungsstellen in der EU wäre eine wichtige Voraussetzung für die volle Erschließung der ursprünglich von der Industrie erwarteten Vorteile, wie z. B. die Verringerung des Aufwands für Entwicklung und Produktion in multinationalen Projekten. Ein solches System könnte auch dazu beitragen, die Robustheit der militärischen Behörden zu verbessern, wenn die Verfügbarkeit von Fachpersonal begrenzt ist, angesichts des starken Wettbewerbs auf dem Gebiet der Luftfahrt.

Nicht zuletzt begrüße ich die Initiative für ein gemeinsames EMAR-Training zwischen den MAWA pMS (participating Member States) als wichtigen Schritt, um eine einheitliche Umsetzung und Anwendung der EMARs in Europa zu gewährleisten.

3.5 Bundesministerium der Verteidigung

Das Bundesministerium der Verteidigung (BMVg) ist im Rahmen der Zulassung militärischer Luftfahrzeuge und Komponenten für die Festlegung und Umsetzung eigener Regeln nach § 30 Luftverkehrsgesetz (Eigenvollzugskompetenz) verantwortlich.[6] Dazu gehören u. a. die:

- Herausgabe von Regelungen zur Einführung aller anwendbaren Regelungsräume einschließlich des Festlegens der Verantwortlichkeiten und Zuständigkeiten im militärischen Zulassungswesen,
- Wahrnehmung ressortübergreifender Abstimmungen,
- Festlegung, welche Regelungsräume für einzelne Waffensysteme zur Anwendung kommen,
- Billigung der grundlegenden Regelungen des LufABw,
- Fachaufsicht über das Zulassungswesen.

In 2015 wurde die ministerielle *Steuergruppe Zulassung* (StGrp Zulassung BMVg) für die DEMAR Einführung, deren Ausfächerung auf die unterschiedlichen Waffensysteme und zugehöriger Zulassungsfragen eingerichtet.[7]

3.6 Luftfahrtamt der Bundeswehr

Das Luftfahrtamt der Bundeswehr (LufABw) ist die deutsche militärische Luftfahrtbehörde, mit Sitz in Köln-Wahn. Als Bundesoberbehörde übernimmt das LufABw die fachliche Verantwortung für die Sicherheit im militärischen Flugbetrieb und untersteht dem Generalinspekteur der Bundeswehr. Die Aufgaben des LufABw leiten sich aus einer internen Verwaltungsvorschrift der Bundeswehr ab[8] und umfassen u. a.:

- Zulassung von militärischen Luftfahrzeugen einschließlich darin verbauter Komponenten,
- Regulierung und Standardisierung des militärischen Flugbetriebs in Deutschland,
- Überwachung der Lufttüchtigkeit von Luftfahrzeugen,

[6] Vgl. LuftVG (2021).

[7] Vgl. Bericht des Bundesministeriums der Verteidigung zu Rüstungsangelegenheiten Teil 1 Berlin, Oktober 2015, S. 15.

[8] Vgl. BMVg (2018), A-270/3.

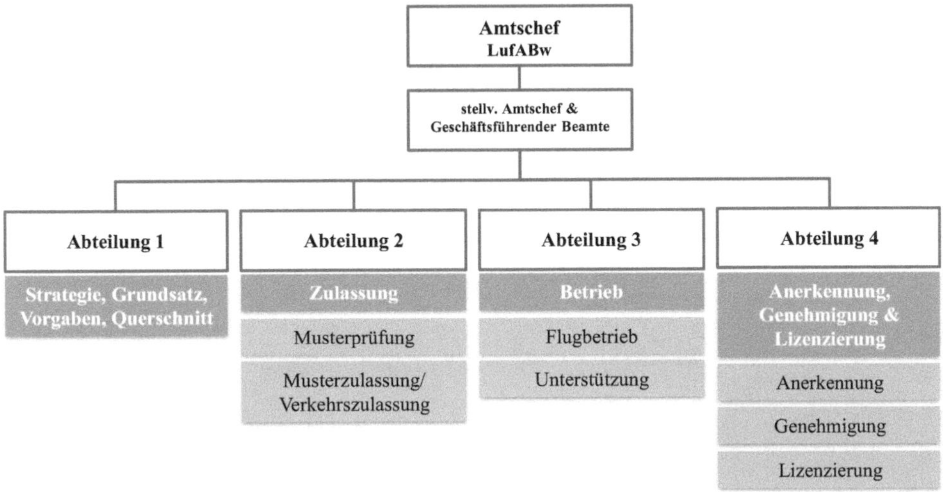

Abb. 3.2 Aufgabenzuordnung aus dem militärischen Zulassungswesen im LufABw (vereinfachte Darstellung)

- Genehmigung und Anerkennung von Industriebetrieben, Dienststellen, Behörden und Institutionen,
- Lizenzierung von fliegerischem, technischem und flugmedizinischem Personal,
- Erarbeitung und Weiterentwicklung von Vorschriften für die militärische Luftfahrt,
- Verhütung von Vorkommnissen und Flugunfällen mit militärischen Luftfahrzeugen sowie
- Anerkennung von anderen nationalen militärischen Behörden *(Recognition)*.

Abb. 3.2 zeigt das Organigramm des LufABw, bezogen auf die Aufgabenzuordnung aus dem militärischen Zulassungswesen.

3.7 BAAINBw

Das Bundesamt für Ausrüstung, Informationstechnik und Nutzung der Bundeswehr (BAAINBw) ist die zentrale Einkaufsorganisation der Bundeswehr. Es hat die Aufgabe, die bedarfs- bzw. forderungsgerechte Ausstattung der Bundeswehr zu wirtschaftlichen Bedingungen zu gewährleisten. Als Teil der zivilen Bundeswehrverwaltung obliegt dem Amt die Umsetzung und Steuerung von Rüstungsprojekten. Im Mittelpunkt der Aufgaben des BAAINBw steht die Beschaffung von Wehrmaterial. Hierzu wird u. a. die Entwicklung und Erprobung von Wehrmaterial verantwortet. Auch das nach der Auslieferung notwendige Nutzungsmanagement obliegt dem BAAINBw. Projektabhängig

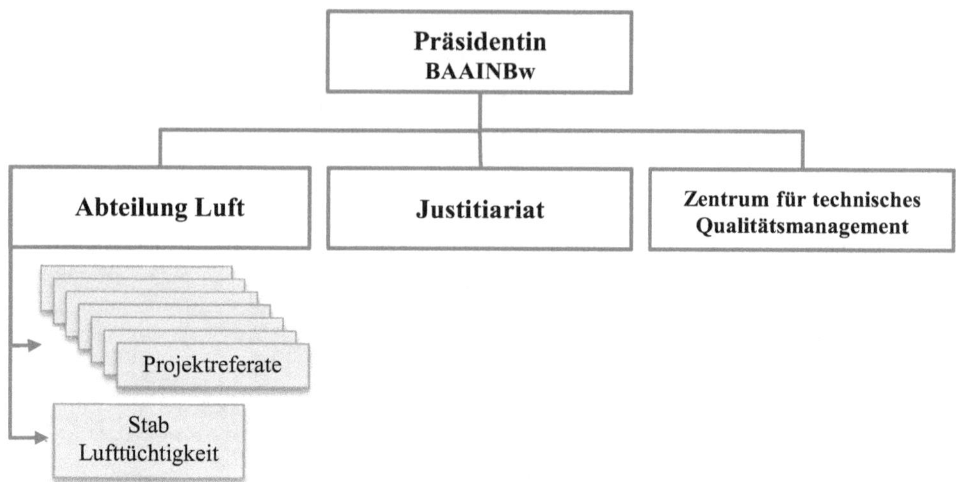

Abb. 3.3 Aufgabenzuordnung aus dem militärischen Zulassungswesen im BAAINBw (vereinfachte Darstellung)

werden diese Aufgaben in der Regel im Verbund mit der beauftragten gewerblichen Wirtschaft erfüllt.

Das BAAINBw hat seinen Sitz in Koblenz und wurde am 1. Oktober 2012 in Folge des Dresdner Erlasses und der daraus folgenden Neuverteilung der Aufgaben und Verantwortlichkeiten zwischen den Teilstreitkräften und dem ehemaligen Bundesamt für Wehrtechnik und Beschaffung (BWB) gegründet.

Im Bereich des Zulassungswesens fallen dem BAAINBw insbesondere die folgenden Aufgaben und Verantwortlichkeiten zu (Abb. 3.3):

- Zentrale Steuerung von Projekten der Bundeswehr in der Rüstungs- und Nutzungsphase,
- Koordinierung aller zulassungsrelevanter Aufgaben mit dem LufABw, sowie mit der gewerblichen Wirtschaft und internationalen Partnern,
- Erstellung und Umsetzung von Zulassungsstrategien für Luftfahrzeuge der Bundeswehr unter Verantwortung des BMVg,
- Halterschaft der militärischen Musterzulassung (HMilMz) für muster- und verkehrszugelassene Luftfahrzeuge der Bundeswehr,
- Zentrales Qualitätsmanagement für die Vergabe von Leistungen an die gewerbliche Wirtschaft (ZtQ),
- Fachliche Betreuung aller fliegenden Waffensysteme der Bundeswehr und deren Ausrüstung/Bewaffnung,
- Überwachung und Verwaltung über die Nachweisführung aller nationalen und internationalen Flugerprobungsvorhaben mit deutscher Beteiligung, sowie den Betrieb eigener Erprobungsträger (WTD 61).

3.8 Streitkräfte

Die Streitkräfte sind nach der Auslieferung die Nutzer und Betriebsverantwortlichen (BtrbVersVwt) von muster- und verkehrszugelassenen Luftfahrzeugen der Bundeswehr.[9]

Heer, Luftwaffe und Marine operieren ihre jeweiligen Luftfahrzeuge eigenverantwortlich, im Rahmen festgelegter Materialerhaltungskonzepte. Sofern diese Materialerhaltungskonzepte es vorsehen, können dabei Aufgaben teilweise, oder vollständig durch das BAAINBw an die gewerbliche Wirtschaft beauftragt werden.

In der Regel sehen heutige Materialerhaltungskonzepte im Standardverfahren die Instandhaltung im Rahmen der Line Maintenance, d. h. die Instandsetzung *on Aircraft* durch die Bundeswehr vor. Eine tiefergehende Instandsetzung, die sogenannte Base Maintenance, wird meist über die gewerbliche Wirtschaft sichergestellt. Um jedoch aufseiten der Bundeswehr einen Wissens- und Kompetenzerhalt auch im Bereich der Base Maintenance sicherzustellen, wurden verschiedene kooperative Modelle für ausgewählte Waffensysteme mit der Industrie geschaffen. Für die Instandhaltung im Bereich der jeweiligen Teilstreitkraft sind entsprechende Instandhaltungsbetriebe, ggf. nach DEMAR 145 genehmigt, vorgesehen. Darüber hinaus unterhält die Luftwaffe eine eigene Schule zur Ausbildung des luftfahrttechnischen Personals die sowohl DEMAR 147 genehmigt, als auch durch das LBA anerkannt ist.

3.9 Gewerbliche Wirtschaft

Ein wichtiger Partner der Bundeswehr ist die gewerbliche Wirtschaft, welche im In- und Ausland die Bereiche Entwicklung, Herstellung und Instandhaltung sowie in Ausnahmefällen auch das Management der Lufttüchtigkeit militärischer Luftfahrzeuge unterstützt.

Darüber hinaus ist die gewerbliche Wirtschaft in die Ausbildung des luftfahrttechnischen Personals für den eigenen Bedarf, sowie des Prüfpersonals der Bundeswehr eingebunden.

Damit leistet die gewerbliche Wirtschaft auch einen zentralen Beitrag im Bereich des nationalen militärischen Zulassungswesens.

Die vielfältigen Betätigungsfelder der gewerblichen Wirtschaft mit Bezug zum militärischen Zulassungswesen reichen dabei von Tätigkeiten zur Unterstützung und Beratung des öffentlichen Auftraggebers inklusive seiner Behörden, über die Mitarbeit in Gremien bis zur Tätigkeit als genehmigter Betrieb nach Altverfahren oder DEMAR.

Da auch die gewerbliche Wirtschaft über die Grenzen der Bundesrepublik Deutschland hinaus tätig ist, profitiert auch sie von der Harmonisierung der militärischen

[9] Für die Erprobungsluftfahrzeuge der WTD 61 nimmt das BAAINBw die Aufgaben des BtrbVersVw wahr.

Zulassungsregelungen auf europäischer Ebene. Die damit verbundene Migration des nationalen militärischen Zulassungswesen in das Standardverfahren DEMAR soll es der Bundeswehr ermöglichen, die in der zivilen Luftfahrt bereits etablierten Möglichkeiten in der Zusammenarbeit mit gewerblichen Partnern in einem größeren Umfang zu nutzen, als dies bisher der Fall war.[10]

3.10 Ausländische militärische Luftfahrtbehörden

Das militärische Zulassungswesen ist geprägt vom Territorialprinzip und einem hohen Stellenwert der Souveränität der einzelnen Staaten. Jeder Staat hat daher sein nationales militärisches Zulassungswesen an seinen individuellen Bedürfnissen ausgerichtet. Mit der europäischen Einigung über die Schaffung einheitlicher Standards im militärischen Zulassungswesen durch das MAWA Forum entsteht der unmittelbare Bedarf, sich nicht nur inhaltlich, sondern auch organisatorisch, vergleichbar der EU-Regularien aufzustellen. In einem ersten Schritt bedeutet dies, dass es in jedem Land einer oder mehrerer entlang der Regularien zuständigen Aufbau- und Ablauforganisation bedarf. Diese werden im Folgenden vereinfacht als ausländische militärische Luftfahrtbehörden *(National Military Airworthiness Authorities – NMAA)* bezeichnet.

Diese militärischen Luftfahrtbehörden können sich auf der Grundlage einer Regelung der MAWA gegenseitig anerkennen (Recognition). Grundlage hierfür bildet die *EMAD/R – Recognition Process*[11] der EDA, die neben einer Beschreibung des Anerkennungsprozesses auch einen detaillierten Anforderungskatalog vorgibt. Diese Anerkennung erfolgt auf verschiedenen Ebenen. Die oberste bildet hierbei die grundsätzliche gegenseitige Anerkennung der Behörden untereinander. In der zweiten und dritten Ebene werden individuelle Projekte und Produkte anerkannt und damit für den jeweils anderen Partner nutzbar gemacht. Eine umfassende Kooperation mit anderen Behörden ist dabei zweckmäßig, um eine erneute Bearbeitung bereits erfolgter (Prüf-)Vorgänge zu reduzieren, die Projektrealisierung zu vereinfachen, oder einen gemeinsamen Betrieb eines Waffensystems durch verschiedene Länder zu ermöglichen.[12] Eine Darstellung des Recognition Prozesses nach EMAD/R erfolgt in Abb. 3.4.

Dieses Vorgehen kommt insbesondere bei multinationalen Entwicklungsprojekten zur Anwendung. Darüber hinaus ermöglicht die Anerkennung jedoch auch die einfache Beschaffung bereits im Ausland militärisch musterzugelassener Luftfahrzeuge und Komponenten.

[10] Bundesministerium der Verteidigung (BMVg): Militärische Luftfahrtstrategie, 2016, S. 39.

[11] EMAD: European Military Airworthiness Document.

[12] Vgl. BMVg (2021), Dachvorschrift, A-275/1, #4092.

Abb. 3.4 Anerkennungsprozess zwischen verschiedenen militärischen Luftfahrtbehörden nach EMAD/R

Im Hinblick auf die Anforderungen der DEMAR ist bei der Anerkennung jedoch zu beachten, dass sich Rollen, Aufgaben und Organisation anderer militärischer Luftfahrtbehörden von denen des LufABw unterscheiden. So sind beispielsweise die Anforderungen an einen Entwicklungsbetrieb im US-amerikanischen Zulassungsverständnis anders definiert; auch kennt man dort keine CAMO.

Zur Erreichung einer nationalen militärischen Musterzulassung unter DEMAR gilt es darüber hinaus mit den ausländischen Luftfahrtbehörden die notwendigen Übereinkünfte zu erzielen, um für die Initial, Continued und Continuing Airworthiness eines Musters den Zugang zu den benötigten Zulassungserzeugnissen über den gesamten Lebenszyklus sicherzustellen.

Literatur

Europäisches Parlament und Europäischer Rat: Verordnung des Europäischen Parlaments und des Rates zur Festlegung gemeinsamer Vorschriften für die Zivilluftfahrt und zur Errichtung einer Agentur der Europäischen Union für Flugsicherheit, Nr. 1592/2002, 2002

Bundesministerium der Verteidigung (BMVg, 2015): Bericht des Bundesministeriums der Verteidigung zu Rüstungsangelegenheiten, Teil 1, Berlin 2015

Bundesministerium der Verteidigung (BMVg): Militärische Luftfahrtstrategie, 2016

Bundesministerium der Verteidigung (BMVg, 2018): Das Luftfahrtamt der Bundeswehr als nationale militärische Luftfahrtbehörde, Nr. A-270/3, Version 3, 2018

Bundesministerium der Verteidigung (2021), Grundsätze der Zulassung von Luftfahrzeugen (Dachvorschrift), Nr. A-275/1, Version 1, 2021

Gesetz über das LBA (LFBAG) in der im Bundesgesetzblatt Teil III, Gliederungsnummer 96-4, veröffentlichten bereinigten Fassung, das zuletzt durch Artikel 5 des Gesetzes vom 14. Juni 2021 (BGBl. I S. 1766) geändert worden ist. 2021

Hinsch, M. (2019): Industrielles Luftfahrt Management. 4. Aufl. Berlin, Heidelberg. 2019

Luftverkehrsgesetz (LuftVG) in der Fassung der Bekanntmachung vom 10. Mai 2007 (BGBl. I S. 698), das zuletzt durch Artikel 131 des Gesetzes vom 10. August 2021 (BGBl. I S. 3436) geändert worden ist. 2021

Einführung in das DEMAR Regelwerk

4

Basis aller luftfahrttechnischen Aktivitäten im militärischen Zulassungswesen sind die zugehörigen Verwaltungsvorschriften, die im Vordergrund dieses Kapitels stehen.

Zunächst bietet Abschn. 4.1 eine Hinführung zum militärischen Regelwerk für das Zulassungswesen der Bundeswehr. Es folgt dann in Abschn. 4.2 eine Darstellung der grundlegenden Struktur und dessen Aufbau. Im Anschluss werden die verschiedenen Phasen der Lufttüchtigkeit beschrieben (4.3), bevor sich der Blickwinkel in den Abschn. 4.4 bis 4.6 auf die Entwicklung nach DEMAR 21J, die Herstellung gemäß DEMAR 21G sowie die Instandhaltung (DEMAR 145) richtet. Darauffolgend wird auf die Ausbildung von Prüfpersonal (DEMAR 66 und DEMAR 147) eingegangen. Um ein Verständnis für das Zusammenspiel zwischen den Instandhaltungsbetrieben und den betreibenden Organisationen bei der Aufrechterhaltung der Lufttüchtigkeit zu schaffen, wird anschließend die DEMAR M in Abschn. 4.7 kurz thematisiert.

4.1 Grundlagen

Grundsätzlich ist die EU-Gesetzgebung für die Regelung der Luftfahrt in Europa maßgeblich. Mit ihrer Grundverordnung und den aktuell zwölf Durchführungsbestimmungen wird für ein einheitliches und hohes Sicherheitsniveau der Luftfahrt in Europa gesorgt. Allerdings gilt dieses Regelwerk nur für die Zivilluftfahrt. Hoheitlich

---

Teile dieses Kapitels wurden ursprünglich veröffentlicht in: Hinsch, M. (2019): Industrielles Luftfahrtmanagement. 4. Aufl. Berlin, Heidelberg. 2019.

M. Hinsch et al., *Einführung in die DEMAR*,
https://doi.org/10.1007/978-3-662-65676-1_4

genutzte Luftfahrzeuge *(State Aircraft)*[1] sind explizit von den europäischen Regelungen ausgenommen.[2] Für sie greift das nationale Luftrecht. In Deutschland bildet die Grundlage hierfür das Luftverkehrsgesetz (LuftVG). Daraus ergibt sich, dass die Bundeswehr das militärische Zulassungswesen in ihren eigenen Vorschriften regeln darf.[3]

Nach dessen Bestimmungen bedürfen militärische Luftfahrzeuge, analog zur zivilen Luftfahrt, grundsätzlich einer **Muster- und Verkehrszulassung,**[4] damit eine Teilnahme am Luftverkehr möglich wird, vgl. Abschn. 2.2.1.

Dabei bezieht sich die Musterzulassung immer auf das *Muster* selbst, also eine Reihe von Luftfahrzeugen, während die Verkehrszulassung für ein individuelles Luftfahrzeug (*Stück*) erteilt wird und durch das LufABw mit Eintragung in die Luftfahrzeugrolle der Bundeswehr erfolgt.

Für jedes zum Verkehr zugelassene Luftfahrzeug muss die Lufttüchtigkeit über dessen Lebensdauer aufrechterhalten werden. Diese Pflicht besteht unabhängig davon, ob ein Luftfahrzeug über eine zivile oder militärische Muster- und Verkehrszulassung verfügt. Dabei ist es unabdingbar, dass gesetzliche bzw. behördliche Vorgaben für die Aufrechterhaltung der Lufttüchtigkeit stets eingehalten und überwacht werden.

Die Vorgaben zur Aufrechterhaltung der Lufttüchtigkeit des Musters erfolgen im zivilen Bereich durch Gesetze der europäischen Kommission. Da die Bundeswehr zur Erfüllung ihrer besonderen Aufgaben von den zivilen Gesetzen abweichen darf, werden durch das Bundesministerium der Verteidigung (BMVg) gesonderte Vorschriften für die Zulassung militärische Luftfahrzeuge veröffentlicht.[5] Dies geschieht über die ministeriell herausgegebenen Dach- und Einleitungsvorschriften.[6] Durch das LufABw werden diese in der DEMAR weiter detailliert.

4.2 Aufbau des militärischen Regelwerks

Das militärische Regelwerk für das Zulassungswesen setzt den Rahmen für die Entwicklung, Herstellung und Instandhaltung von Luftfahrzeugen der Bundeswehr sowie deren Komponenten. Es handelt sich hierbei fast ausschließlich um interne Verwaltungsvorschriften, die also grundsätzlich nur für die Bundeswehr sowie angegliederte Behörden verbindlich sind. Dennoch kommen die Vorgaben zum militärischen

[1] Z.B. Luftfahrzeuge von Zoll, Polizei und Militär.

[2] Vgl. Europäisches Parlament und Europäischer Rat (2018), Basic Regulation Nr 2018/1139, Art. 2 (3) a, b

[3] Vgl. LuftVG (2021), § 30.

[4] Vgl. LuftVZO (2021), § 1 (1).

[5] Vgl. LuftVG (2021), § 30.

[6] Vgl. BMVg (2021a), Dachvorschrift, A-275/1 sowie BMVg (2021c), Einleitungsvorschrift DEMAR, A-275/3.

Zulassungswesen auch in der Privatwirtschaft zur Anwendung. Dies geschieht auf der Grundlage privatrechtlicher Verträge zwischen der gewerblichen Wirtschaft und dem öffentlichen Auftraggeber (öAG).

Im weiteren Verlauf wird daher nicht vom *militärischen Luftrecht* gesprochen, sondern vom militärischen Zulassungswesen. Unter diesem Begriff wird sowohl die produktbezogene Zulassung von Luftfahrzeugen und Komponenten als auch die Genehmigung von Betrieben und die Lizenzierung von freigabeberechtigtem Personal zusammengefasst.

Das BMVg, das LufABw und das BAAINBw sind die wesentlichen Gestalter zulassungsrelevanter Vorgaben. Während das Ministerium den übergeordneten Rahmen für das militärische Zulassungswesen setzt, obliegt es dem LufABw, diese Anforderungen zu detaillieren. Dabei erfolgt die Übertragung dieser Anforderungen an die gewerbliche Wirtschaft durch das BAAINBw. Die militärische Vorschriftenlandschaft setzt sich somit aus zwei Ebenen (BMVg und LufABw/BAAINBw) zusammen, siehe Abb. 4.1. Da diese Instanzen weitestgehend eigenständig in der Ausgestaltung der Regeln agieren, wird hier von einer Eigenvollzugskompetenz innerhalb der Bundeswehr gesprochen.

Wie bereits in Abschn. 2.2.2 erklärt, verfügt die Bundeswehr aktuell über zwei Regelungsräume, die für das Zulassungswesen der Bundeswehr genutzt werden:

- die German Military Airworthiness Requirements (DEMAR) als Standardverfahren und
- das bereits vor der Einführung der DEMAR und bis heute genutzte Altverfahren.[7]

4.2.1 Dach- und Einleitungsvorschriften

Die übergeordneten ministeriellen Vorschriften bilden die Grundlage des militärischen Zulassungswesens. Hierunter fallen

- die **Grundsätze der Zulassung von Luftfahrzeugen** (A-275/1). Diese sogenannte *Dachvorschrift* stellt das übergeordnete Dokument für das gesamte militärische Zulassungswesen in Deutschland dar und gilt sowohl für das Alt- als auch für das Standardverfahren.
- die **Einleitungsvorschrift des Regelungsraums Altverfahren** (A-275/2). Das Altverfahren war vor Einführung des Regelungsraums DEMAR das einzig gültige Verfahren zum Erreichen und Aufrechterhalten von Muster- und Verkehrszulassungen von Luftfahrzeugen der Bundeswehr. Bis Juli 2019 stellte es das *Regelverfahren* dar, bevor die DEMAR als neuer Standard definiert wurde.

[7] Das Altverfahren war bis 2019 das Regelverfahren und wird auch heute noch für Bestandswaffensysteme genutzt, vgl. Abschn. 2.2.2 Entwicklungsgeschichte des militärischen Zulassungswesens.

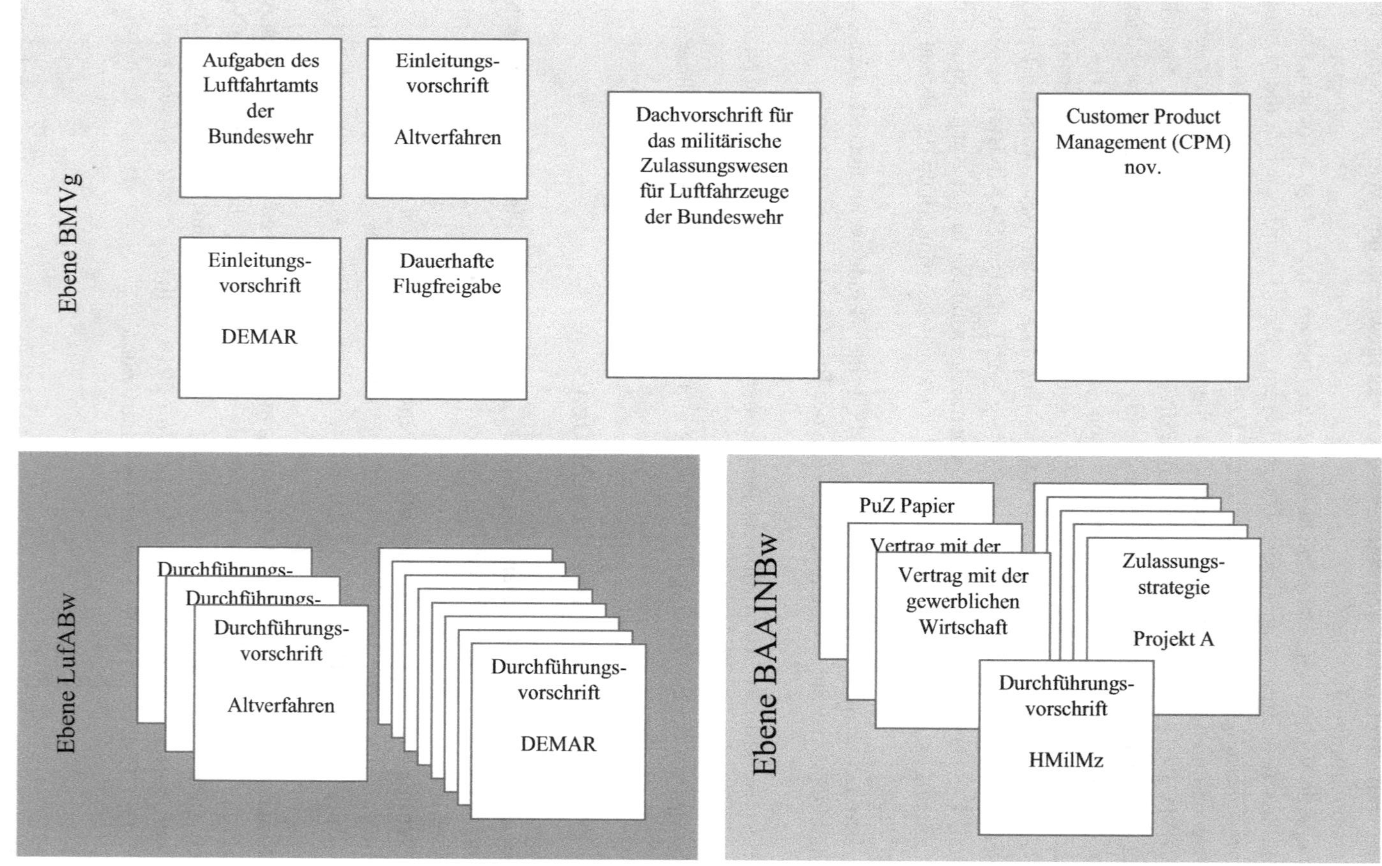

Abb. 4.1 Regelungsebenen im militärischen Zulassungswesen (vereinfachte Darstellung)

- die **Einleitungsvorschrift des Regelungsraums DEMAR** (A-275/3). Dieses Dokument greift die Grundsätze der Dachvorschrift auf und legt Basisanforderungen für die Umsetzung des Regelungsraums DEMAR als Standardverfahren fest. Zudem werden Begriffe definiert und die Voraussetzungen für die hybride Anwendung der Regelungsräume beschrieben.[8]
- die **Dauerhafte Flugfreigabe** (A-275/4). Diese Vorschrift gilt sowohl für das Alt- als auch für das Standardverfahren. Sie kommt immer dann zur Anwendung, wenn ein risikobasierter Zulassungsansatz gewählt werden muss, um einzelne zulassungsrelevante Anforderungen zu validieren (vgl. Abschn. 2.2.2).

4.2.2 DEMAR

Dem LufABw obliegt die Verantwortung, die ministeriellen Vorgaben der Dach- und Einleitungsvorschriften umzusetzen. Im Regelungsraum DEMAR geschieht dies im Rahmen von fünf zentralen Vorschriften:

- für die Zulassung von Luftfahrzeugen und Komponenten sowie die Genehmigung von Entwicklungs- und Herstellungsbetrieben:
  DEMAR 21: A1-275/3-8901 inkl. AMC & GM zu DEMAR 21: A1-275/3-8902
- für das Management zur Aufrechterhaltung der Lufttüchtigkeit (CAMO):
  DEMAR M: A1-275/3-8903 inkl. AMC & GM zu DEMAR M: A1-275/3-8904
- für die Instandhaltung:
  DEMAR 145: A1-275/3-8905 inkl. AMC & GM zu DEMAR 145: A1-275/3-8906
- für das freigabeberechtigte Personal in der Luftfahrzeuginstandhaltung:
  DEMAR 66: A1/275/3-8907 inkl. AMC & GM zu DEMAR 66: A1-275/3-8908
- für die technische Ausbildungsorganisation für Prüfpersonal in der Luftfahrzeuginstandhaltung:
- **DEMAR 147:** A1/275/3–8909 inkl. AMC & GM zu DEMAR 147: A1-275/3–8910

Alle DEMAR-Vorschriften lehnen sich in Aufbau und Inhalt weitestgehend an die zivilen Gesetze der EU an. Daher sind auch die DEMAR in zwei Hauptabschnitte unterteilt, die A- und B-Abschnitte. Während die *A-Abschnitte* technische Anforderungen an die Betriebe vorgeben, sind in den *B-Abschnitten* ausschließlich Verfahren für die zuständige Behörde festgelegt. Aus betrieblicher Sicht sind somit ausschließlich die jeweiligen A-Abschnitte der DEMAR von Bedeutung. Jedoch lohnt sich auch für DEMAR-Betriebe ein Blick in die B-Sektion, die einen guten Einblick in die Verfahren

[8] Hybride Zulassungen, bei denen beide Regelungsräume für ein Luftfahrzeug zur Anwendung kommen, weil die Beschaffung im Altverfahren und der Betrieb unter DEMAR erfolgt.

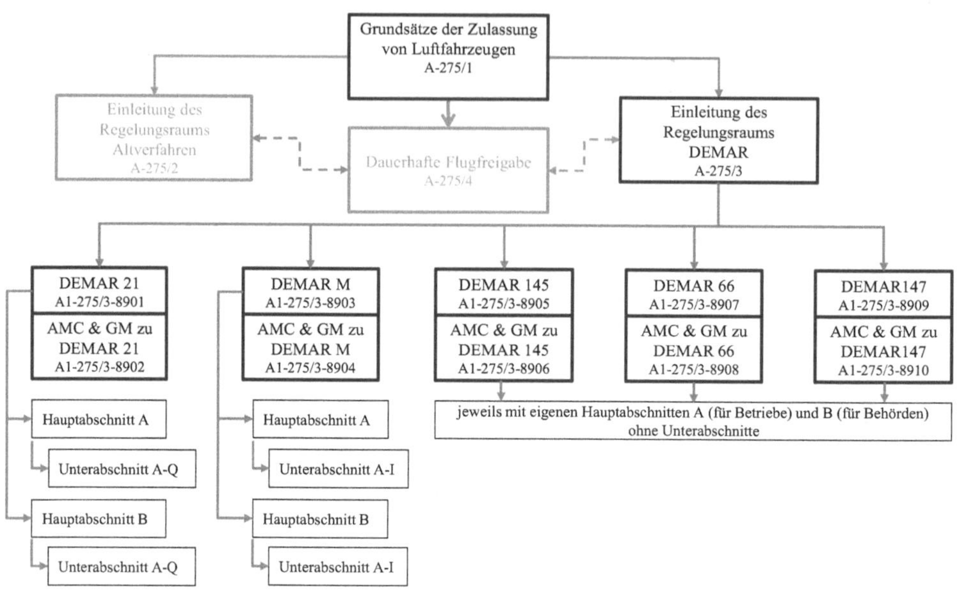

Abb. 4.2 Aufbau der DEMAR Vorschriftenlandschaft

und Arbeitsweisen der zuständigen Luftfahrtbehörde geben. Abb. 4.2 zeigt die Grundstruktur des DEMAR Vorschriftenwerks.

Abgrenzung – Produkte, Bau- und Ausrüstungsteile sowie Luftfahrzeuge und Komponenten

Sowohl in der EASA als auch in der DEMAR-Welt haben sich unterschiedliche Begriffe für Luftfahrzeuge und deren Bestandteile durchgesetzt. So ist in der DEMAR 21 von Produkten, Bau- und Ausrüstungsteilen die Rede. Als Produkte sind dabei Luftfahrzeuge sowie Triebwerke und Propeller definiert. Alle anderen Bestandteile fallen unter die Bau- und Ausrüstungsteile. Gelegentlich besteht zwischen Bau- und Ausrüstungsteilen noch eine weitere Abgrenzung. Hiernach gelten Bauteile als fest verbaute Bestandteile und Ausrüstungsteile, als nicht fest im Luftfahrzeug verbaute Bestandteile. Zu Letzteren zählen z. B. Rettungswesten, Trolleys, Frachtcontainer. Eine feste Definition nach DEMAR (oder EASA) stellt diese Abgrenzung zwischen Bau- und Ausrüstungsteilen jedoch nicht dar.

In der DEMAR 145 und in der DEMAR M werden andere Begrifflichkeiten verwendet: Luftfahrzeuge und Komponenten. Unter Komponenten fallen hier auch Triebwerke und Propeller. Im weiteren Verlauf wird hier der Begriff der Luftfahrzeuge und Komponenten verwendet, da dieser selbsterklärender ist.

In dieser Vorschriftenwelt sind die Anforderungen an alle relevanten Betriebsformen für die verschiedenen Phasen der Lufttüchtigkeit definiert. Im Einzelnen für:

- **Entwicklungsbetriebe** nach DEMAR 21J,
- **Herstellungsbetriebe** nach DEMAR 21G,
- **Instandhaltungsbetriebe** nach DEMAR 145,
- **Technische Ausbildungsbetriebe** nach DEMAR 147 sowie
- **Organisationen zur Führung der Aufrechterhaltung der Lufttüchtigkeit** (Continuing Airworthiness Management Organisations), nach DEMAR M.

Die Mehrzahl der DEMAR beinhalten zudem Unterabschnitte sowie Anhänge, Formblätter (z. B. die DEMAR Form 1) oder spezielle Anforderungen (z. B. Ausfüllanleitungen).

Die DEMAR weisen untereinander nicht exakt die gleiche Struktur auf und unterscheiden sich untereinander zum Teil erheblich im Detaillierungsgrad. Während beispielsweise die Vorschriften der DEMAR 21G (Herstellungsbetrieb) eine vergleichsweise geringe Detaillierung abbilden, weist die DEMAR 145 (Instandhaltungsbetrieb) eine hohe Detailtiefe auf.

Ergänzend wurden durch das LufABw zu den DEMAR *Umsetzungshinweise* als weitere Regelungen herausgegeben. Vergleichbar mit der EASA-Welt wird dabei zwischen dem Guidance Material **(GM)** und den Acceptable Means of Compliance **(AMC)** unterschieden. Diese Regelungen sind der DEMAR nachgeordnet und sollen ihren Charakter als ergänzende Vorgaben auch im Standardverfahren beibehalten.[9]

Die Betriebe haben bei enger Orientierung am GM und an den AMC Gewissheit, dass ihr Handeln in Übereinstimmung mit den Vorschriften steht.[10] Da Abweichungen von den Empfehlungen des GM oder der AMC zwar theoretisch möglich sind, in der Praxis jedoch sehr solide begründet werden müssen, bilden betriebsindividuelle Auslegungen einzelner LufABw-Vorschriften eher die Ausnahme.

Eine klare inhaltliche Unterscheidung zwischen Guidance Material und Acceptable Means of Compliance gestaltet sich nicht immer einfach. Grundsätzlich soll das GM erläuternden Charakter haben und weiterführende Informationen geben, ohne aber unmittelbare Umsetzungshinweise zu formulieren.

Demgegenüber liefern die AMC direkte Umsetzungsvorgaben, mit deren Einhaltung sich die Konformität zu den Vorschriften nachweisen lässt. Die AMC sind quantitativ umfassender als das Guidance Material.

[9] Vgl. BMVg (2021c), Einleitungsvorschrift DEMAR, A-275/3, #105.

[10] Vgl. BMVg (2021c), Einleitungsvorschrift DEMAR, A-275/1, #214.

Genehmigungs- vs. Zertifizierungserfordernis

Für einige Betriebe kann auf eine Genehmigung als Entwicklungs-, Herstellungs- oder Instandhaltungsbetrieb verzichtet werden. Dies gilt in dem Fall, dass diese:

- nicht musterspezifische Fliegersonderausrüstung,
- Rettungs-, Berge- oder Außenlastvorrichtungen für Lfz der Bundeswehr, sofern nicht Teil des Luftfahrzeugmusters,
- nicht zulassungspflichtige UAS oder
- Zusatzausrüstung

entwickeln, qualifizieren, herstellen und instandhalten, bzw.

- abgegrenzte Beiträge für den HMilMz leisten,
- Norm- und Standardteile herstellen,
- in Lfz zu verwendendes Verbrauchsmaterial herstellen oder
- mit Luftfahrtartikeln ausschließlich handeln

Stattdessen bedürfen diese Betriebe einer Zertifizierung. Art um Umfang wird durch LufABw festgelegt. Bereits vorhandene Zertifizierungen können nach Absprache mit LufABw genutzt werden.[11]

4.3 Phasen der Lufttüchtigkeit

Die DEMAR-Vorschriften werden den drei Phasen der Lufttüchtigkeit zugeordnet:

Initial (Design) Airworthiness

Die Phase der Initial Airworthiness beginnt mit Antrag auf Musterprüfung und -zulassung durch den zukünftigen Halter der militärischen Musterzulassung bei der zuständigen Luftfahrtbehörde.

Der **Entwicklungsbetrieb übernimmt grundsätzlich** die Aufgaben der Produktentwicklung und erstellt Nachweise der Übereinstimmung mit anwendbaren Forderungen durch Berechnung, Analysen oder Tests.[12]

Nachdem die ersten Entwürfe, Konstruktionen und Nachweise vorhanden sind, wird der genehmigte Herstellungsbetrieb (DEMAR **21G**) mit dem Bau von Demonstratoren,

[11] Vgl. BMVg (2021a), Dachvorschrift, A-275/1, #4039.

[12] Vgl. Kap. 6 Entwicklung.

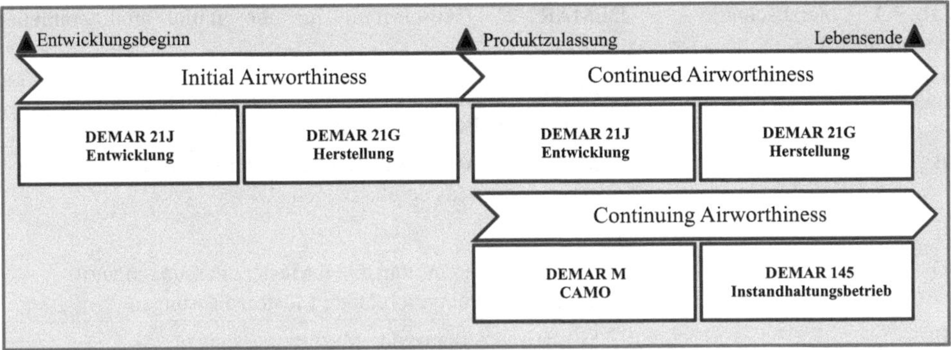

Abb. 4.3 Übersicht zur Initial, Continued und Continuing Airworthiness

Prototypen, Versuchsträgern, etc. betraut. Dies erfolgt auf Basis der Vorgabedokumente des Entwicklungsbetriebs (Non-approved Design Data).[13]

Mit fortschreitender Entwicklung nimmt die Reife des Luftfahrzeugs zu, sodass der Herstellungsbetrieb mit vorab freigegeben Bauunterlagen die Produktion der ersten Serienluftfahrzeuge beginnen kann.

Die Phase der Initial Airworthiness endet für das Muster mit der behördlich erteilten Musterzulassung. Sodann kann mit den Vorgabedokumenten, die der Entwicklungsbetrieb über den Entwicklungsprozess erarbeitet hat, die Serienfertigung durch den Herstellungsbetrieb erfolgen. Das fabrikneue Luftfahrzeug wird mit der Konformitätserklärung DEMAR Form 52[14] an den Besteller geliefert und kann, nach Vorliegen weiterer Voraussetzungen, zum Verkehr zugelassen werden.

Continued (Design) Airworthiness

Die Phase der Continued Airworthiness schließt sich lückenlos an die Inital Airworthiness an und dient der fortdauernden Überwachung der Lufttüchtigkeit des Musters. Dabei ist die Continued Airworthiness das Bindeglied zwischen der Initital Airworthiness für die gebauten Luftfahrzeuge und der Continuing Airworthiness zur physischen Aufrechterhaltung der Lufttüchtigkeit der betriebenen Luftfahrzeuge auf Basis des genehmigten Designs.

Die Continued Airworthiness bezeichnet die Aktivitäten des Entwicklungs- und Herstellungsbetriebs, die nach Erteilung der Musterzulassung erforderlich sind, um das Luftfahrzeug sicher zu betreiben. Sie beginnt ab der Musterzulassung und reicht bis zum Lebensende des Luftfahrzeugs. Aktivitäten in dieser Phase sind z. B.:

---

[13] Vgl. Abschn. 5.3.2

[14] Vgl. Kap. 5 Dokumentation und Aufzeichnungen.

Tab. 4.1 Unterabschnitte der DEMAR 21 (Vorschriften für die initial und continued airworthiness)

Unterabschnitte der DEMAR 21	Inhalt
A	Allgemeine Bestimmungen
B	Militärische Musterzulassungen und militärische eingeschränkte Musterzulassungen
C	entfällt
D	Änderungen an militärischen Musterzulassungen und militärischen eingeschränkte Musterzulassungen
E	Militärische ergänzende Musterzulassungen
F	Herstellung ohne militärische Genehmigung als Herstellungsbetrieb
G	Militärische Genehmigung als Herstellungsbetrieb
H	Militärische Lufttüchtigkeitszeugnisse und militärische eingeschränkte Lufttüchtigkeitszeugnisse
I	Lärmzeugnisse
J	Militärische Genehmigung als Entwicklungsbetrieb
K	Bau- und Ausrüstungsteile
M	Reparaturen
N	Nicht zutreffend
O	Zulassung gem. Deutscher Militärischer Technischer Standardzulassung (DEMTSO)
P	Militärische Fluggenehmigung (Permit to fly)
Q	Kennzeichnung von Produkten, Komponenten

- Erst-Herstellung,
- Modifikationen am Design einschließlich obszoleszenzbedingte Anpassungen,
- Anweisungen zur Beseitigung unsicherer Zustände,
- Änderung von Instandhaltungszyklen oder -maßnahmen aufgrund neuer Erkenntnisse zum Ausfallverhalten einzelner Komponenten,
- Überarbeitung fehlerhafter, unvollständiger, ungenauer oder unklarer Vorgabedokumentation für die Herstellung und Instandhaltung.

All diese Meldungen erfordern Aktionen eines Entwicklungsbetriebs, der das betroffene Muster betreut. Diese führen i. d. R. zu einer geänderten Vorgabedokumentation für die Instandhaltung, zu einer Lufttüchtigkeitsanweisung oder zu einer Änderung am bestehenden Muster, etwa wenn alternative Bauteile aufgrund Nichtverfügbarkeit der ursprünglich verbauten Komponenten installiert werden müssen. Die Aufgabe des Herstellungsbetriebs besteht in der Phase der Continued Airworthiness darin, den Entwicklungsbetrieb durch fachliche Beiträge zu unterstützen.

Continuing Airworthiness
Diese Phase der Aufrechterhaltung der Lufttüchtigkeit beginnt mit der Verkehrszulassung des **Luftfahrzeuges** und beinhaltet alle Maßnahmen, die erforderlich sind, um dieses in einem lufttüchtigen Zustand zu halten. Darunter fällt das Management der Instandhaltungsmaßnahmen, sowie die Instandhaltung selbst.

Die **CAMO** (DEMAR **M**) steuert die Aufrechterhaltung der Lufttüchtigkeit und ist verantwortlich für das Luftfahrzeug-Instandhaltungsprogramm (IHP). Dabei ermittelt die CAMO auf Basis des Instandhaltungsprogramms und des Einsatzprofils den Instandhaltungsbedarf eines konkreten Luftfahrzeugs und beauftragt den Instandhaltungsbetrieb mit der Durchführung der erforderlichen Arbeiten. Hierunter fallen auch außerplanmäßige Reparaturen.

Der **Instandhaltungsbetrieb** (DEMAR **145**) führt die Instandhaltung auf Anweisung der CAMO gemäß Instandhaltungsprogramm (*Was ist wann instandzuhalten*) durch und arbeitet anhand der Vorgabedokumente des Entwicklungsbetriebs, z. B. des Aircraft Maintenance Manual (*Wie ist etwas instandzuhalten*).

Der Fokus liegt bei der Continuing Airworthiness auf dem Luftfahrzeug (Stück), nicht auf dem Design (Muster). Auch Erkenntnisse aus dem Betrieb des Luftfahrzeugs finden Eingang in das Management der Aufrechterhaltung der Lufttüchtigkeit (CAMO).

Abb. 4.3 stellt die wesentlichen Bestandteile der Initial-, Continued-, und Continuing-Airworthiness dar.

4.4 DEMAR 21

Die DEMAR 21 beschreibt die Anforderungen des LufABw an:

- den Zulassungsprozess von Luftfahrzeugen,
- den Zulassungsprozess von Komponenten und
- die Genehmigung von Entwicklung und Herstellungsbetrieben.

Somit ist diese Vorschrift maßgeblich für die Phase der Initial Airworthiness und Continued Airworthiness. Die DEMAR 21 ist in verschiedene Unterabschnitte gegliedert (Tab. 4.1).

4.4.1 DEMAR 21J – Entwicklung

Entwicklungsbetriebe im Sinne der DEMAR21J sind alle nach DEMAR 21J genehmigten Betriebe, die Luftfahrzeuge oder Komponenten entwickeln bzw. Änderungen oder Reparaturverfahren an diesen durchführen. Die Anforderungen

Tab. 4.2 Abschnitte der DEMAR 21J (Entwicklung)

Abschnitt	Titel/Inhalt
21.A.231	Umfang
21.A.233	Berechtigung
21.A.234	Beantragung
21.A.235	Erteilung einer militärischen Genehmigung als Entwicklungsbetrieb
21.A.239	Konstruktionssicherungssystem
21.A.243	Entwicklungsbetriebshandbuch
21.A.245	Genehmigungsvoraussetzungen
21.A.247	Änderungen im Konstruktionssicherungssystem
21.A.249	Übertragbarkeit
21.A.251	Genehmigungsbedingungen
21.A.253	Änderung der Genehmigungsbedingungen
21.A.257	Untersuchungen
21.A.258	Verstöße
21.A.259	Gültigkeitsdauer
21.A.263	Vorrechte
21.A.265	Pflichten der Halter

an diese Entwicklungsbetriebe sind in der DEMAR 21J definiert.[15] Ergänzende Umsetzungshinweise werden durch zugehörige AMC und das entsprechende Guidance Material gegeben. Die behördliche Genehmigung und Überwachung von Entwicklungsbetrieben erfolgt durch das LufABw.

Die Kernaktivitäten von Entwicklungsbetrieben sind[16]

- die Entwicklung von Luftfahrzeugen und Komponenten anhand einer durch den Aufraggeber vorgegebenen Spezifikation für eine bestimmte Konstruktion,
- die Erstellung oder Änderungen von Konstruktionsunterlagen für luftfahrttechnische Produkte sowie die Entwicklung von Reparaturverfahren,
- die Nachweiserbringung, dass entwickelte Konstruktionen sicher sind und den vorgegebenen Spezifikationen entsprechen,
- die Erstellung von Vorgabedokumenten für den Betrieb und die Instandhaltung von Luftfahrzeugen und Komponenten (Handbücher/Manuals),
- die Klassifizierung, Vorbereitung und Beantragung der Zulassung von Luftfahrzeugen und Komponenten.

[15] Vgl. LufABw (2020a), DEMAR 21, 21.A.231–265.

[16] Entwicklungsbetriebe werden auch als DEMAR 21J-Betriebe bezeichnet.

Auf Basis der o.g. Aktivitäten erteilt das LufABw Musterzulassungen. Gleiches gilt für Änderungen und Ergänzungen an bereits erteilten Musterzulassungen sowie für die Zulassungen von Komponenten. Zudem genehmigt das LufABw Reparaturverfahren an Luftfahrzeugen.

Als verwertbares Ergebnis generieren Entwicklungsbetriebe Vorgabedokumente für die Herstellung (*Approved Design Data*), Instandhaltungsvorgaben (*Approved Maintenance Data*) und Betriebsanweisungen (*Operating Documentation*). Genehmigte Betriebe innerhalb und außerhalb der Bundeswehr dürfen Herstellung bzw. Instandhaltung ausschließlich nach diesen genehmigten Vorgabedokumenten durchführen.[17]

Entwicklungsbetriebe müssen die Lufttüchtigkeit bzw. Sicherheit ihrer Luftfahrzeuge durch ein umfassendes Konstruktionssicherungssystem zur Qualitätssicherung und -überwachung (*Design Assurance System*) sicherstellen. Dieses System muss in Verfahrens- bzw. Prozessbeschreibungen dargelegt sein und im betrieblichen Alltag Anwendung finden.

Grundsätzlich sind genehmigte DEMAR 21J-Betriebe berechtigt, Entwicklungsleistungen an nicht genehmigte Unternehmen unterzuvergeben. Die luftrechtliche Verantwortung für die Qualität zugekaufter Leistungen übernimmt dann jedoch stets der Entwicklungsbetrieb. Die Aktivitäten der Unterauftragnehmer finden somit unter der Genehmigungsurkunde (*Approval*) des beauftragenden Entwicklungsbetriebs statt. Dabei muss der genehmigte Entwicklungsbetrieb gewährleisten, dass die für ihn gültigen Vorschriften auch bei seinem Unterauftragnehmer Anwendung finden. Diese Unterauftragnehmer müssen daher durch den beauftragenden Entwicklungsbetrieb engmaschig überwacht werden.

Tab. 4.2 zeigt die einzelnen Paragraphen des DEMAR 21J.

4.4.2 DEMAR 21G – Herstellung

Bei der luftfahrttechnischen Herstellung handelt es sich um alle Aktivitäten, die mit der Fertigung von Luftfahrzeugen und Komponenten im unmittelbaren Zusammenhang stehen. Die Anforderungen an diese Herstellungsbetriebe sind seitens des LufABw durch die DEMAR 21, Unterabschnitt G definiert.[18]

Nur behördlich anerkannte Betriebe dürfen luftfahrttechnische Produkte herstellen und mit einer offiziellen Freigabebescheinigung die Übereinstimmung mit dem Design bestätigen.[19]

[17] Vgl. Kap. 5 Dokumentation und Aufzeichnungen.

[18] Vgl. LufABw (2020a), DEMAR 21, 21.A.131–165.

[19] Zur Freigabe der Luftfahrzeuge, Bau- und Ausrüstungsteile muss der Herstellungsbetrieb zusätzlich noch beliehen sein, vgl. Abschn. 12.5

Tab. 4.3 Ratings im DEMAR 21G-Betrieb (rein militärische Bestandteile *kursiv gedruckt*)[20]

A-Ratings: Luftfahrzeuge	
A1: Militärische Flugzeuge	A3: Militärische Hubschrauber
B-Ratings: Antriebe	
B1: Turbinentriebwerke	B3: Hilfsaggregate
B2: Kolbentriebwerke	B4: Propeller
C-Ratings: Baut- und Ausrüstungsteile	
C1: Ausrüstungsteile	*C3: Waffen*
C2: Bauteile	*C4: Sonstiges militärisches Gerät*
D-Ratings: Sonstige Genehmigungsumfänge	
D1: Instandhaltung	D2: Ausstellung einer Fluggenehmigung

Dafür müssen Herstellungsbetriebe ihre Befähigung entsprechend den Anforderungen nach DEMAR 21G gegenüber der Behörde nachgewiesen haben. Insoweit muss eine Genehmigung durch das LufABw vorliegen und die Herstellungsaktivitäten müssen durch den behördlich erteilten Herstellungsumfang gedeckt sein. Nur, wenn sich das Luftfahrzeug oder die Komponente in diesem Genehmigungsumfang befindet, darf der Betrieb eine offizielle Freigabebescheinigung ausstellen. Der Genehmigungsumfang ist dabei in Klassen (*Ratings*) unterteilt (Tab. 4.3):

Herstellung im Sinne der DEMAR 21G darf nur auf Basis genehmigter Vorgabedokumente des Entwicklungsbetriebs erfolgen. Herstellungsbetrieben ist es also nicht gestattet, Luftfahrzeuge oder Komponenten „auf eigene Faust“ zu konstruieren und anschließend herzustellen.

Ein Herstellungsbetrieb darf grundsätzlich keine Instandhaltung an den eigenen Bauteilen vornehmen. Eine Ausnahme bildet die Instandhaltung vor Auslieferung von Luftfahrzeugen, welche er dann mit DEMAR Form 53 dokumentiert. Weitere Instandhaltungsmaßnahmen würden einer Genehmigung als Instandhaltungsbetrieb gemäß DEMAR 145 bedürfen.

Tab. 4.4 gibt einen Überblick über alle Paragraphen des Subpart G.

[20] Vgl. LufABw (2017), AMC und GM zu DEMAR 21, 21.A.151- Nähere Ausführungen zum Genehmigungsumfang siehe Abschn. 7.1.2

Tab. 4.4 Paragraphen der DEMAR 21, Subpart G (Herstellung)

Abschnitt	Titel/Inhalt
21.A.131	Umfang
21.A.133	Berechtigung
21.A.134	Beantragung
21.A.135	Erteilung der Genehmigung als Herstellungsbetrieb
21.A.139	Qualitätssysteme
21.A.143	Herstellungsbetriebshandbuch
21.A.145	Genehmigungsvoraussetzungen
21.A.147	Änderungen in genehmigten Herstellungsbetrieben
21.A.148	Standortänderungen
21.A.149	Übertragbarkeit
21.A.151	Genehmigungsbedingungen
21.A.153	Änderungen an Genehmigungsbedingungen
21.A.157	Untersuchungen
21.A.158	Verstöße
21.A.159	Gültigkeitsdauer
21.A.163	Vorrechte
21.A.165	Pflichten der Halter

4.5 DEMAR 145- Instandhaltung

Instandhaltungsbetriebe im Sinne der DEMAR sind alle Betriebe, welche die nach DEMAR 145 erforderlichen Anforderungen erfüllen und über eine Genehmigung des LufABw verfügen, Luftfahrzeuge oder Komponenten instandzuhalten. Bei den Aktivitäten kann es sich um Überholung (inkl. Austausch), Reparaturen, Änderungen (Modifikationen) sowie Inspektionen oder Tests an Luftfahrzeugen oder Komponenten handeln.

Die Anforderungen an Instandhaltungsbetriebe (***Maintenance Organisations***) sind seitens des LufABw in der DEMAR 145 definiert.[21] Auch für die DEMAR 145 gibt es ergänzendes Interpretationsmaterial (AMC und GM).

[21] Vgl. LufABw (2020c) DEMAR 145.

Wie auch Herstellungsbetriebe dürfen DEMAR-Instandhaltungsbetriebe sämtliche Aktivitäten nur auf Basis genehmigter Vorgaben eines Entwicklungsbetriebs (Approved Maintenance Data) ausführen. Die gängigsten Instandhaltungsvorgaben sind das Aircraft Maintenance Manual (AMM), das Component Maintenance Manual (CMM), das Engine Manual (EM) oder das Structure Repair Manual (SRM). Darüber hinaus gibt es zahlreiche weitere spezifische Instandhaltungshandbücher. In dieser Dokumentation sind Art, Umfang und Ausführung der Instandhaltungsmaßnahmen beschrieben.

Instandhaltung darf dabei immer nur im Rahmen des behördlichen Genehmigungsumfangs erfolgen. Hierzu werden drei Basis-**Instandhaltungsumfänge** unterschieden, die die grundlegende Ausrichtung eines 145er-Betriebs bestimmen:

- **A-Rating** (Aircraft-Rating): Berechtigt zur Instandhaltung von Luftfahrzeugen. Dieser Genehmigungsumfang umschließt auch Luftfahrzeugkomponenten (einschließlich Triebwerke und Hilfsgasturbinen), sofern sich diese im eingebauten Zustand befinden.[22]
- **B-Rating** (Triebwerk-Rating): Berechtigt zur Instandhaltung von ausgebauten Triebwerken und Hilfsgasturbinen (APUs) sowie diesen unmittelbar zugehörigen Komponenten.
- **C-Rating** (Component-Rating): Berechtigt zur Instandhaltung von ausgebauten Komponenten (hiervon ausgenommen sind ganze Triebwerke und APUs).

Darüber hinaus existiert das **D-Rating,** welches die Durchführung von zerstörungsfreien Materialprüfungen (Non Destructive Testing – NDT) erlaubt. Diese Berechtigung ist nicht erforderlich, wenn es sich um Arbeiten handelt, die unmittelbar eigenen Aufträgen des A- oder B- oder C-Ratings zuzuordnen sind. Ein D-Rating muss nur dann vorliegen, wenn NDT-Arbeiten als eigenständige Instandhaltungsleistung für Dritte angeboten und freigegeben werden.

Die einzelnen Ratings in der DEMAR 145 für einen genehmigten Instandhaltungsbetrieb zeigt Tab. 4.5, während Tab. 4.6 die Bestandteile der DEMAR 145 ausweist.

[22] Das Bauteil oder Triebwerk darf auch im A-Rating ausgebaut werden, wenn dies in der Instandhaltungsdokumentation explizit angewiesen wird (z. B. zwecks besserer Zugänglichkeit), vgl. LufABw (2020c), DEMAR 145, Anlage II (4)

Tab. 4.5 Ratings im DEMAR 145 (rein militärische Bestandteile *kursiv gedruckt)*

A-Ratings: Luftfahrzeuge	
A1: Flugzeuge über 5,7t	A3: Hubschrauber
A2: Flugzeuge bis 5,7t	A4: andere Lfz als A1, A2 und A3
B-Ratings: Triebwerke/Hilfsaggregate/APU	
B1: Turbinen	B3: Hilfsaggregat
B2: Kolbenmotoren	
C-Ratings: Komponenten	
C1: Klimatisierung	C16: Propeller
C2: Flugregelung	C17: Druckluft und Unterdruck
C3: Kommunikation und Navigation	C18: Vereisungs-/Regen-/Brandschutz
C4: Türen, Klappen und Deckel	C19: Fenster
C5: Stromversorgung und Beleuchtung	C20: Struktur
C6: Ausrüstung	C21: Wasserballast
C7: Triebwerke – Hilfsaggregate (APU)	C22: Schubverstärkung
C8: Flugsteuerung	*C51: Kampfsysteme*
C9: Kraftstoff	*C52: Radar/Überwachung*
C10: Hubschrauber – Rotoren	*C53: Waffensysteme*
C11: Hubschrauber – Rotorantrieb	*C54: Rettungs- und Sicherheitsanlagen*
C12: Hydrauliksysteme	*C55: Flugkörper/Drohnen/Telemetrie*
C13: Anzeigen – Aufzeichnungssystem	*C56: Aufklärung*
C14: Fahrwerk	*C57: Elektronische Kampfführung*
C15: Sauerstoff	
D-Ratings: Spezielle Leistungen	
D1: Zerstörungsfreie Prüfungen	*D5: Waffen, Kampfmittel und pyrotechnische Systeme*

Tab. 4.6 Bestandteile der DEMAR 145 (Instandhaltung)

Abschnitt	Titel/Inhalt
145.A.10	Geltungsbereich
145.A.15	Antrag
145.A.20	Umfang der Genehmigung
145.A.25	Anforderung an die Einrichtungen
145.A.30	Anforderung an das Personal
145.A.35	Freigabeberechtigtes Personal und Unterstützungspersonal
145.A.40	Ausrüstung, Werkzeuge und Material
145.A.42	Abnahme von Komponenten
145.A.45	Instandhaltungsunterlagen
145.A.47	Instandhaltungsplanung
145.A.48	Durchführung der Instandhaltung
145.A.50	Instandhaltungsbescheinigung
145.A.55	Instandhaltungsaufzeichnungen
145.A.60	Meldung besonderer Ereignisse
145.A.65	Sicherheits- und Qualitätsstrategie, Instandhaltungsverfahren und Qualitätssystem
145.A.70	Instandhaltungsbetriebshandbuch
145.A.75	Rechte des genehmigten IHB (Instandhaltungsbetriebes)
145.A.75-DEU	Rechte des genehmigten IHB
145.A.80	Einschränkungen für den genehmigten IHB
145.A.85	Änderungen des genehmigten IHB
145.A.90	Fortdauer der Gültigkeit der Genehmigung
145.A.95	Verstöße

4.6 DEMAR 66 und DEMAR 147

Die DEMAR 66 spezifiziert die Anforderungen an freigabeberechtigtes Instandhaltungspersonal auf Gesamtluftfahrzeugebene. Damit detailliert sie die entsprechenden Vorgaben der DEMAR 145, die das Vorhandensein von ausreichend freigabeberechtigtem Personal fordert. In der DEMAR 66 sind Einzelheiten zu notwendigen Erfahrungen und Kenntnissen für die Erteilung und Verlängerung sowie zum Geltungsbereich und Antragsverfahren für Freigabeberechtigungen festgelegt.

In der DEMAR 66 ist zudem festgeschrieben, dass die theoretische Ausbildung für freigabeberechtigtes Instandhaltungspersonal ausschließlich durch genehmigte Ausbildungsbetriebe gemäß DEMAR 147 erfolgen darf. Nur diese 147er Betriebe dürfen Basis-Trainings sowie (Luftfahrzeug-) Musterlehrgänge durchführen, entsprechende

Prüfungen im Namen der zuständigen Behörde abnehmen und die zugehörigen Urkunden ausstellen.[23]

Wenn alle Voraussetzungen der DEMAR 66 erfüllt sind und die Prüfungen gemäß DEMAR 147 erfolgreich abgelegt wurden, kann das angehende freigabeberechtigte Personal eine Military Aircraft Maintenance Licence (MAML) beim LufABw beantragen.

Freigabeberechtigtes Personal für Komponenten fällt nicht unter die DEMAR 66. Hier gilt die Regelung, dass jeder Instandhaltungsbetrieb eigene Verfahren für die Qualifizierung und Ausbildung für das freigabeberechtigtes Personal auf Komponentenebene erstellt und diese anschließend durch das LufABw freigegeben werden müssen. Konsequenterweise wird für freigabeberechtigtes Personal im Bereich der Komponenten somit auch keine behördliche Lizenz ausgestellt. In diesem Fall stellt der Instandhaltungsbetrieb lediglich einen betriebsinternen Berechtigungsausweis für freigabeberechtigtes Personal auf Komponentenebene aus.[24]

4.7 DEMAR M - Führung Führung der Aufrechterhaltung der Lufttüchtigkeit

In der DEMAR M ist festgelegt, welche Anforderungen der Betreiber eines Luftfahrzeugs für eine nachhaltige Aufrechterhaltung der Lufttüchtigkeit (*Continuing Airworthiness*) zu erfüllen hat. Die DEMAR M bildet damit die Nahtstelle zwischen der betreibenden Organisation eines Luftfahrzeugs und dem Instandhaltungsbetrieb.[25]

Die Aufrechterhaltung der Lufttüchtigkeit muss dabei durch eine eigene genehmigte Betriebsform, der **Continuing Airworthiness Management Organisation** (CAMO), gesteuert und überwacht werden.

Die zu dieser Betriebsform gehörenden Anforderungen sind in der DEMAR M Unterabschnitt G definiert.

Neben der Verpflichtung zur Sicherstellung der Aufrechterhaltung der Lufttüchtigkeit kann eine CAMO das Privileg erhalten, Lufttüchtigkeitsprüfungen durchzuführen. Dies ist insoweit bedeutsam, weil auf Basis dieser Prüfungen in regelmäßigen Abständen die Gültigkeit der Zulassung von Luftfahrzeugen (Lufttüchtigkeitszeugnisse) kontrolliert und erneuert wird.

Die Anforderungen an die Aufrechterhaltung der Lufttüchtigkeit sind in der DEMAR M in neun Unterabschnitten auf etwas über 20 Seiten beschrieben (vgl. Tab. 4.7). Guidance Material gibt es für die DEMAR M nicht, wohl aber AMC.

[23] Dies setzt voraus, dass der DEMAR 147-Betrieb entsprechend beliehen ist, vgl. Abschn. 12.5

[24] Vgl. Kap. 11 Personal.

[25] Vgl. LufABw (2020b), DEMAR M.

Tab. 4.7 Übersicht über die Unterabschnitte der DEMAR M

Subpart	Titel/Inhalt
A	Allgemeines
B	Zuständigkeit
C	Aufrechterhaltung der Lufttüchtigkeit
D	Instandhaltungsstandards
E	Komponenten
F	Instandhaltungsbetrieb
G	Organisation für das Management der Aufrechterhaltung der Lufttüchtigkeit (CAMO)
H	Freigabebescheinigung für den Betrieb (CRS)
I	Militärische Bescheinigung über die Prüfung der Lufttüchtigkeit

Literatur

Bundesministerium der Verteidigung (BMVg): Grundsätze der Zulassung von Luftfahrzeugen (Dachvorschrift), Nr. A-275/1, Version 1, 2021

Bundesministerium der Verteidigung (BMVg, 2021a): Einleitung des Regelungsraums Altverfahren (Einleitungsvorschrift Altverfahren), Nr. A-275/2, Version 1, 2021

Bundesministerium der Verteidigung (BMVg, 2021c): Einleitung des Regelungsraums DEMAR (Einleitungsvorschrift DEMAR), Nr. A-275/3, Version 1, 2021 Vgl. BMVg (2021)

Europäisches Parlament und Europäischer Rat: Verordnung des Europäischen Parlaments und des Rates zur Festlegung gemeinsamer Vorschriften für die Zivilluftfahrt und zur Errichtung einer Agentur der Europäischen Union für Flugsicherheit, Nr. 2018/1139, 2018

Hinsch, M. (2019): Industrielles Luftfahrt Management. 4.Aufl. Berlin, Heidelberg. 2019

Luftfahrtamt der Bundeswehr (LufABw, 2020a): Zulassung von Produkten, Bau- und Ausrüstungsteilen sowie Genehmigung von Entwicklern und Herstellern DEMAR 21, Nr. A1–275/3–8901, Version 2, 2020

Luftfahrtamt der Bundeswehr (LufABw, 2020b): Aufrechterhaltung der Lufttüchtigkeit DEMAR M, Zentralvorschrift Nr. A1–275/3–8903, Version 2, 2020

Luftfahrtamt der Bundeswehr (LufABw, 2020c): Anforderungen an den Instandhaltungsbetrieb DEMAR 145, Nr. A1–275/3–8905, Version 2, 2020

Luftfahrtamt der Bundeswehr (LufABw, 2017): AMC und GM zur DEMAR 21 – Militärische Zulassung von Luftfahrzeugen und zugehöriger Produkte, Bau- und Ausrüstungsteile sowie Genehmigung von Entwicklungs- und Herstellungsbetrieben, Nr. A1–275/3–8902, Version 1, 2017

Luftverkehrsgesetz (LuftVG) in der Fassung der Bekanntmachung vom 10. Mai 2007 (BGBl. I S. 698), das zuletzt durch Artikel 131 des Gesetzes vom 10. August 2021 (BGBl. I S. 3436) geändert worden ist. 2021

Luftverkehrs-Zulassungs-Ordnung (LuftVZO) vom 19. Juni 1964 (BGBl. I S. 370), die zuletzt durch Artikel 4 der Verordnung vom 7. Dezember 2021 (BGBl. I S. 5190) geändert worden ist, 2021

5 Dokumentation und Aufzeichnungen

In diesem Kapitel werden zunächst Grundlagen zu den Unterschieden zwischen Dokumenten und Aufzeichnungen dargelegt (5.1). Darauf folgt eine Beschreibung behördlicher Dokumente, dies mit Schwerpunkt auf Lufttüchtigkeitsanweisungen, behördliche Urkunden und Formblätter (5.2). Im weiteren Verlauf stehen die betrieblichen Dokumente und Aufzeichnungen im Fokus (5.3). Dabei erfolgt sowohl eine Darstellung der betrieblichen QM-Dokumentation als auch der Vorgabedokumente des DEMAR 21J-Betriebs, dem im Bereich der Dokumentation eine Schlüsselrolle zukommt (5.4).

Das Kapitel schließt mit Anforderungen zur Archivierung von Entwicklungs-, Herstellungs- und Instandhaltungsaufzeichnungen (5.5).

5.1 Grundlagen der Dokumentenlenkung

Eine beherrschte Leistungserbringung in der Luftfahrt ist nur dann möglich, wenn einerseits schriftlich fixiert ist, was jeder einzelne zu tun hat und wenn andererseits nachvollziehbar ist, was von wem getan wurde. In der betrieblichen Praxis ist dazu eine umfassende Dokumentation zu erstellen bzw. Nachweise zu archivieren. Eine wesentliche Unterscheidung erfolgt dabei zwischen Dokumenten und Aufzeichnungen:

Dokumente haben **Vorgabecharakter.** Sie legen also fest, wie, von wem oder unter welchen Bedingungen Arbeiten auszuführen sind. Bei Vorgabedokumenten kann dann weiter differenziert werden zwischen:

Teile dieses Kapitels wurden ursprünglich veröffentlicht in: Hinsch, M. (2019): Industrielles Luftfahrmanagement. 4. Aufl. Berlin, Heidelberg. 2019.

M. Hinsch et al., *Einführung in die DEMAR*,
https://doi.org/10.1007/978-3-662-65676-1_5

- betriebliche QM-Dokumentation (z. B. Betriebshandbuch, Prozessbeschreibungen, Arbeits- und Verfahrensanweisungen, Vorlagen, Ausfüllanleitungen und nicht ausgefüllten Checklisten, Stellenbeschreibungen, Videos),
- (interne) fachlich-technische Dokumente (z. B. eigene Herstellungs- oder Instandhaltungsanweisungen z. B. in Form von Zeichnungen, Schaltplänen, Testbeschreibungen und -vorgaben, Muster, Videos),
- externe Dokumentation (z. B. DEMAR, Gesetze, Verordnungen, Normen, Kundenvorgaben aber auch entwicklungsbetriebliche Vorgaben wie Betriebsanweisungen, Instandhaltungsanweisungen, Herstellungsanweisungen, Zeichnungen, Schaltpläne).

Aufzeichnungen haben **Nachweischarakter.** Sie dienen dazu, durchgeführte Arbeiten schriftlich zu bestätigen. Beispiele für Aufzeichnungen sind z. B. Protokolle, abgestempelte Arbeitskarten, Abnahme- und Freigabedokumente, Videoaufnahmen, ausgefüllte Checklisten.

Ein Dokument kann dabei seinen Charakter ändern und zu einer Aufzeichnung werden. Während eine *nicht ausgefüllte* DEMAR Form 1 als Vorgabedokument gilt, handelt es sich bei einer *ausgefüllten* DEMAR Form 1 um eine Aufzeichnung.

Art und Umfang der Dokumentation orientiert sich dabei an den individuellen Bedingungen des Betriebs. Maßgeblich hängen diese ab von:

- der Größe der Organisation,
- dem Genehmigungsumfang bzw. Leistungsspektrum,
- der Komplexität der Prozesse, sowie
- den Fähigkeiten des Personals.

Im Folgenden werden die wichtigsten Dokumententypen im militärischen Zulassungswesen unter DEMAR beschrieben. Abschn. 5.2 legt den Fokus auf behördliche, Abschn. 5.3 auf die betriebliche Dokumentation.

5.2 Behördliche Dokumente

Zu den wichtigsten behördlichen Qualitätsdokumenten für genehmigte Betriebe zählen neben den DEMAR und mitgeltenden Verwaltungsvorschriften, auch behördliche Dokumente, wie:

- Lufttüchtigkeitsanweisungen,
- Urkunden sowie
- Formblätter.

5.2.1 Lufttüchtigkeitsanweisungen

Lufttüchtigkeitsanweisungen (*Airworthiness Directive* – AD) sind durch das LufABw veröffentlichte Dokumente, die nach Entdeckung eines unsicheren Zustands am Luftfahrzeug herausgegeben werden und anweisen, wie die Lufttüchtigkeit wiederhergestellt wird. Eine Lufttüchtigkeitsanweisung wird herausgeben, wenn die folgenden Kriterien erfüllt sind:

- an einem Luftfahrzeug oder einer Komponente wurde aufgrund eines Mangels ein meldungswürdiger unsicherer Zustand festgestellt *und*
- dieser Zustand auch in anderen Luftfahrzeugen bzw. Komponenten auftreten könnte.[1]

Die Veröffentlichung einer Lufttüchtigkeitsanweisung setzt voraus, dass unsichere Zustände dem LufABw gemeldet werden. Dazu bedarf es eines stringenten Meldewesens innerhalb der DEMAR-Betriebe, welches in einem Verfahren beschrieben werden muss. Meldungen können durch den Betreiber, die CAMO sowie Entwicklungs-, Herstellungs- oder Instandhaltungsbetriebe erfolgen, abhängig davon, wo der unsichere Zustand entdeckt wurde. Meldungen müssen dabei unverzüglich, spätestens aber innerhalb von 72 h an das LufABw erfolgen. Darüber erfolgt dann die Information an den HMilMz, der für die Verteilung der Lufttüchtigkeitsanweisungen an beauftragte Entwicklungs-, Herstellungs- oder Instandhaltungsbetriebe sowie CAMOs verantwortlich ist.[2]

Unsicherer Zustand
Ein unsicherer Zustand liegt dann vor, wenn festgestellt wird, dass[3]

1. möglicherweise ein Ereignis auftreten kann, das zu Todesfällen, in der Regel mit dem Verlust des betreffenden Luftfahrzeugs, führen würde oder die Fähigkeit des Luftfahrzeugs bzw. der Besatzung zur Bewältigung widriger Einsatzbedingungen so sehr verringern würde, dass es zu folgenden Auswirkungen käme:
   a) einer starken Verringerung der Sicherheitstoleranzen bzw. Funktionsfähigkeiten oder
   b) einer physischen Belastung oder einem übermäßigen Arbeitsumfang, sodass man sich nicht darauf verlassen kann, dass die Luftfahrzeugbesatzung ihre Aufgaben präzise bzw. vollständig durchführt oder

[1] Vgl. LufABw (2020a), DEMAR 21, 21.A.3 A.
[2] Vgl. BMVg (2021a), Dachvorschrift, A-275/1, #4018.
[3] LufABw (2017), AMC und GM zu DEMAR 21, AMC 21.A.3B (b).

c) einer schweren bzw. tödlichen Verletzung eines oder mehrerer Luftfahrzeuginsassen, […]
2. es ein unannehmbares Risiko für eine schwer oder tödliche Verletzung bei Personen gibt, bei denen es sich nicht um Luftfahrzeuginsassen handelt oder
3. die zur Minimierung der Auswirklungen überlebbarer Unfälle gedachten Konstruktionsmerkmale ihre beabsichtige Funktion nicht erfüllen."

Die Meldung geht dann i. d. R. auch an den zuständigen Entwicklungsbetrieb, der über die notwendige Kompetenz sowie Systeme zur Datenerfassung, -prüfung und -analyse verfügt, um unsichere Zustände zu bewerten

Insoweit muss der Entwicklungsbetrieb dem LufABw zuarbeiten, um geeignete Maßnahmen zur Behebung des unsicheren Zustands festzulegen, die dann in Form einer Lufttüchtigkeitsanweisung veröffentlicht werden[4]

Diese enthält mindestens folgende Angaben:[5]

- Bezeichnung des unsicheren Zustands,
- Bezeichnung des betroffenen Luftfahrzeugs, zugehörige Betriebs- und Instandhaltungsdokumentation,
- zu treffende erforderliche Maßnahmen,
- Frist zur Durchführung der erforderlichen Maßnahmen sowie
- Datum des Inkrafttretens

5.2.2 Behördliche Urkunden

Behördliche Urkunden reihen sich ebenfalls in die Kategorie der Dokumente ein. Bei ihnen handelt es sich um die Bescheinigung, dass ein Luftfahrzeug, eine Komponente, eine Organisation oder eine Person bestimmte behördliche Anforderungen erfüllt. Als Bestätigung der Übereinstimmung stellt die zuständige Behörde eine Urkunde aus. Zu den luftfahrttechnischen Urkunden zählen insbesondere:

- Betriebliche Genehmigungsurkunden: diese berechtigen den DEMAR genehmigten Betrieb, gemäß seines Genehmigungsumfangs tätig zu werden. Dieser ist im Anhang der jeweiligen Genehmigungsurkunde zu finden. In diesem *Scope of Approval* werden

[4] Die Pflicht zur Zuarbeit des LufABw bei der Formulierung einer Lufttüchtigkeitsanweisung obliegt normalerweise dem HMilMz (vgl. 21.A.44). Da dieser jedoch nicht über eine Genehmigung als Entwicklungsbetrieb verfügt, übernimmt diese Aufgabe ein entsprechend genehmigter Entwicklungsbetrieb (Vgl. Abschn. 6.3.1).

[5] vgl. LufABw (2020a), DEMAR 21, 21.A.3B.

Tab. 5.1 Übersicht wichtiger DEMAR Formblätter

DEMAR Form 1	Freigabebescheinigung für Komponenten nach Herstellung/Instandhaltung
DEMAR Form 2	Antrag auf Genehmigung/Änderung gemäß DEMAR M/145
DEMAR Form 4	Details zu Leitungspersonal bzw. spezifiziertem Personal
DEMAR Form 12	Antrag auf Genehmigung als Ausbildungseinrichtung für Instandhaltungspersonal gemäß DEMAR 147
DEMAR Form 19.1	Antrag auf Erteilung/Änderung/Erweiterung der DEMAR 66 Lizenz für Instandhaltungspersonal
DEMAR Form 19.2	Bescheinigung über praktische Erfahrung, ausgeübte Rechte sowie praktische luftfahrzeugmusterbezogene Ausbildung nach DEMAR 66
DEMAR Form 15a	Militärische Bescheinigung über die Prüfung der Lufttüchtigkeit durch das LufABw (MARC)
DEMAR Form 15b	Militärische Bescheinigung über die Prüfung der Lufttüchtigkeit durch die CAMO (MARC)
DEMAR Form 30	Antrag auf Musterzulassung/eingeschränkte Musterzulassung
DEMAR Form 50	Antrag auf Genehmigung als Herstellungsbetrieb gemäß 21G
DEMAR Form 51	Antrag auf Genehmigung von signifikanten Änderungen oder Änderungen der Genehmigungsbedingungen als Herstellungsbetrieb gemäß DEMAR 21G
DEMAR Form 52	Konformitätserklärung für ein Luftfahrzeug nach Herstellung (Aircraft Statement of Conformity)
DEMAR Form 53	Freigabebescheinigung nach DEMAR 53 für die Lfz-Instandhaltung im Rahmen der Herstellung (Certificate of Release to Service)
DEMAR Form 80	Antrag auf Genehmigung als Entwicklungsbetrieb gemäß 21J
DEMAR Form 82	Antrag auf Genehmigung von signifikanten Änderungen an einem Entwicklungsbetrieb oder Änderung an dessen Genehmigungsbedingungen

die jeweiligen Luftfahrzeuge bzw. Komponenten aufgelistet, die der Betrieb im Rahmen seiner Genehmigung entwickeln, herstellen oder instandhalten darf.

- Zulassungsurkunden für Produkte: Die militärische Musterzulassung ist eine Urkunde, die die Übereinstimmung des Luftfahrzeugs mit den anwendbaren Standards bescheinigt. Nach Ausstellung gilt das Muster als zugelassen.
- Prüflizenz: nach dem erfolgreichen Durchlaufen der Ausbildung gemäß DEMAR 66 kann personenbezogen eine Prüflizenz bei der zuständigen Behörde beantragt werden. Sie ist eine Voraussetzung, dass der Inhaber, für die in seiner Lizenz aufgeführten Luftfahrzeugmuster eine Freigabebescheinigung nach erfolgter Instandhaltung ausstellen darf.

5.2.3 Behördliche Formblätter

Bestimmte Interaktionen mit dem LufABw erfordern die Einhaltung von Formvorschriften, um standardisiert Informationen zu übermitteln. In der DEMAR gibt es zu diesem Zweck diverse Formblätter, die sich in die Kategorie der Dokumente einreihen. Dabei befinden sich einige Formblätter als Anlage in den DEMAR-Vorschriften, andere sind über die Website des LufABw zu beziehen. Die wichtigsten Formblätter sind der Tab. 5.1 zu entnehmen.

5.3 Betriebliche Dokumente und Aufzeichnungen

Die reibungslose und sichere Arbeitsausführung ist nur möglich, wenn die Mitarbeiter in die ihnen übertragenen Tätigkeiten sachgerecht eingewiesen sind. Dafür benötigen genehmigte Betriebe ein Betriebshandbuch sowie weitere interne QM-Dokumente, welche die DEMAR Vorgaben sowie sonstige behördliche und vertragliche Anforderungen berücksichtigen.

Darüber hinaus muss dem Personal technische Dokumentation zur Verfügung gestellt werden, die beschreibt, wie Arbeiten an Luftfahrzeugen und Komponenten auszuführen sind. Dies gilt für Instandhaltungs- und Herstellungsbetriebe sowie CAMOs. Die dafür notwendigen Dokumente kommen mehrheitlich vom zuständigen Entwicklungsbetrieb.

Neben Vorgabedokumenten müssen alle DEMAR Betriebe in angemessenem Umfang Aufzeichnungen anfertigen, die als Nachweise dienen und eine Rückverfolgbarkeit ermöglichen.

5.3.1 Dokumente im Qualitätssystem eines DEMAR-Betriebs

Die Qualitäts- und Sicherheitsanforderungen in der DEMAR weisen dem geforderten Qualitätssystemen für genehmigte Betriebe eine besondere Bedeutung zu. Diese sind unabdingbar, um Luftfahrzeuge nach einheitlichen Standards zu entwickeln, ihre Lufttüchtigkeit nachzuweisen, sie herzustellen und instandzuhalten.

Dabei setzt sich die Dokumentation des Qualitätssystems aus dem Betriebshandbuch einschließlich der zugehörigen Verfahrensbeschreibungen zusammen. Hinzu kommen Formblätter, Checklisten und sonstige Vordrucke, die dabei unterstützen eine standardisierte Abarbeitung von Arbeitsschritten zu ermöglichen, vgl. hierzu Abb. 5.1.

Betriebshandbücher

Das wichtigste QM Dokument für jeden DEMAR-Betrieb ist das Betriebshandbuch. Dies definiert für Mitarbeiter als auch für das LufABw:

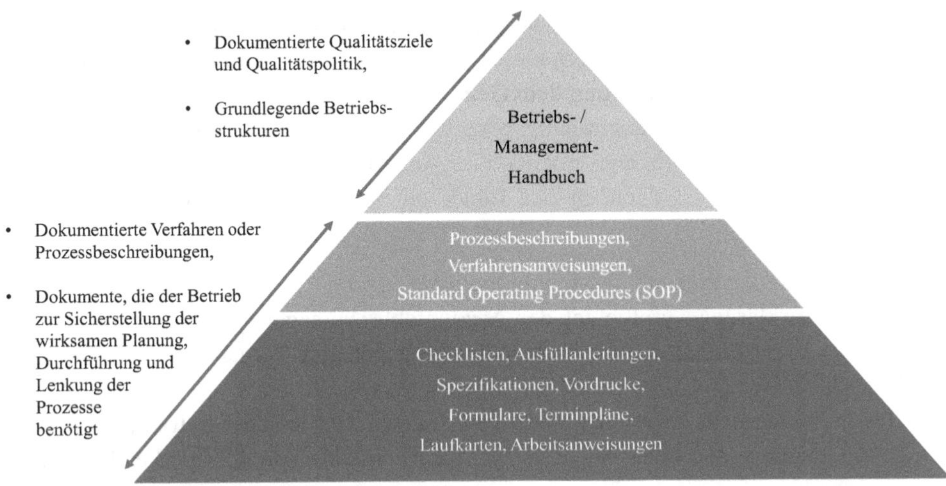

Abb. 5.1 Dokumentenpyramide eines genehmigten DEMAR-Betriebs

- die Sicherheits- und Qualitätsstrategie,
- die Bestandteile und die Strukturen des betrieblichen Qualitätssystems,
- die operativen Verfahren und Abläufe, um darzulegen, wie der Betrieb die DEMAR-Vorschriften abbildet und praktisch anwendet.

Dabei soll das ein Handbuch auch die betrieblichen Ressourcen beschreiben.

Der verantwortliche Betriebsleiter muss sich zur Einhaltung der Regeln seines Handbuchs schriftlich verpflichten. Daher bildet das Handbuch quasi eine Art Vertrag zwischen der Behörde und dem Betrieb, wobei sich letzterer zur Einhaltung der darin beschriebenen Inhalte verpflichtet.

Für die jeweilige DEMAR Betriebsart sind folgende Handbücher zu erstellen und Up-to-Date zu halten:

- Entwicklungsbetriebshandbuch (EBH) gem. 21.A.243 für den DEMAR 21J-Betrieb,
- Herstellungsbetriebshandbuch (HBH) gem. 21.A.143 für den DEMAR 21G-Betrieb,
- Instandhaltungsbetriebshandbuch (IBH) gem. 145.A.70 für den DEMAR 145-Betrieb,
- Handbuch für das Management der Aufrechterhaltung der Lufttüchtigkeit (CAME[6]) gem. M.A.704 für den DEMAR M-Betrieb,
- Handbuch der Ausbildungseinrichtung (MTOE[7]) gem. 147.A.140 für den DEMAR 147-Betrieb.

---

[6] Hier verwendet die DEMAR die englische Abkürzung für Continuing Airworthiness Management Exposition.

[7] Hier verwendet die DEMAR die englische Abkürzung für Maintenance Training Organsiation Exposition.

Aufbau und Inhalt eines Handbuchs werden mit Ausnahme der DEMAR 21J weitestgehend vorgegeben. Dabei ist der genaue Umfang und die Ausgestaltung des Handbuchs abhängig von der Betriebsgröße und dem Genehmigungsumfang.

Da das Handbuch eine Genehmigungsvoraussetzung ist, muss es durch die zuständige Behörde freigegeben werden. Dies gilt auch für Änderungen.[8]

Exemplarisch ist im Folgenden der Inhalt eines DEMAR-145-Betriebshandbuchs grob dargestellt:[9]

1. *Verbindlichkeitserklärung des Accountable Managers.*
   In dieser Erklärung verpflichtet der Accountable Manager sich selbst sowie seine Mitarbeiter zur Einhaltung der im Handbuch festgelegten Vorgaben.[10]
2. *Sicherheits- und Qualitätsstrategie.*
   Über die Sicherheits- und Qualitätsstrategie verpflichtet sich der Betrieb, zur:
   - „Anerkennung der Tatsache, dass die Sicherheit stets von allergrößter Bedeutung ist,
   - Anwendung von Grundsätzen im Hinblick auf menschliche Faktoren,
   - Bestärkung des Personals in der Meldung von Fehlern/Zwischenfällen in Verbindung mit der Instandhaltung,
   - Anerkennung der Tatsache, dass Verfahren, Qualitätsstandards, Sicherheitsstandards und -vorschriften vom gesamten Personal eingehalten werden müssen,
   - Anerkennung der notwendigen Zusammenarbeit des gesamten Personals mit den Qualitätsauditoren.“[11]
3. *Titel und Namen der leitenden Personen.*
   Das leitende Personal inkl. deren Stellvertreter ist im Handbuch namentlich aufzuführen.
4. *Pflichten und Zuständigkeiten der leitenden Personen.*
   Aufgaben und Verantwortlichkeiten des leitenden Personals sind eindeutig festzulegen.
5. *Organigramm*
   Das Organigramm muss die zum genehmigten Betrieb gehörenden Organisationsteile umfassen und die Zuweisungen zu den leitenden Personen darstellen. Dabei

[8] Vgl. z. B. LufABw (2020b), DEMAR M, M.A.704 (b), (c).

[9] weitere Strukturen gibt das AMC vor, vgl. LufABw (2022), AMC und GM zu DEMAR 145, AMC 145.A.70 (a) bzw. LufABw (2020c), DEMAR M, M.A.704.

[10] Bei einem Wechsel des Accountable Managers ist die Verbindlichkeitserklärung bei der frühestmöglichen Gelegenheit neu zu unterzeichnen. Erfolgt dies nicht, kann die DEMAR-Genehmigung ihre Gültigkeit verlieren. Vgl. LufABw (2022), AMC und GM zur DEMAR 145, GM 145.A.70 (a) 9.

[11] Vgl. LufABw (2022), AMC und GM zur DEMAR 145, AMC 145.A.65 (a).

ist zu beachten, dass der Leiter Qualität und die ernannten Führungskräfte einen direkten Zugang zum verantwortlichen Betriebsleiter haben müssen.

6. *Freigabeberechtigtes Personal*
   Das freigabeberechtigte Personal ist namentlich aufzulisten. Üblicherweise erfolgt dies über einen Anhang zum Handbuch, da sonst personelle Änderungen im Freigabepersonal stets eine Handbuchänderung nach sich zögen.
7. *Allgemeine Beschreibung der Personalressourcen*
   Der Betrieb muss im Handbuch seine personellen Ressourcen darlegen. Hierbei sind ungefähre Angaben inkl. Verteilung auf Hangar, Werkstätten und Admin-Bereiche ausreichend. Da die Mitarbeiteranzahl naturgemäß schwankt, sollte diese nicht exakt angegeben werden, um den Änderungsaufwand des Handbuches minimal zu halten.
8. *Allgemeine Beschreibung der Einrichtungen*
   Hier sollte ein Grundriss des Unternehmens/der Betriebsstätte in das Betriebshandbuch aufgenommen werden, in dem die jeweiligen Betriebsteile erkennbar sind (z. B. Hangar, Werkstätten, QS, Lager). Sind hiervon nur Teile genehmigungsrelevant, sind diese in der Abbildung gesondert kenntlich zu machen.
9. *Beschreibung des Genehmigungsumfangs*
   Im Handbuch ist der behördlich erteilte Genehmigungsumfang anzugeben. Oft wird hierzu auf den Wortlaut der Genehmigungsurkunde zurückgegriffen. In einem Anhang zum Handbuch, der Capability Liste, ist der Genehmigungsumfang weiterführend auf Luftfahrzeug- bzw. Partnummern-Ebene zu spezifizieren. Die Capability Liste sowie Änderungen müssen ebenfalls durch das LufABw genehmigt oder ggf. nur bei diesem angezeigt werden.
10. *Meldeverfahren für Änderungen der Organisation*
    Bei Änderungen an der Organisation ist das LufABw einzubinden, sofern davon die Genehmigungsvoraussetzungen betroffen sind. Werden Änderungen gemäß DEMAR als *signifikant* eingestuft, muss von der Behörde vor deren Umsetzung die Zustimmung eingeholt werden. Als signifikante Änderungen gelten z. B.:

- Personelle Änderungen im Bereich des verantwortlichen Betriebsleiters oder des Form-4 Personals,
- Standortänderungen oder Erweiterungen der Betriebsstätten,[12]
- Signifikante Änderungen bei der Mitarbeiterzahl, insbesondere bei freigabeberechtigtem Personal,
- Wechsel des Eigentümers oder des Mutterunternehmens.[13]

[12]Obwohl stets gilt, dass der DEMAR-Betrieb nur an den in der Genehmigungsurkunde angegebenen Standorten tätig werden darf, gibt es bei Einsatz und Übung abweichende Regelungen, vgl. Abschn. 8.1.4

[13]Vgl. LufABw (2020c), DEMAR 145, 145.A.85.

11. *Verfahren zur Änderung des Betriebshandbuchs*
    Nach Erteilung der behördlichen Genehmigung ist der Betrieb verpflichtet, das Handbuch stets auf einem aktuellen Stand zu halten. Da das Handbuch Teil der Genehmigungsvoraussetzungen ist, müssen Änderungen an diesem dem LufABw üblicherweise vorab zur Genehmigung vorgelegt werden. Hierzu muss im Handbuch ein Verfahren existieren, das beschreibt, wie diese Änderungen an die Behörde gemeldet werden. Auch sind genehmigungspflichtige und anzeigepflichtige Änderungen zu definieren.
12. *Beschreibung der Verfahren*
    Der wesentliche Teil vom Umfang des Handbuchs bildet die Beschreibung der betrieblichen Verfahren. Aus diesem Grund werden diese oft in separaten Dokumenten oder Prozessmanagement-Tools geführt. Im Handbuch selbst findet sich dann nur eine Referenz auf die gültigen Verfahren.
13. *Liste der Zulieferer*
    Um den Anforderungen an ein vorschriftenkonformes Zulieferermanagement nachzukommen, bedarf es einer Liste mit allen Lieferanten, Unterauftragnehmern und Dienstleistern. Da Änderungen an der Zuliefererliste den betrieblichen Alltag darstellen, ist es zulässig, diese als Anhang zum Handbuch zu führen.

Genehmigungsrelevante Verfahrensanweisungen
Verfahrensanweisungen bzw. Prozessbeschreibungen eines genehmigten Betriebs sind Voraussetzung für einen beherrschten Arbeitsablauf. Sie bilden nach dem Betriebshandbuch die zweite Ebene der Vorgabedokumente. Verfahrensanweisungen ermöglichen die Abarbeitung der betrieblichen Aufgaben in einer reproduzierbaren, nachvollziehbaren Art und Weise. Zudem soll über sie die DEMAR-Konformität im betrieblichen Alltag sichergestellt werden. Dies geschieht, indem die Anforderungen in den betrieblichen Verfahrens- oder Prozessbeschreibungen zu berücksichtigen sind und vom LufABw geprüft und überwacht werden.

Teilweise macht die DEMAR detaillierte Angaben zum Umfang notwendiger Anweisungen. So findet sich in der DEMAR 21 zur Herstellung eine Auflistung aller notwendigen 21G-Verfahrensbeschreibungen.[14]

- Herstellungsprozesse,
- Kennzeichnung und Verfolgbarkeit,
- Kontrolle über mangelhafte Teile,
- Inspektionen und Prüfungen, auch Flugprüfungen im Rahmen der Herstellung,
- Ausstellung von Lufttüchtigkeitsdokumenten,

[14] Vgl. LufABw (2020a), DEMAR 21, 21.A.143. Eine vergleichbare Auflistung gibt es z. B. auch für die Instandhaltung, siehe LufABw (2022) AMC und GM zur DEMAR 145, Anlage V zu AMC 145.A.70.

- Durchführung von Arbeiten nach Abschluss der Herstellung, jedoch vor der Auslieferung, zur Erhaltung des betriebssicheren Zustands des Luftfahrzeugs,
- Erstellung und Aufbewahrung von Aufzeichnungen,
- Kontrolle der Ausstellung, Genehmigung oder Änderung von Dokumenten,
- Kalibrierung von Werkzeugen, Vorrichtungen und Prüfeinrichtungen,
- Koordination der Lufttüchtigkeit mit dem Antragsteller oder Inhaber einer Gerätezulassung,
- Sachkunde und die Qualifikation der Mitarbeiter,
- Handhabung, Lagerung und Verpackung,
- Durchführung von Arbeiten im Rahmen der Genehmigung außerhalb der zugelassenen Einrichtungen.

Formulare und Checklisten
Die dritte Ebene in der Dokumentenhierarchie eines genehmigten Betriebes bilden Formulare und Checklisten. Sie dienen dem Zweck, die standardisierte Abarbeitung der Prozesse zu unterstützen. Typische Formulare in einem genehmigten Betrieb sind z. B.:

- Work Reports,
- Auditprogramm,
- Kompetenzmatrix,
- Checkliste zur Klassifizierung von Änderungen,
- DEMAR Form 1,
- Abweichungsreport.

5.3.2 Vorgabedokumente des DEMAR Entwicklungsbetriebs

Im Bereich der Vorgabedokumente kommt dem Entwicklungsbetrieb eine Schlüsselrolle zu, da dieser das Luftfahrzeug mit allen Eigenschaften für Herstellung, Betrieb und Instandhaltung definiert. DEMAR 21J-Betriebe erstellen hierzu:

- Bauunterlagen für die Herstellung,
- Anweisungen für den sicheren Betrieb des Luftfahrzeugs,
- Anweisungen zur Instandhaltung des Luftfahrzeugs,
- Unterlagen für Ausbildungsorganisationen zum Typentraining für die Instandhaltung am Luftfahrzeug, sowie
- Unterlagen für die Pilotenausbildung.

Nach erstmaliger Freigabe sind im Laufe des Lebenszyklus eines Luftfahrzeugs darüber hinaus Änderungen am ursprünglichen Design vorzunehmen. Gründe hierfür sind z. B.

- Modifikationen aufgrund neuer Technologien oder geänderter Einsatzprofile,
- Feststellung unsicherer Zustände,
- Reparaturen aufgrund größerer Schäden,
- Erkenntnisse aus Betrieb und Instandhaltung.

Neben einer Änderung des Designs obliegt dem Entwicklungsbetrieb die Bauzustandsverfolgung (Konfigurationsmanagement) und die Bekanntmachung gegenüber den Nutzern der jeweiligen Dokumente.

Dokumente des Entwicklungsbetriebs für die Herstellung
Herstellungsbetriebe erhalten vom DEMAR 21J-Betrieb Dokumente, die die Bauart einer Musterzulassung oder Änderungen bzw. Ergänzungen an dieser beschreiben, sog. Type Design Definition Documents. Typische Herstellvorgaben sind z. B. Bau- und Schaltpläne, Zeichnungen, Explosionszeichnungen, Stücklisten und Materialspezifikationen.

Bei den Herstellungsvorgaben wird unterschieden zwischen:

- Nicht-genehmigter Konstruktionsdaten (Non-approved Design Data) und
- Genehmigten Konstruktionsdaten (Approved Design Data).

Nicht genehmigte Konstruktionsdaten sind Herstellungsvorgaben des Entwicklungsbetriebs, die noch nicht vom LufABw über ein TC oder STC freigegeben worden sind. Nicht genehmigte Konstruktionsdaten kommen im Herstellungsbetrieb nur beim Bau von Prototypen oder Test-Units zur Anwendung, um so die Nachweisführung zu unterstützen.

Mit Erteilung der Musterzulassung ändert sich der Status von Entwicklungsdokumenten zu **genehmigten Konstruktionsdaten.** Auf deren Grundlage kann anschließend die Serienfertigung durch den genehmigten Herstellungsbetrieb erfolgen. Diese Approved Design Data müssen in Art und Umfang derart beschrieben sein, um eine Herstellung in gleichbleibender Übereinstimmung zu ermöglichen. Dabei darf der Herstellungsbetrieb zwar die Vorgabedokumente des Entwicklungsbetriebs in eigene Arbeitskarten übertragen, jedoch ist es nicht zulässig den Inhalt der Designvorgaben zu verändern. Approved Data müssen daher jederzeit strikt befolgt werden.

Im Zuge der Serienfertigung kann es zu Abweichungen von den genehmigten Konstruktionsdaten kommen. Dies ist meist dann der Fall, wenn aufgrund einer Fehlproduktion die vorgegebenen Toleranzen nicht eingehalten wurden. Die Beurteilung, ob trotz dieser Bauabweichung (*Concession*) die Bearbeitung fortgesetzt werden kann, obliegt dann nicht dem ausführenden Personal oder der Arbeitsplanung des Herstellungsbetriebs. Diese Bewertung muss stets durch den Entwicklungsbetrieb erfolgen, der einzelfallbezogen eine Freigabe für die Bauabweichung gibt und dafür individuell die genehmigten Konstruktionsdaten anpasst.

Dokumente für den sicheren Betrieb
Neben den Konstruktionsdaten muss ein Entwicklungsbetrieb auch Vorgaben für den Betrieb eines Luftfahrzeugs festlegen. Hierzu zählen z. B. Betriebsgrenzen, wie etwa die Maximalgeschwindigkeit, die Lastvielfachen, das maximale Lande- oder Abfluggewicht, oder Fluglagebeschränkungen. Zudem geben die Betriebsgrenzen vor, in welchem klimatischen Umfeld ein Luftfahrzeug betrieben werden darf.[15]

Zudem gibt der Entwicklungsbetrieb im **Aircraft Flight Manual** Standard- und Notfallverfahren vor, z. B. das Landen auf kontaminierten Pisten oder das Vorgehen bei Triebwerksausfall oder Druckverlust. Diese entwicklungsbetrieblichen Verfahren werden dann üblicherweise durch den Betreiber im Operation Manual weiter auf die eigenen betrieblichen Anforderungen spezifiziert.

Vorgabedokumente des Entwicklungsbetriebs für technische Ausbildungsbetriebe:
Nicht zuletzt nutzen auch technische Ausbildungsbetriebe nach DEMAR 147 Vorgabedokumente des Entwicklungsbetriebs. Sie bilden die Grundlage für spezifische Typentrainings für freigabeberechtigtes Personal. Diese Dokumente sind nicht nur einmalig über den genehmigten Entwicklungsbetrieb bereitzustellen. Vielmehr besteht die Verpflichtung, die entsprechende Dokumentation so lange zu aktualisieren, wie das Muster betreut wird. In diesem Zuge sind sowohl mögliche technische Änderungen am Muster, aber auch in den regulativen Verfahren und Anforderungen der zuständigen Luftfahrtbehörde zu berücksichtigen.

5.3.3 Dokumente des Entwicklungsbetriebs für die Instandhaltung

Ein wesentlicher Teil der Dokumentation in der Instandhaltung sind Vorgabedokumente des Entwicklungsbetriebs in Form von Handbüchern, nach denen die Instandhaltungsarbeiten an Luftfahrzeugen und Komponenten durchgeführt werden. Diese Dokumentation wird vom Entwicklungsbetrieb herausgegeben, sodass es sich bei diesen Handbüchern um *Approved Maintenance Data* handelt. Im Folgenden wird die besonders häufig verwendete Instandhaltungsdokumentation exemplarisch erläutert.

Aircraft Maintenance Manual (AMM)
Das AMM ist das Instandhaltungshandbuch für ein Gesamtluftfahrzeug. Das AMM enthält Beschreibungen von Luftfahrzeugsystemen sowie zugehörige Arbeitsanweisungen für den Einbau, Ausbau, die Fehleridentifizierung und Überholung sowie Vorgaben zu

---

[15] So wurde etwa die Operation des UH Tiger zunächst auf Temperaturen auf unter 43,3°C beschränkt. Ein Betrieb über diesem Wert liegt über den Betriebsgrenzen und der Hubschrauber darf nicht mehr eingesetzt werden. https://www.spiegel.de/politik/ausland/bundeswehr-in-mali-tiger-duerfen-nun-auch-bei-hitze-fliegen-a-1145210.html.

Funktionstests und technischen Einstellungen. Darüber hinaus finden sich darin Angaben zu Inspektionen und Instandhaltung der Flugzeugstruktur. Zum Teil macht das AMM auch Vorgaben hinsichtlich der einzusetzenden Betriebsmittel.

Das AMM ist auf die individuelle Luftfahrzeugkonfiguration (Stück) angepasst. Im Laufe der Lebensdauer eines Luftfahrzeugs wird das AMM regelmäßig angepasst, sobald am Luftfahrzeug Modifikationen durchgeführt werden, z. B. zusätzliche strukturelle Inspektionen nach Antenneninstallationen.

Component Maintenance Manual (CMM)
Das CMM ist das Instandhaltungshandbuch für Komponenten. Es enthält Funktionsbeschreibungen und Arbeitsanweisungen über das Zerlegen, die Reinigung, Befundung und Reparatur sowie für den Zusammenbau. Darüber hinaus umfasst das CMM üblicherweise auch Informationen zu Funktionstests und zur Abnahme. Sofern erforderlich, werden besondere Werkzeuge (*Special Tools*) aufgeführt. Bei komplexeren Bauteilen ist dem CMM ein eigener Illustrated Parts Catalog (IPC) angefügt.

Engine Manual (EM)
Das EM ist das Instandhaltungshandbuch für ein Triebwerk. Hierin enthalten sind u. a. Zerlegungs- und Wiederaufbauanweisungen, Instandhaltungs- und Überholungskriterien, Reparaturprozesse, Testvorgaben und Betriebsmittelhinweise und Angaben zu Betriebsstoffen. Engine Manuals sind spezifisch auf Triebwerkstypen ausgelegt.

Structure Repair Manual (SRM)
Das SRM ist das Reparaturhandbuch für die Flugzeugstruktur. Darin ist das Vorgehen für Standardreparaturen erklärt. Dies umschließt u. a. allgemeine Reparatur-Praktiken, Materialinformationen, Vorgaben zu Inspektionen (Korrosion, Risse), Vorgaben zu (statischen) Reparaturanforderungen, Schadenskriterien sowie Schadenstoleranzen.

Zum SRM wird oftmals zusätzlich das AMM herangezogen, um punktuell weitergehende Informationen zur Bestimmung des gesamten Schadens- und Reparaturumfangs zu erhalten. Ein SRM wird spezifisch auf ein Luftfahrzeugmuster herausgegeben. Für Schäden, die nicht durch ein SRM abgedeckt sind, weil diese außerhalb der Schadenskriterien oder -limits liegen, müssen durch einen genehmigten DEMAR 21J-Betrieb individuelle Reparaturlösungen entwickelt und freigegeben werden.

Wiring Diagram Manual (WDM)
Im WDM ist der Aufbau und die Zusammensetzung aller elektrischen und elektronischen Systeme erklärt. Neben Schaltbildern enthält es u. a. Informationen (*Standard Practices*) zur Fehlereingrenzung und -identifizierung sowie zum Vorgehen bei einfachen Reparaturen, Kabellegungen oder zum Umgang mit Kabelbindungen und Kabelschuhen. Des Weiteren enthält es Teilelisten (*Electrical-* und *Electronic Equipment Lists*) sowie Messdaten (*Charts* and *Lists*). Letztere dienen dazu, bei Kontrollen während eines Wartungsereignisses Soll-Ist-Vergleiche vornehmen zu können (z. B. Widerstandsmessungen).

Das WDM wird teilweise nicht nur musterbezogen, sondern auf Serialnummernebene des Luftfahrzeugs (*Stück*) herausgegeben.

Illustrated Parts Catalog (IPC)
Im IPC sind die Bestandteile eines Luftfahrzeugs und/oder einer Komponente aufgeführt. Ein solcher Katalog setzt sich u. a. aus Bauteilillustrationen (z. B. Explosionszeichnungen) und einer Teileliste mit zugehörigen Partnummern zusammen. Teilweise werden auch Austauschbarkeiten genannt, also die Verwendung einer alternativen Komponente. Detaillierte Beschreibungen von Einbau- bzw. Unterbauteilen (Sub-Assemblies) finden sich üblicherweise nur dann im IPC, wenn der IPC-Herausgeber (zuständiger Entwicklungsbetrieb), selbst auch für diese Komponente verantwortlich zeichnet. Komplexe Komponenten verfügen zum Teil über eigene IPCs oder IPC-Elemente und werden in das CMM integriert.

Grundsätzlich werden IPCs musterbezogen publiziert.

Master Minimum Equipment List (MMEL) und Minimum Equipment List (MEL)
Die MMEL stellt ein weiteres Vorgabedokument des Entwicklungsbetriebs dar und legt fest, welche Systeme und Komponenten mindestens funktionstüchtig verfügbar sein müssen, um die Lufttüchtigkeit des Luftfahrzeugs zu gewährleisten. Die MMEL wird vom Entwicklungsbetrieb für das Muster erstellt.

Da betreibende Organisation eines Luftfahrzeuges ggf. weitere, restriktivere Auflagen für sinnvoll erachtet, wird stückbezogen und auf Basis der MMEL eine individuelle Minimum Equipment List (MEL) erstellt. Diese ist also serialnummernbezogen und wird durch die betreibende Organisation veröffentlicht. Dabei ist es zulässig, dass die durch den Entwicklungsbetrieb vorgegebenen Anforderungen an die Funktionstüchtigkeit aus der MMEL verschärft werden, jedoch dürfen sie niemals gelockert werden.

In der MEL sind zudem betriebliche Einschränkungen hinsichtlich des technischen und zeitlichen Umfangs definiert. Die MEL ist keine eigentliche Instandhaltungsanweisung, sie macht aber insbesondere im Rahmen der Line Maintenance Vorgaben für eine mögliche Zurückstellung von Beanstandungen und ist damit ein äußerst wichtiges Vorgabedokument in der Instandhaltung.

Engineering Order (EO)
Engineering Orders sind Umsetzungsanweisungen für Instandhaltungsmaßnahmen oder Modifikationen, welche durch das Engineering eines genehmigten DEMAR 21J-Entwicklungsbetriebs angewiesen werden. EOs haben ihren Ursprung dabei in ADs, SBs, Reparaturentwicklungen, Sonderinspektionen oder Modifikationen. Die EO enthält eine genaue Beschreibung der durchzuführenden Maßnahme, einen präzisen Durchführungszeitpunkt sowie Angaben zur ausführenden Organisationseinheit. Darüber hinaus sind in einer EO immer Angaben zum betroffenen Flugzeugkennzeichen bzw. zur Komponentenserialnummer aufgeführt.

5.4 Management technischer Dokumente

Neben einem revisionssicheren Management der QM-Dokumentation muss jeder genehmigte DEMAR-Betrieb eine systematische Lenkung der technischen Dokumente sicherstellen.[16] So sind vor allem die für Herstellung bzw. Instandhaltung unmittelbar relevanten technischen Dokumente in ihrer jeweils gültigen Version vorzuhalten, den entsprechenden Mitarbeitern bei Bedarf zur Verfügung zu stellen, sowie für deren angemessene Archivierung Sorge zu tragen.

Der Mindestumfang kontrolliert bereitzustellender Dokumente orientiert sich an der Art der Betriebsgenehmigung und dem Genehmigungsumfang.

Grundsätzlich umfassen diese Dokumente die für eine Herstellung notwendigen Approved *Design* Data (d. h. jegliche Herstellungsdokumentation) und die für eine Instandhaltung erforderlichen Approved *Maintenance* Data. Nicht zuletzt können auch innerbetriebliche Vorgaben der technischen Dokumentation zugeordnet sein (z. B. technische Prozess-, Verfahrens- oder Arbeitsvorgaben, wie etwa chemische Mischungsverhältnisse in der Galvanik oder Verarbeitungstemperaturen bei Klebe- oder Lackiervorgaben).

Diese Vielzahl an Dokumenten kann nur dann transparent gesteuert werden, wenn der Betrieb über einen kontrollierten Prozess zur Dokumentenverwaltung verfügt, der auch rückwirkend nachvollziehbar ist. Es muss mithin ein Dokumentenmanagement etabliert sein, das im Wesentlichen die folgenden Aufgaben erfüllt:[17]

- Prüfung der Dokumente vor ihrer Herausgabe hinsichtlich Eignung und Angemessenheit. Insofern sind technische Dokumente vor ihrer Herausgabe freizugeben.
- Bewertung der Dokumente im Hinblick auf Aktualität und Richtigkeit. Bedarfsorientiert ist eine Aktualisierung bzw. Korrektur und ggf. eine erneute Dokumentenfreigabe vorzunehmen.
- Sicherstellung, dass die jeweils aktuell gültige Fassung der technischen Dokumente an den betrieblichen Einsatzorten verfügbar ist. Parallel ist eine unbeabsichtigte Nutzung veralteter Dokumente zu verhindern.
- Kennzeichnung geänderter Dokumententeile einschließlich des Revisionsstatus.

Soweit Herstellungs- und Instandhaltungsbetriebe eigene technische Dokumente herausgeben (z. B. Arbeitskarten, Standards, Gefahrstofflisten), sind diese vor deren

[16] Die Notwendigkeit zur Steuerung der technischen Dokumentation ergibt sich für die Herstellung aus der DEMAR 21G und sowie für die Instandhaltung aus DEMAR 145, vgl. LufABw (2020a), DEMAR 21, 21.A.145 sowie LufABw (2020c), DEMAR 145, 145.A.45.

[17] in Anlehnung an EN 9100er Reihe (2018) Abschn. 7.5

Herausgabe auf **Eignung und Angemessenheit** zu prüfen und formal von einer dazu berechtigten Person freizugeben.

Es muss ein Verfahren existieren, das die **Aktualität und Richtigkeit** der Dokumente sicherstellt. Dieses hat üblicherweise vor der Herausgabe bzw. vor (erneuter) Nutzung durch den Dokumentenverantwortlichen zu erfolgen. Darüber hinaus müssen die betrieblichen Prozesse geeignet sein, falsche, unvollständige oder missverständliche Informationen in den technischen Dokumenten zu identifizieren und eine entsprechende Rückmeldung an den Herausgeber bzw. Ersteller sicherzustellen.[18]

Zudem muss der Betrieb die **Verfügbarkeit** aller für die Arbeitsdurchführung erforderlichen Herstellungs- bzw. Instandhaltungsangaben jederzeit sicherstellen. Damit ist gemeint, dass die Dokumente im Dock oder in der Fachwerkstatt in unmittelbarer Nähe der Arbeitsdurchführung zur Verfügung stehen. Den Produktionsmitarbeitern sind dabei abhängig von der Betriebsgröße eine angemessene Anzahl an Leseplätzen bzw. PC-Arbeitsplätzen zur Verfügung zu stellen, sodass die technischen Dokumente auch studiert werden können.

Für die Verteilung von kontrollierten (d. h. gelenkten) Dokumenten müssen luftfahrttechnische Betriebe über ein dokumentiertes Verfahren verfügen. Dieses muss nicht nur die einmalige Bereitstellung gewährleisten, sondern zugleich in der Lage sein, die Verbreitung und Durchführung von Aktualisierungen (Revisionen) sicherzustellen. Dies schließt die Steuerung ungültiger gewordener Dokumente explizit ein. Dabei liegt die Herausforderung oftmals darin, alte Dokumentenrevisionen in Papierform einzuziehen und deren Vernichtung oder Archivierung zu gewährleisten. Nachlässigkeit, Bequemlichkeit oder mangelnde Einsicht der Notwendigkeit können im betrieblichen Alltag rasch dazu führen, dass die Arbeitsdurchführung auf Basis veralteter technischer Dokumente erfolgt. Nicht wenige Betriebe begnügen sich damit, dass in der Fußzeile ihrer Dokumente grundsätzlich darauf hingewiesen wird, dass gedruckte Dokumente nicht der Revision unterliegen und nach deren Gebrauch zu vernichten sind.

Für eine Nachvollziehbarkeit sind gelenkte Dokumente mit einer **Revisionsverfolgung** zu versehen, welche Seitenanzahl, Revisionsnummer, Ausgabedatum, eine Änderungshistorie sowie eine personen- und abteilungsbezogene Verantwortlichkeit für die Änderungen enthält. In vielen Fällen ist technischen Dokumenten zur besseren Identifizierung der Änderungen eine Übersicht der jeweils überarbeiteten Seiten vorangestellt.

Das Management der technischen Dokumentation obliegt im Normalfall einer darauf spezialisierten Stelle oder Gruppe, die diese Aufgabe zentral für den gesamten luftfahrttechnischen Betrieb wahrnimmt. Dieser fallen dabei folgende Aufgaben zu:

[18] Vgl. LufABw (2020c), DEMAR 145, 145.A.45(c) (1).

- Entgegennahme der Dokumentation des Herausgebers (z. B. Entwicklungsbetrieb, Behörde). Zudem umfasst diese Aufgabe das Abonnieren der relevanten technischen Dokumentation, deren Zuordnung sowie Prüfung und ggf. die Einspielung in das eigene IT- basierte Dokumentationssystem.
- Innerbetriebliche Verbreitung und Bekanntmachung der Erstausgaben bzw. Änderungen. Hierzu zählt auch der Austausch der veralteten technischen Dokumente. Ist ein Unternehmen zugleich TC- oder STC-Halter, d. h. herausgebender Entwicklungsbetrieb und Herstellungsbetrieb, so kommt der zentralen technischen Dokumentation zusätzlich die Aufgabe zu, Betriebs- und Instandhaltungsdokumente des eigenen Engineerings intern zu steuern.
- Aufrechterhaltung und Weiterentwicklung eines vollständigen, stets aktuellen Dokumentationssystems mit einem rückverfolgbaren Dokumentenfluss. Hierzu zählt neben der laufenden Betriebsüberwachung, u. a. die Fehlerkorrektur bzw. die Reklamationsbearbeitung sowie die Archivierung veralteter Dokumente.

Die Herausgabe und Aktualisierung interner QM-Dokumente (z. B. Qualitätsmanagementhandbücher, Verfahrensanweisungen/Prozessbeschreibungen) obliegt im Normalfall nicht der für die technische Dokumentation zuständigen Abteilung, sondern dem Qualitätsmanagement ggf. unter Mitwirkung der betroffenen Fachbereiche.

5.5 Archivierung von Aufzeichnungen

Nach Abschluss der durchgeführten Arbeiten sind die Arbeitsergebnisse bzw. Aufzeichnungen zu archivieren. Die durch die DEMAR vorgeschriebene Datensicherung dient dabei nicht nur einer möglichen Beweisführung zur Untersuchung von Flugunfällen und -vorfällen. Die Archivierung soll gemäß GM 145.A.55 zumindest in der Instandhaltung auch dazu dienen, eine Fehlersuche und -behebung zu unterstützen.

Die Anforderungen der DEMAR an die Archivierung unterscheiden sich zwischen den verschiedenen betrieblichen Genehmigungsarten nur unwesentlich.

Nach Auftrags- oder Projektabschluss sind die Aufzeichnungen, die als Nachweis für eine ordnungsgemäße Arbeitsdurchführung dienen, zu archivieren. Hierzu müssen genehmigte Betriebe über ein Archivierungssystem verfügen, das den betrieblichen Spezifika (z. B. Produkte, Leistungsspektrum, Größe) gerecht wird. Dieses System muss im Betriebshandbuch dokumentiert sein sowie Art und Umfang der zu archivierenden Aufzeichnungen benennen.[19]

Der eigentliche Archivierungsprozess umfasst nach einer Vollständigkeitsprüfung und Sortierung das Scannen und die elektronische Ablage bzw. die physische Einlagerung

[19] Vgl. LufABw (2022), AMC und GM zur DEMAR 145, GM 145.A.55 (a).

der Daten. Insoweit müssen vorab insbesondere die Anforderungen an das Format (Papier, Microfish, CD, EDV) und die Sortierstruktur (Archivierung bzw. Speicherung z. B. nach Produkt, Auftrag oder Datum sowie ggf. zusätzlich Vernichtungsdatum) definiert sein. Im Rahmen der eigentlichen Aufbewahrung bzw. Lagerung ist zudem festzulegen, wie die Lesbarkeit der Aufzeichnungen (Datensicherung bzw. -speicherung, Schutz vor Brand, Überschwemmung) und der Schutz der Daten vor unbefugtem Zugriff während der Aufbewahrungszeit sichergestellt wird. Wurden Leistungen fremdvergeben, müssen genehmigte Betriebe sicherstellen, dass auch die Dokumentation der Zulieferer über den vorgeschriebenen Zeitraum aufbewahrt werden. Dazu besteht entweder die Möglichkeit, dass die Archivierung durch den Zulieferer erfolgt oder diese Aufgabe alternativ durch den genehmigten Betrieb als Auftraggeber selbst übernommen wird. In jedem Fall müssen die archivierungsrelevanten Verantwortlichkeiten vor der Zusammenarbeit zwischen einem genehmigten Betrieb und seinen Zulieferern, üblicherweise mittels einer Qualitätssicherungsvereinbarung, abgestimmt und schriftlich fixiert sein. Dabei ist insbesondere der Umgang mit den archivierten Aufzeichnungen für den Fall zu regeln, dass die Zusammenarbeit vor Ende des vorgeschriebenen Archivierungszeitraums aufgelöst wird.

Die Archivierung der Aufzeichnungen ist regelmäßig Bestandteil von Auditierungen jeglicher Art. Einen Schwerpunkt bildet dabei zumeist die Nachweiserbringung einer leichten und vollständigen Wiederauffindbarkeit der archivierten Daten.

Besonderheiten der Archivierung von Entwicklungsaufzeichnungen
Sobald die Entwicklung eines Luftfahrzeugs oder eine Änderung daran abgeschlossen ist, gilt es, die während des Entwicklungsprozesses erstellten Dokumente und Nachweise aufzubewahren. Der Archivierungszeitraum beträgt mindestens drei Jahre nach Außerdienststellung des letzten, betreffenden Luftfahrzeugs.[20] Mit dieser Aufgabe wird i. d. R. ein gewerblicher Entwicklungsbetrieb beauftragt.[21]

Da sich der Lebenszyklus von Luftfahrzeugen, insbesondere von fliegenden Waffensystemen, meist über viele Jahrzehnte erstreckt, stellt die Anforderung an den Archivierungszeitraum den Entwicklungsbetrieb vor einige Herausforderungen. Insbesondere ist hier die Wiederauffindbarkeit von Dokumenten und die Lesbarkeit von Datei-Formaten sicherzustellen.

Besonderheiten der Archivierung von Herstellungsaufzeichnungen
Der vorgeschriebene Archivierungszeitraum beträgt im Normalfall mindestens drei Jahre. Handelt es sich um Herstellungsdaten zu kritischen Teilen, so sind diese über den

[20] Vgl. LufABw (2020a), DEMAR 21, 21.A.20 (c).

[21] Vgl. BMVg (2021a), Dachvorschrift, A-275/1, #4017.

gesamten Betriebszeitraum des Produkts aufzubewahren.[22] Vertragliche Anforderungen können diese Mindestvorgabe aus der DEMAR zum Teil deutlich überschreiten.

Besonderheiten der Archivierung von Instandhaltungsaufzeichnungen
Parallel zur Übergabe des Flugzeugs an den Betreiber bzw. nach Abschluss der Komponenteninstandhaltung muss zunächst der Rücklauf der während der Instandhaltung erstellten Aufzeichnungen an die Dokumentations- bzw. Archivierungsabteilung sichergestellt werden. Anschließend sind jene Dokumente und Aufzeichnungen zu archivieren, die als Nachweise für eine ordnungsgemäße Durchführung der Instandhaltung dienen.[23] Darunter werden all jene Instandhaltungsaufzeichnungen subsumiert, die für die Ausstellung von Freigabebescheinigungen notwendig sind. Der Archivierungszeitraum in der Instandhaltung beträgt mindestens drei Jahre nach Ausstellung des Freigabedokuments. Auch hier gilt, dass vertragliche Vereinbarungen einen erheblich längeren Archivierungszeitraum fordern können.

Archivierung von Personaldaten
Innerhalb des Qualitätssystems bildet die Archivierung der Mitarbeiterdaten einen wichtigen Bestandteil und unterliegt somit immer auch einer Überwachung durch die zuständige Behörde. Bei den archivierungspflichtigen Informationen handelt es sich um vertrauliche, personenbezogene Daten. Aus diesem Grund hat der genehmigte Betrieb sicherzustellen, dass neben der zuständigen Behörde und dem betreffenden freigabeberechtigten Mitarbeiter nur einem sehr begrenzten Personenkreis Zugriff auf diese Daten gewährt werden darf. Der Archivierungszeitraum für Personaldaten beträgt drei Jahre für die Instandhaltung[24] und mindestens fünf Jahre über die Betriebszeit der Luftfahrzeuge hinaus in der Herstellung.[25] Formal werden diese Anforderungen nur an freigabeberechtigtes Personal und Form 4-Halter gestellt. Im betrieblichen Alltag werden diese Archivierungsvorgaben jedoch meist auf sämtliches Personal in genehmigten Betrieben angewendet.

Literatur

Bundesministerium der Verteidigung (BMVg, 2021a): Grundsätze der Zulassung von Luftfahrzeugen (Dachvorschrift), Nr. A-275/1, Version 1, 2021a

Deutsches Institut für Normung e.V.: DIN EN 9100:2018 Qualitätsmanagementsysteme – Anforderungen an Organisationen der Luftfahrt, Raumfahrt und Verteidigung. Berlin 2018

[22] Vgl. LufABw (2017), AMC und GM zur DEMAR 21, AMC 21.A.165 (d) und (h), Nr. 7b.

[23] Vgl. LufABw (2020c), DEMAR 145, 145.A.55 (c).

[24] Vgl. LufABw (2020c), DEMAR 145, 145.A.35 (j) 4.

[25] Vgl. LufABw (2017), AMC und GM zur DEMAR 21, AMC 21.A.145 (d) 2 (7).

Hinsch, M.: Industrielles Luftfahrt Management. 4. Aufl. Berlin, Heidelberg. 2019

Luftfahrtamt der Bundeswehr (LufABw, 2022): AMC und GM zu DEMAR 145, Nr. A1–275/3–8906, Version 2, 2022

Luftfahrtamt der Bundeswehr (LufABw, 2020a): Zulassung von Produkten, Bau- und Ausrüstungsteilen sowie Genehmigung von Entwicklern und Herstellern DEMAR 21, Nr. A1–275/3–8901, Version 2, 2020

Luftfahrtamt der Bundeswehr (LufABw, 2020b): Aufrechterhaltung der Lufttüchtigkeit DEMAR M, Zentralvorschrift Nr. A1–275/3–8903, Version 2, 2020

Luftfahrtamt der Bundeswehr (LufABw, 2020c): Anforderungen an den Instandhaltungsbetrieb DEMAR 145, Nr. A1–275/3–8905, Version 2, 2020c

Luftfahrtamt der Bundeswehr (LufABw, 2017): AMC und GM zur DEMAR 21 – Militärische Zulassung von Luftfahrzeugen und zugehöriger Produkte, Bau- und Ausrüstungsteile sowie Genehmigung von Entwicklungs- und Herstellungsbetrieben, Nr. A1–275/3–8902, Version 1, 2017

o.V.: Tiger dürfen nun auch bei Hitze fliegen. Spiegel-Online 28.04.2017. Abgerufen am 02.05.2022: https://www.spiegel.de/politik/ausland/bundeswehr-in-mali-tiger-duerfen-nun-auch-bei-hitze-fliegen-a-1145210.html

6 Entwicklung

In diesem Kapitel wird zunächst auf die Grundlagen zur Luftfahrzeug-Entwicklung eingegangen und die Notwendigkeit eines Entwicklungsbetriebs über den Lebenszyklus eines Luftfahrzeugs erläutert (6.1). Darauf folgen die entwicklungsbetrieblichen Grundstrukturen, die im Schwerpunkt das Konstruktionssicherungssystem sowie die Musterzulassung umfassen (6.2).

Im Anschluss (6.3) werden mit dem Halter der militärischen Musterzulassung sowie der Musterprüfleitstelle die Schlüsselrollen in der Entwicklung erklärt.

Im Weiteren wird auf die Erstellung der Vorgabedokumentation für Herstellung, Instandhaltung sowie Betrieb eines Luftfahrzeugs eingegangen (6.4).

Darauf folgen die Einstufung von Änderungen an einem genehmigten Entwicklungsbetrieb (6.5). In Abschn. 6.6 wird der Zulassungsprozess bei großen Entwicklungen mit seinen einzelnen Teilschritten detailliert dargelegt. Einen Schwerpunkt liegt dabei auf der Nachweisführung. Es folgt der Zulassungsprozess bei kleinen Änderungen (6.7). An diesen reihen sich die Ausführungen zur Entwicklung von Reparaturlösungen (6.8). Das Kapitel schließt mit der Komponentenentwicklung (6.9) und einem kurzen Abriss zu DEMTSO-Teilen (6.10).

6.1 Einführung in die militärische Luftfahrzeug-Entwicklung

Am Beginn eines jeden Produktlebenszyklus steht die Entwicklungsphase, die dazu dient, eine durch die Bundeswehr vorgegebene Spezifikation mithilfe industriellen Know-hows so umzusetzen, dass Luftfahrzeuge:

Teile dieses Kapitels wurden ursprünglich veröffentlicht in: Hinsch, M. (2019): Industrielles Luftfahrmanagement. 4. Aufl. Berlin, Heidelberg. 2019.

M. Hinsch et al., *Einführung in die DEMAR*,
https://doi.org/10.1007/978-3-662-65676-1_6

- den vorgegebenen Anforderungen der Spezifikation (Musterzulassungsbasis) entsprechen,
- die definierten Standards für Lufttüchtigkeit soweit möglich erfüllen,
- Standards, die nicht erfüllt werden können, durch geeignete alternative Nachweismethoden ersetzt werden, die zeigen, dass die Sicherheit des Luftfahrzeugs dennoch gegeben ist und der angestrebte Verwendungszweck dadurch nicht eingeschränkt wird sowie
- für den vorgegebenen Einsatzzweck geeignet sind.

Dabei sind auch nach Erstentwicklung im weiteren Lebenszyklus regelmäßig Änderungen am Design von Luftfahrzeugen erforderlich. Dies ist z. B. der Fall, wenn:

- das Luftfahrzeug im Betrieb einen unsicheren Zustand zeigt, weil Mängel auftreten, die zum Zeitpunkt der initialen Entwicklung nicht vorhersehbar waren,
- technische Neuerungen und Innovationen auf den Markt kommen, die durch die teils sehr langen Lebenszyklen von Luftfahrzeugen Berücksichtigung finden müssen,
- Fähigkeitsanpassungen erforderlich sind, weil Luftfahrzeuge für neue Aufgaben umgerüstet werden,
- die Bauteilversorgung nach deren Abkündigung sichergestellt werden muss (Obsoleszenzmanagement),
- Reparaturen notwendig werden, die nicht durch Standard-Instandhaltungsanweisungen gedeckt sind,
- Änderungen der regulatorischen Anforderungen, z. B. der Luftraumintegration (Single European Sky) oder Umweltschutzauflagen (REACH-Verordnung) umzusetzen sind.

Alle Entwicklungstätigkeiten dürfen nur von Betrieben durchgeführt werden, die dafür eine behördliche Genehmigung durch das Luftfahrtamt der Bundeswehr (LufABw) erhalten haben. Die Anforderungen an diese genehmigten Entwicklungsbetriebe sind in der DEMAR21J 21J geregelt. Eine der Hauptanforderungen richten sich dabei an den Aufbau und die Aufrechterhaltung geeigneter Prozess- und Managementstrukturen. Durch diese wird gewährleistet, dass die Entwicklungsaktivitäten nachvollziehbar, umfassend getestet und stets sicher sind.

Final obliegt die Kontrolle der Entwicklungsergebnisse dabei immer der behördlichen Überwachung durch das LufABw. Auch die Genehmigung der Entwicklungsbetriebe unterliegt eines ständigen amtlichen Monitorings.

Diese doppelte Überwachung aus

- behördlicher Begleitung des Entwicklungsvorhabens (Genehmigung) *und*
- der Prüfung des Luftfahrzeugdesigns (Zulassung) durch die zuständige Luftfahrtbehörde stellt sicher, dass nur entsprechend befähigte Unternehmen Entwicklungen

durchführen und das Entwicklungsergebnis den behördlich vorgegebenen Standards entspricht.

Militärische Entwicklungsaktivitäten an Luftfahrzeugen dürfen also nur von Betrieben durchgeführt werden, die nach DEMAR 21J durch das LufABw genehmigt und überwacht werden.[1] Für diese Betriebe formuliert die DEMAR entsprechende Genehmigungsvoraussetzungen. Sie umfassen folgende Anforderungen:[2]

- Der Betrieb muss ein **Qualitätssystem** nachweisen, das die Funktionsfähigkeit des gesamten Entwicklungsbetriebs im Allgemeinen steuert und überwacht. Im Speziellen müssen durch ein **Konstruktionssicherungssystem** die Kontrolle und Überwachung sämtlicher Entwicklungsaktivitäten sichergestellt sein (vgl. Abschn. 6.2.1). Dies geschieht mittels dokumentierter Verfahren, die regelmäßig auf ihre Einhaltung und auf Übereinstimmung mit den behördlichen Vorgaben geprüft werden.
- Der Betrieb muss in Umfang und Qualifikation über ausreichend **Personal** verfügen, um die geplanten Entwicklungsarbeiten ausführen zu können und die Zielvorgaben in Bezug auf Lufttüchtigkeit und Umweltschutz für das zu entwickelnde Luftfahrzeug zu erreichen.
- Die **Einrichtungen** und die **Betriebsausstattung** müssen den Mitarbeitern eine adäquate Arbeitsausführung ermöglichen. Dies schließt nicht nur das Vorhandensein von Konstruktionsbüros ein, sondern beinhaltet auch den Zugang zu Testlaboren für die Nachweisführung, sowie Produktionsstätten zur Prototypenherstellung.
- Die **Betriebsorganisation** muss eine vollständige und wirksame Zusammenarbeit zwischen und innerhalb der Abteilungen im Hinblick auf die Lufttüchtigkeit und den Umweltschutz ermöglichen. Dieser Aspekt mag zunächst selbstverständlich klingen, gestaltet sich im betrieblichen Alltag jedoch oft schwierig.
- Der Betrieb muss über ein Handbuch verfügen, in dem Aufbau, Verfahren und Verantwortlichkeiten der Organisation beschrieben sind. Es muss sich stets auf dem aktuellen Stand befinden.
- Alle Entwicklungsaktivitäten müssen durch den behördlich erteilten **Genehmigungsumfang** gedeckt sein. Der Genehmigungsumfang richtet sich danach, welche Arten von Aktivitäten der Entwicklungsbetrieb beantragt und für welche er die erforderlichen Kompetenzen und Kapazitäten nachweisen kann.[3]

[1] Alternativ können hier auch ausländische Entwicklungsbetriebe zum Zuge kommen, welche als gleichwertig zu einem DEMAR Entwicklungsbetrieb anerkannt sind, vgl. Abschn. 3.10.

[2] Vgl. LufABw (2020a), DEMAR 21, 21.A.245.

[3] Dies gilt auch für Änderungen am Genehmigungsumfang, vgl. Vgl. LufABw (2020a), DEMAR 21, 21.A.253.

6.2 Entwicklungsbetriebliche Grundstrukturen

Die entwicklungsbetrieblichen Grundstrukturen sind im Wesentlichen geprägt durch die Anforderungen aus dem Konstruktionssicherungssystem. Eine systematische Nachweisführung bildet dabei den zentralen Bestandteil im Musterzulassungsprozess.

6.2.1 Konstruktionssicherungssystem

Eine der wichtigsten Voraussetzungen für die Genehmigung als Entwicklungsbetrieb nach DEMAR 21J ist die Implementierung und Aufrechterhaltung eines Konstruktionssicherungssystems (*Design Assurance System*). Dies bedeutet, dass der Betrieb über eine Aufbau- und Ablauforganisation verfügen muss, die es ermöglicht, Konstruktionen und Konstruktionsänderungen von Luftfahrzeugen oder Komponenten wirksam zu steuern, zu überwachen und zu kontrollieren.

Dies geschieht durch:

- dokumentierte und gelebte Prozesse in Übereinstimmung mit DEMAR 21,[4]
- die Einhaltung der Genehmigungsvoraussetzungen hinsichtlich der Verfügbarkeit von ausreichend qualifiziertem Personal, Betriebsstätten und der wirksamen Zusammenarbeit im Entwicklungsbetrieb,[5]
- die Berücksichtigung des behördlich erteilten Genehmigungsumfangs.[6]

Ein solches Konstruktionssicherungssystem setzt sich im Wesentlichen zusammen aus:

- Einer **Nachweiserbringung** (*Showing of Compliance*). Mittels Nachweisen wird gezeigt, dass die Entwicklungsergebnisse der geltenden Musterzulassungsbasis entsprechen.
- Einer unabhängigen **Kontrolle der Nachweiserbringung** (*Independent Checking Function of Showing of Compliance*). Jeder im Entwicklungsprozess erstellte Nachweis muss intern von einem zweiten Ingenieur geprüft werden.
- Einem **übergreifenden Qualitätssystem** (*Independent System Monitoring*). Ein Konstruktionssicherungssystem erfordert neben der Entwicklung und Nachweisführung das Vorhandensein eines übergreifenden Qualitätssystems für die Organisation. Deren Aufgabe ist es, die unabhängige, übergreifende Überwachung der dokumentierten Verfahren auf Einhaltung und Wirksamkeit sicherzustellen.

[4] Vgl. LufABw (2020a), DEMAR 21, 21.A.239 (a) (3).

[5] Vgl. LufABw (2020a), DEMAR 21, 21.A.245.

[6] Vgl. LufABw (2020a), DEMAR 21, 21.A.251.

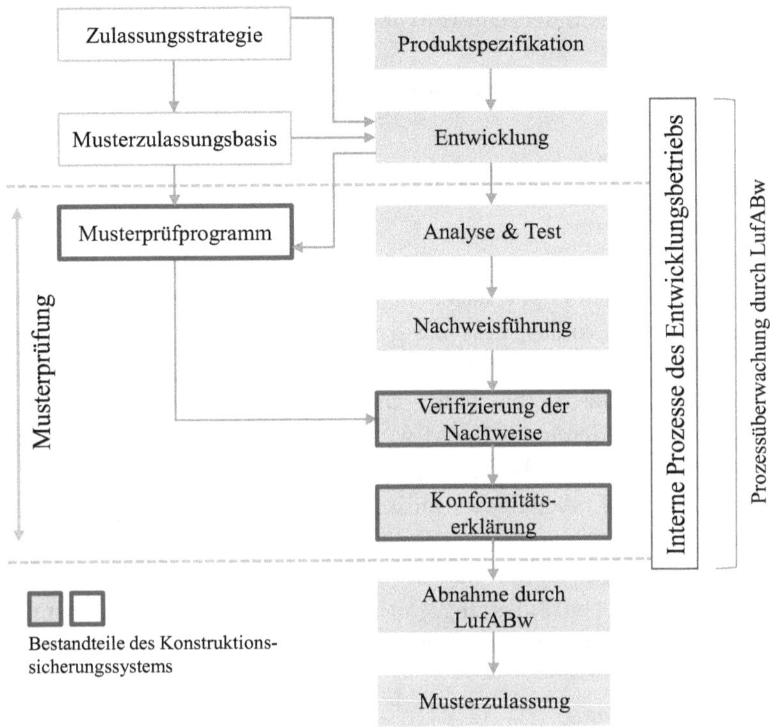

Abb. 6.1 Zusammenhang zwischen Konstruktion und Konstruktionssicherungssystem[7]

- Der **Integration und Überwachung von Unterauftragnehmern,** wie etwa Testlaboren oder Ingenieurbüros (verlängerter Zeichentisch). Es muss sichergestellt werden, dass diese alle Anforderungen des Konstruktionssicherungssystem ebenfalls erfüllen.[8]

Der Zusammenhang zwischen Konstruktion und Konstruktionssicherungssystem ist in Abb. 6.1 dargestellt.

6.2.2 Musterzulassungen

Die Musterzulassung (*Type Certificate*) ist die Bestätigung des LufABw, dass die zum Muster gehörenden Konstruktions-, Betriebs- und Instandhaltungsunterlagen sowie die Betriebsdaten und -eigenschaften den technischen Anforderungen aus der

[7] Vgl. LufABw (2017), AMC und GM zur DEMAR 21, GM 1 21.A.239 (a) 3 (b).
[8] Vgl. LufABw (2020a), DEMAR 21, 21.A.239.

Musterzulassungsbasis und den Umweltvorschriften sowie etwaiger weiterer national gültiger Vorgaben erfüllt.

Im DEMAR Regelungsraum gilt die Musterzulassungspflicht für:[9]

- bemannte Luftfahrzeuge,
- unbemannte Luftfahrzeuge einschließlich deren Bodenstation, sowie
- Triebwerke und Propeller.[10]

Musterzulassungen werden erteilt, nachdem der Entwicklungsprozess erfolgreich durchlaufen wurde.Dies setzt voraus, dass der Entwicklungsbetrieb alle Nachweise für die Erfüllung der vorgegebenen Standards (Musterzulassungsbasis) zur Zufriedenheit der zuständigen Luftfahrtbehörde erbracht hat. Die Konstruktion und technische Beschaffenheit müssen also immer durch das LufABw zugelassen sein, unabhängig davon, wo das Luftfahrzeug in der Welt entwickelt wurde.[11]

Nach der erfolgten Erstzulassung müssen auch alle nachfolgenden Änderungen, Ergänzungen und Reparaturen an einer Entwicklung zugelassen werden. Nachträgliche Anpassungen an der Konstruktion oder der technischen Beschaffenheit bedürfen somit ebenfalls einer behördlichen Zulassung, mit der dann erneut die Übereinstimmung mit den anzuwendenden Vorschriften bestätigt wird.

Arten der Musterzulassung.
Im Bereich der Entwicklung werden die folgenden Arten der Zulassung unterschieden (siehe auch Abb. 6.3):

- **Musterzulassungen** (*Type Certificate – TC*) beziehen sich auf das Baumuster eines Luftfahrzeugs, Propellers oder Motors. Der Zulassungsumfang umfasst nicht nur ein einzelnes Luftfahrzeug oder einen spezifischen Propeller oder Motor, sondern alle Produkte der gleichen Bauart (Modellreihe).
- **Änderungen an Musterzulassungen** (*Change of Type Certificate*) beziehen sich auf (nachträgliche) Änderungsentwicklungen an allen Luftfahrzeugen, Propellern oder Motoren derselben Modellreihe. Solche Änderungen dürfen nur Inhaber der (ursprünglichen) Musterzulassung beantragen.
- **Ergänzende Musterzulassungen** (*Supplemental Type Certificate – STC*) beziehen sich auf Änderungen an einer Musterzulassung häufig nur für ein einzelnes bzw. für mehrere bestimmte Luftfahrzeuge, Propeller oder Motoren. Anders als Änderungen

[9] Vgl. BMVg (2021c), Einleitungsvorschrift DEMAR, A-275/3, #304.

[10] Sofern nicht zusammen mit dem Lfz als Teil dieser Konfiguration zugelassen.

[11] So haben auch ausländisch zugelassene Luftfahrzeugmuster eine deutsche militärische Musterzulassung, vgl. P3-C Orion. Auch der A400M verfügt – trotz des zivilen Type Certificates – über eine deutsche militärische Musterzulassung.

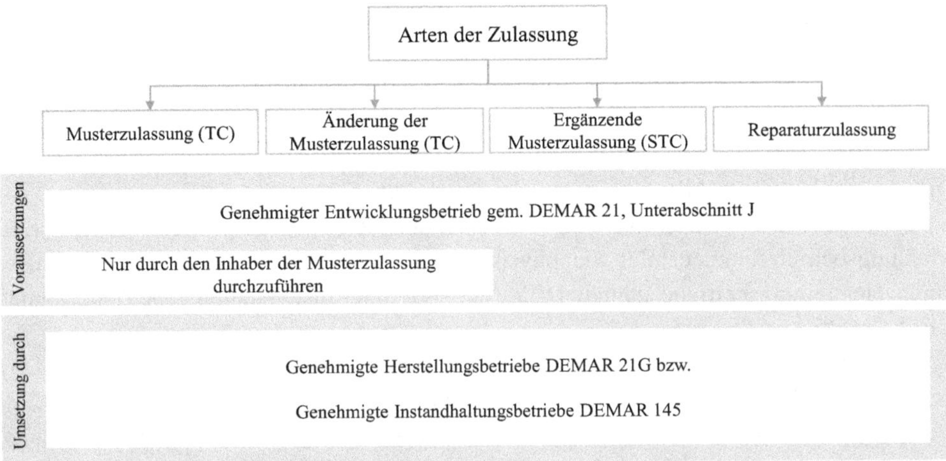

Abb. 6.2 Arten der Zulassung

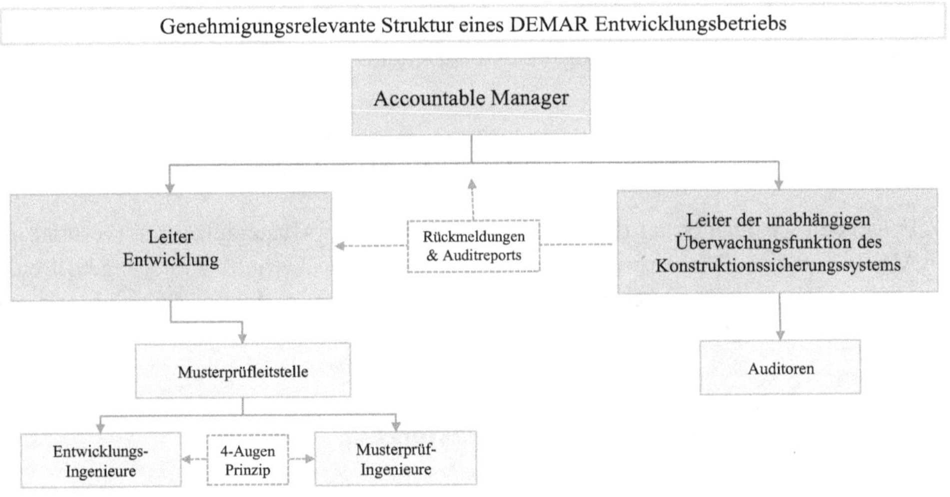

Abb. 6.3 Struktur eines genehmigten Entwicklungsbetriebs

an einem TC müssen STCs somit nicht notwendigerweise Gültigkeit für eine komplette Modellreihe haben und müssen nicht notwendigerweise vom Inhaber der Musterzulassung beantragt werden. Eine ergänzende Musterzulassung kann von jedem DEMAR 21J-genehmigten Entwicklungsbetrieb mit entsprechendem Genehmigungsumfang durchgeführt werden.

- **Reparaturzulassungen** (*Repair Approvals*) bzw. Reparaturentwicklungen können sich auf eine Musterzulassung sowie auf einen geänderten oder ergänzten Teil einer

Musterzulassung beziehen. Eine Reparaturzulassung kann auf ein einzelnes Luftfahrzeug oder auch auf eine ganze Modellreihe (Muster) angewendet werden. Diese kann von jedem Entwicklungsbetrieb mit dem entsprechenden Genehmigungsumfang durchgeführt werden.

Die unterschiedlichen Zulassungsarten werden in Abb. 6.2 dargestellt.

Während die Konstruktion und der Zulassungsprozess beim genehmigten Entwicklungsbetrieb liegt, erfolgt die physische Umsetzung der Entwicklungsergebnisse durch Herstellungsbetriebe gemäß DEMAR 21G bzw. Instandhaltungsbetriebe gemäß DEMAR 145.

Generell darf jeder Entwicklungsbetrieb, dessen behördlicher Genehmigungsumfang es erlaubt, eine Änderung an einem zugelassenen Muster durchführen. Wenn der Entwicklungsbetrieb jedoch nicht Inhaber der Musterzulassung ist, so ist zwischen beiden ein sogenanntes *DO-/TC-Holder-Agreement* zu schließen. In dieser Vereinbarung wird festgelegt, dass der TC-Halter dem betroffenen Entwicklungsbetrieb die benötigten genehmigten Konstruktionsdaten zur Verfügung stellt, die dieser für seine Änderung am Muster über ein STC benötigt. Wird etwa eine neue Antenne am Luftfahrzeug installiert, so kann es erforderlich sein, dass sich der Entwicklungsbetrieb auf die ursprünglichen Festigkeits- und Strukturberechnungen des TC-Halters abstützen muss.

6.3 Besondere Stakeholder in der Entwicklung

Im Folgenden wird näher auf den Halter der militärischen Musterzulassung (verortet im BAAINBw) und die Musterprüfleitstelle des Entwicklungsbetriebs eingegangen. Beide Organisationseinheiten nehmen wesentliche Schlüsselrollen im Entwicklungsprozess ein und sind in ihrem Aufgabenspektrum erklärungsbedürftig.

6.3.1 Der Halter der militärischen Musterzulassung

Anders als im zivilen Bereich wird die militärische Musterzulassung nicht durch einen industriellen Entwicklungsbetrieb, sondern durch das Bundesamt für Ausrüstung, Informationstechnik und Nutzung der Bundeswehr (BAAINBw) gehalten.[12]

Der Halter der militärischen Musterzulassung (HMilMz) ist für alle militärischen Luftfahrzeuge im BAAINBw verortet und verfügt nicht über eine Genehmigung als Entwicklungsbetrieb. Diese ist jedoch erforderlich, um alle Aufgaben eines Halters der

[12] Vgl. BMVg (2021a), Dachvorschrift, A-275/1, #5020. Die Zuständigkeit innerhalb des BAAINBw liegt bei der Abteilung Luft.

Musterzulassung objektiv erfüllen zu können.[13] Daher wird i. d. R. ein gewerblicher Entwicklungsbetrieb mit der Wahrnehmung rund um die Aufgaben zur Aufrechterhaltung der Musterzulassung beauftragt, wobei die Gesamtverantwortung beim HMilMz verbleibt.

Der HMilMz hat folgende Aufgaben und Verantwortlichkeiten im Bereich der Entwicklung:[14]

- Bedarfsanzeige: Aufzeigen von Bedarfen zur Musterzulassung oder Änderungen an der Musterzulassung bei LufABw.
- Vorlage der Nachweisunterlagen: Der HMilMz stellt die korrekte Vorlage der im Zuge der Entwicklung erstellten Nachweise bei LufABw sicher.
- Führen und Lenken der Nachweisdokumentation und Musterunterlagen: Der HMilMz stellt sicher, dass die vollständige Führung und Lenkung aller Musterunterlagen sowie die Konfigurationskontrolle für das Muster erfolgt, die es den Betreibern ermöglicht, eine wirkungsvolle Bauzustandskontrolle umzusetzen.
- Erstellen, Aktualisieren und Lenken der Dokumentation für die Aufrechterhaltung der Lufttüchtigkeit und zum vorgesehenen Betriebs- und Einsatzbereich: Der HMilMz stellt sicher, dass alle notwendigen Unterlagen für Instandhaltung und Betrieb in der jeweils aktuellen Version zur Verfügung stehen.
- Umgang mit unsicheren Zuständen: Der HMilMz muss über ein System zur Erfassung, Prüfung und Analyse von sicherheitskritischen Zuständen verfügen, die es erlauben, solche Störungen zu untersuchen und gemeinsam mit LufABw und dem vertraglich gebundenen Entwicklungsbetrieb entsprechende Abhilfemaßnahmen zu schaffen, um die Lufttüchtigkeit des Luftfahrzeugs nach einer solchen Störung wiederherzustellen.
- Konfigurationskontrolle für das Muster: Der HMilMz stellt sicher, dass eine umfassende Konfigurationskontrolle für das Muster erfolgt und diese entsprechend dokumentiert ist.
- Produktbeobachtung: Der HMilMz stellt sicher, dass eine kontinuierliche Produktbeobachtung erfolgt, um so frühzeitig auf Fehlerauffälligkeiten rasch reagieren zu können.

Dem HMilMz, der im Stab Lufttüchtigkeit (LT) des BAAINBw angesiedelt ist, obliegt die ablauftechnische Organisation der Wahrnehmung. Er wird dabei in vielerlei Hinsicht durch die jeweiligen Projekte der verschiedenen Waffensysteme im BAAINBw unterstützt, die etwa die erforderlichen Verträge für Unterstützungsleistungen schließen können.

[13] Vgl. LufABw (2020a), DEMAR 21, Allgemeines (c).

[14] alle Aufgaben des HMilMz sind in der Dachvorschrift beschrieben, vgl. BMVg (2021a), Dachvorschrift A-275/1, Abschn. 5.3.1.

6.3.2 Musterprüfleitstelle

Entsprechend den Vorgaben der DEMAR 21J haben genehmigte Entwicklungsbetriebe eine Musterprüfleitstelle (*Office of Airworthiness*) einzurichten.[15] Diese trägt die Verantwortung für die Planung und Durchführung des Musterprüfprozesses sowie der Aufrechterhaltung der Lufttüchtigkeit im Hinblick auf das Design. Zudem fungiert die Musterprüfleitstelle (MPL) als Schnittstelle zwischen dem Entwicklungsbetrieb und dem LufABw als zuständiger Aufsichtsbehörde in allen Fragen des Musterzulassungsprozesses.[16]

Im Einzelnen ist eine MPL im Produktzulassungsprozess verantwortlich für die:

- Erstellung des Musterprüfprogramms: Dies beinhaltet die Erstellung, Ausarbeitung und Übersendung des Musterprüfprogramms an die zuständige Abteilung des LufABw. Nach dessen Genehmigung ist die MPL zuständig für die Bekanntmachung und kontinuierliche Fortschreibung durch Einarbeitung projektbezogener Änderungen. Zudem definiert die MPL Standards für die Abarbeitung des Musterprüfprogramms.
- Sicherstellung der ordnungsgemäßen Abarbeitung des Musterprüfprogramms (Nachweisführung): die MPL ist verantwortlich für die Überwachung und ordnungsgemäße Durchführung der Entwicklung anhand des Musterprüfprogramms.
- Einstufung von Änderungen/Reparaturen: Jede Änderung an einem zugelassenen Produkt ist in die Kategorie *geringfügig* und *erheblich* einzustufen.[17]
- Zulassung kleiner Entwicklungen und Vorbereitung der Zulassung großer Entwicklungen.
- Zusammenarbeit mit der zuständigen Behörde: Es obliegt der MPL, eine einwandfreie und angemessene Kommunikation mit der zuständigen Behörde während des Musterprüfprozesses zu etablieren. Hierzu zählen vor allem der Informationsaustausch zum Abarbeitungsgrad des Zulassungsprozesses, sowie erforderliche Abstimmungen zur Nachweisführung.
- Unterstützung der zuständigen Behörde: Dies ist insbesondere dann erforderlich, wenn zugelassene Luftfahrzeuge oder Änderungen im laufenden Betrieb unsichere Zustände zeigen,
- Fortdauernde Überwachung der Lufttüchtigkeit im Hinblick auf die Konstruktion (Continued Airworthiness).

[15] Vgl. LufABw (2017), AMC und GM zu DEMAR 21, GM 1 21.A.239 (a) 3.1.1

[16] Das Altverfahren forderte die Rolle des Musterprüfbeauftragten (MBP), welcher in der DEMAR nicht gefordert wird.

[17] Dies kann militärisch nur dann erfolgen, wenn der genehmigte Entwicklungsbetrieb für die Einstufung von Änderungen oder Reparaturen beliehen ist, vgl. Abschn. 12.5

Das Personal einer Musterprüfleitstelle verfügt in Abhängigkeit des Genehmigungsumfangs über Expertise für alle wichtigen Flugzeuggewerke.[18] Dabei sind die Mitarbeiter insbesondere mit der Identifizierung, Interpretation und Umsetzung der Anforderungen aus der Musterzulassungsbasis vertraut.

Um ein 4-Augen-Prinzip bei ihrer Arbeit zu gewährleisten, müssen für jedes Flugzeuggewerk mindestens zwei Personen im genehmigten Entwicklungsbetrieb verfügbar sein. Nur so können Nachweise erstellt und unabhängig geprüft werden (Independent Checking Function).

Die genehmigungsrelevante Struktur eines DEMAR- Entwicklungsbetriebes wird in Abb. 6.3 dargestellt.

6.4 Vorgabedokumente für Herstellung, Instandhaltung und Betrieb

Ein genehmigter Entwicklungsbetrieb nach DEMAR 21J muss für eigene Entwicklungen alle Angaben und Daten zur Verfügung stellen, die zur Herstellung, Instandhaltung, Prüfung und den Betrieb des Luftfahrzeugs erforderlich sind.[19] Insoweit bildet die Erstellung und Pflege der entsprechenden Vorgabedokumente, neben der eigentlichen Konstruktionstätigkeit, eine der tragenden Säulen in der Entwicklung.

6.4.1 Vorgabedokumente für die Herstellung

Bei den Vorgabedokumenten für die Herstellung (Designvorgaben, Bauunterlagen) handelt es sich um alle Dokumente, welche den sogenannten Musterbauzustand (*Type Design*) beschreiben. Hierbei handelt es sich beispielsweise um:[20]

- Zeichnungen, Spezifikationen, Layouts, Entwürfe, Schematics, Schaltpläne sowie System- oder Komponentenbeschreibungen, die die Konfiguration und die Konstruktionsmerkmale des Produkts definieren,
- Materialstücklisten und Angaben zur Beschaffenheit der einzusetzenden Werkstoffe,
- Hinweise zu Prozessen, Verfahren, Fertigungstechniken sowie Instruktionen zur Installation oder zur Produktbearbeitung,
- Prüfanweisungen einschließlich erforderlicher Testschritte und ggf. zulässiger Ergebnisse und Toleranzen unter Berücksichtigung aller angrenzenden Systeme.

[18] z. B. Struktur, Systeme, Avionik, elektrische- und elektronische Systeme, Triebwerke, Kabinensicherheit.

[19] Vgl. LufABw (2020a), DEMAR 21, 21.A.57, 21.A.61.

[20] Vgl. LufABw (2020a), DEMAR 21, 21.A.31.

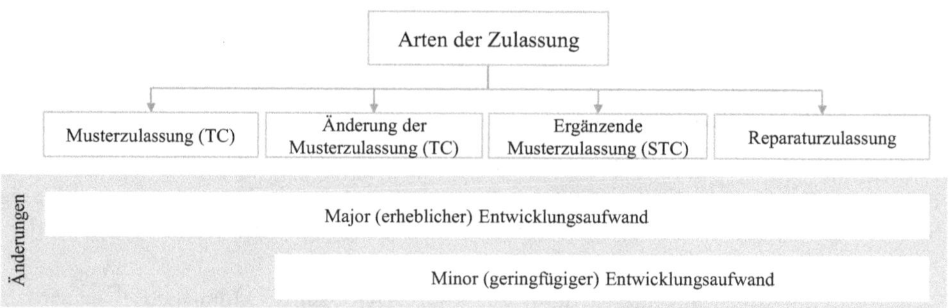

Abb. 6.4 Zusammenhang von Zulassungsart und Klassifizierung

Vorgabedokumente für die Herstellung müssen in Art und Umfang geeignet sein, dass der Herstellungsbetrieb reproduzierbar sichere Luftahrzeuge und Komponenten fertigen und deren Lufttüchtigkeit anhand spezifizierter Prüfverfahren nachweisen kann. Diese Vorgabedokumente kommen dabei ausnahmslos vom genehmigten Entwicklungsbetrieb.

6.4.2 Vorgabedokumente für Instandhaltung und Betrieb

Neben den Vorgabedokumenten für die Herstellung muss ein genehmigter DEMAR 21J-Betrieb immer auch die zugehörige Betriebs- und Instandhaltungsdokumentation (*Operating and Maintenance Instructions*) erstellen und pflegen. Nur mit dieser ist es dem Betreiber nach Inbetriebnahme möglich, die Lufttüchtigkeit seines Luftfahrzeugs dauerhaft aufrechtzuerhalten.[21]

Grundsätzlich ist durch den HMilMz sicherzustellen, dass die Vorgabedokumente für Instandhaltung und Betrieb in Form von Handbüchern ***(Manuals)*** vorhanden sind. Diese Dokumentation darf jedoch nur von einem genehmigten Entwicklungsbetrieb verfasst werden. Daher wird dieser zunächst mit der Erstellung der Betriebs- und Instandhaltungsdokumentation beauftragt, anschließend obliegt ihm die Fortschreibung, und ggf. Verteilung der Handbücher für die Aufrechterhaltung der Lufttüchtigkeit an DEMAR 145-Betriebe oder CAMOs.

[21] Diese Notwendigkeit ergibt sich aus LufABw (2020a), DEMAR 21, 21.A.57, 21.A.61 und 21.A.239 (a) sowie insbesondere dem zugehörigen GM 3.1.5.

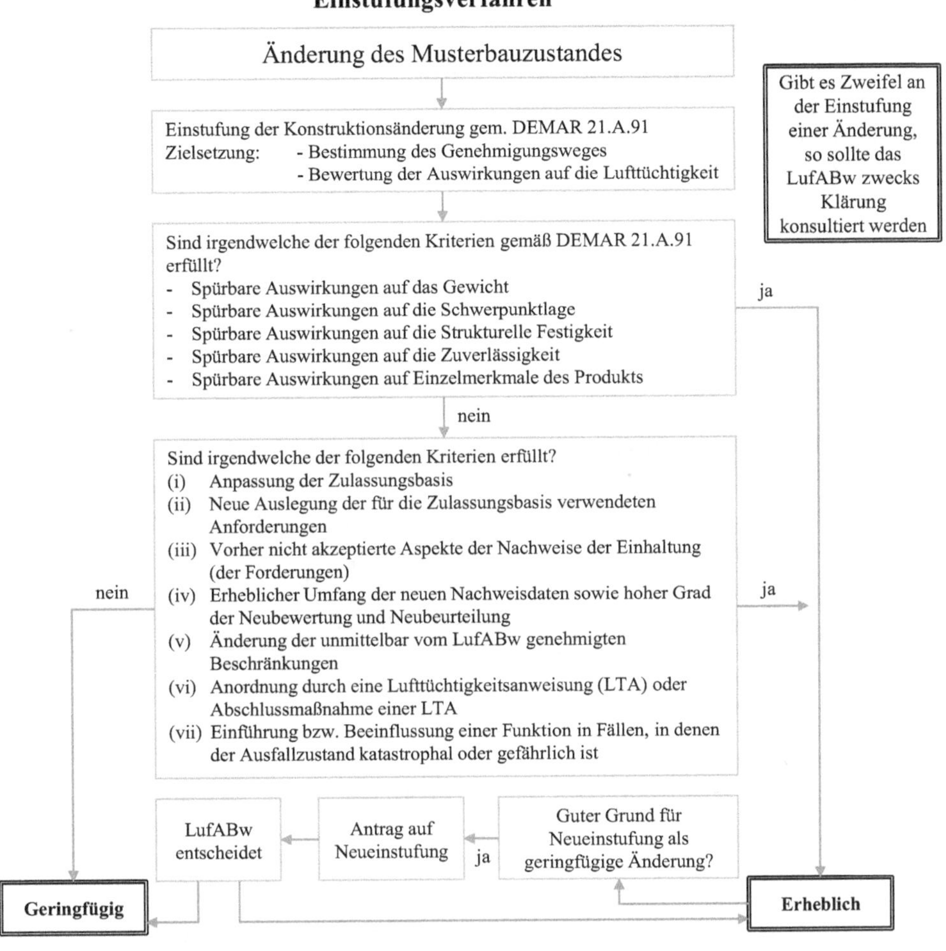

Abb. 6.5 Einstufung von Änderungen[22]

6.5 Einstufung von Entwicklungsänderungen

Über den Lebenszyklus von Luftfahrzeugen werden aus verschiedensten Gründen immer wieder Änderungen erforderlich.[23] Jede Änderung erfordert dabei einen Entwicklungsprozess, um zu prüfen, ob die ursprünglichen Anforderungen an die Lufttüchtigkeit auch nach dieser Änderung noch erfüllt sind oder ob diese angepasst werden müssen.

[22] Vgl. LufABw (2017), AMC und GM zur DEMAR 21, Anlage A zu GM DEMAR 21.A.91.

[23] Vgl. Abschn. 6.1

Am Beginn eines Entwicklungsprozesses[24] sind die geplanten Aktivitäten nach deren Umfang und Komplexität zu klassifizieren. Unterschieden werden bei Änderungen an einem zugelassenen Muster die Entwicklungskategorien:

- *minor (geringfügig/klein) und*
- *major (erheblich/groß).*

Als geringfügig werden Änderungen klassifiziert, die sich nicht merklich auf „Masse, Schwerpunktlage, Strukturfestigkeit, Zuverlässigkeit, Betriebskenndaten oder sonstige Eigenschaften auswirken, die die Lufttüchtigkeit des Produkts"[25] auswirken. Alle anderen Änderungen gelten als erheblich.[26]

Die Einstufung einer Entwicklung ist erforderlich, weil sich der Ablauf des Zulassungsprozesses am Umfang der geplanten Entwicklungsaktivitäten orientiert. Der wesentliche Unterschied beider Entwicklungskategorien liegt darin, dass die Zulassung *erheblicher Entwicklungen* durch das LufABw erfolgt, während *geringfügige Änderungen* durch den genehmigten Entwicklungsbetrieb selbst freigegeben werden dürfen.[27] Innerhalb des Entwicklungsbetriebs liegt die Zuständigkeit für die entsprechende Klassifizierung bei der Musterprüfleitstelle (MPL). Da die Kriterien für die Einstufung von Änderungen sehr allgemein gehalten sind, kann es vorkommen, dass die Einstufung der MPL nicht eindeutig als *geringfügig* oder *erheblich* klassifiziert werden kann. Bei solchen Zweifeln ist die zuständige Behörde zu kontaktieren.

Abb. 6.4 zeigt die verschiedenen Klassifizierungsmöglichkeiten im Kontext der Zulassungsart.

Im Kern geht es darum, die Entwicklungsaufgabe zu identifizieren und zu beschreiben, um daraus eine nachvollziehbare Einstufungsentscheidung abzuleiten. Hierbei ist insbesondere die Frage zu klären, ob es sich:

- um eine erhebliche Änderung der Musterzulassung oder eine erhebliche Reparatur handelt,
- um eine geringfügige Änderung der Musterzulassung oder eine geringfügige Reparatur handelt,
- ob eine Einzelentscheidung entgegen den definierten Kriterien durch das LufABw zu treffen ist.

[24] Als Entwicklungsprozess kann sowohl eine Änderung als auch eine Reparatur am zugelassenen Muster durchgeführt werden.

[25] LufABw (2020a), DEMAR 21, 21 A.91.

[26] Vgl. LufABw (2020a), DEMAR 21, 21 A.91.

[27] Vgl. LufABw (2020a), DEMAR 21, 21.A.263 (c) (2).

Da (neue) Musterzulassungen grundsätzlich als erhebliche Entwicklung gelten, ist eine Einstufung für sie nicht erforderlich.[28]

Wenn Änderungen an der Musterzulassung in Bezug auf Konstruktion, Konfiguration, Leistung, Schub oder Masse nach Bewertung des LufABw so erheblich sind, dass praktisch eine vollständige Untersuchung auf Einhaltung der geltenden Musterzulassungsbasis erforderlich ist, muss eine neue Musterzulassung beantragt werden.[29]

Für die Einstufung ist auf den in den AMC & GM zu DEMAR 21 veröffentlichten und in Abb. 6.5 dargestellten Klassifizierungsbaum zurückzugreifen.

Jeder genehmigte Entwicklungsbetrieb muss über ein dokumentiertes und durch LufABw genehmigtes Verfahren verfügen, das Einstufungen an Entwicklungen innerbetrieblich definiert und transparent macht.

Durch eine klare Unterschriftenregelung ist sicherzustellen, dass der Entscheidungsträger für jede einzelne Einstufung nachvollziehbar dokumentiert ist. Die finale Entscheidung der Einstufung obliegt dem Leiter der Musterprüfleitstelle.

Entwicklungsvorhaben zivil vs. militärisch

Obwohl sich die DEMAR 21 eng an den zivilen Gesetzen orientiert, gibt es doch Unterschiede, insbesondere bei der Einbindung des Entwicklungsbetriebs und seiner Bedeutung. Der mit der Entwicklung betraute Entwicklungsbetrieb **(DEMAR 21J)** wird in der Regel nicht aus eigenem Antrieb tätig, sondern auf Basis politischer Entscheidungen. Diese münden dann in entsprechende Verträge mit dem BAAINBw. Damit wird im Bereich der militärischen Entwicklungen zu einem sehr frühen Zeitpunkt über mögliche Zulassungshürden, Technologien und Einsatzszenarien nachgedacht. Wenn man also Entwicklungszeiten ziviler und militärische Luftfahrzeugmuster vergleicht, muss man dieses berücksichtigen. Die Reife des Entwurfes, die bei Anmeldung des Projektes z. B. bei der EASA zwingend vorliegen muss, kann für militärische Projekte aufgrund der gegebenen Abhängigkeiten üblicherweise nicht erreicht werden

[28] Vgl. LufABw (2020a), DEMAR 21, 21 A.97 (5) (1) i.V.m. 21.A.33 und 21.A.35.

[29] Vgl. LufABw (2020a), DEMAR 21, 21.A.19.

6.6 Zulassungsprozess bei großen (major) Entwicklungen

Der im Folgenden beschriebene Zulassungsprozess findet sowohl für die komplette Neuentwicklung eines Luftfahrzeugs als auch für eine wesentliche Änderung daran Anwendung. Dabei erstreckt dieser sich oftmals über mehrere Jahre.[30]

6.6.1 Festlegung der Musterzulassungsbasis

Der erste Schritt für eine große Entwicklung ist die Festlegung einer Musterzulassungsbasis durch das LufABw. Bei ihr handelt es sich um die Auflistung der zu erfüllenden Lufttüchtigkeitsforderungen. Sie kann Teil der Produktspezifikation sein.[31]

Grundlage für die Erstellung der Musterzulassungsbasis bilden z. B.:

- das EMACC-Handbuch (European Military Certification Criteria) des MAWA-Forums. Es enthält Kriterien für die Lufttüchtigkeit fliegender militärischer Waffensysteme.[32]
- Zivile Bau- und Prüfvorschriften, sofern praktikabel und für den militärischen Entwicklungsfall anwendbar.[33]
- die Zulassungsstrategie.

Nach Erstellung durch LufABw wird die Musterzulassungsbasis[34] an den zuständigen Entwicklungsbetrieb übermittelt.

Zulassungsstrategie

Im Rahmen der Einleitung und Umsetzung eines Luftfahrtprojektes durch die Bundeswehr ist eine Zulassungsstrategie zu erstellen,[35] die festlegt, wie die Muster- und Verkehrszulassung für ein Luftfahrzeug erreicht und aufrechterhalten werden

[30] So wurde die Musterzulassung des zivilen Grundmusters des A400M im April 2003 bei der EASA beantragt. Die Musterzulassung durch die EASA erfolgte knapp 10 Jahre später, im April 2013, vgl. Vgl. EASA Type-Certificate Data Sheet No. EASA.A.169, Issue 06 vom 17. Dezember 2015.

[31] Vgl. BMVg (2021a), Dachvorschrift, A-275/1, #2046.

[32] Vgl. LufABw (2017), AMC und GM zu DEMAR 21, 21.A.17 A.

[33] Vgl. LufABw (2020a), DEMAR 21, 21.A.16 A.

[34] Im Altverfahren wurde pro Waffensystem ein Musterprüfrahmenprogramm erstellt, welches alle geforderten Anforderungen und Spezifikationen der Bundeswehr erhält, welche im Entwicklungsprozess zu erfüllen sind. Ein Musterprüfrahmenprogramm existiert in der DEMAR nicht.

[35] Vgl. BMVg (2021a), Dachvorschrift, A-275/1, #4001.

Tab. 6.1 Beschreibung der Methods/Means of Compliance (MoC)

Art des Nachweises	Nachweisverfahren	Zugehörige Nachweisdokumente
Technische Bewertung	MC0: • Konformitätserklärung • Verweis auf Definition des Musterbauzustandes • Auswahl von Methoden, Faktoren…. • Definitionen	• Definition des Musterbauzustandes • Erfasste Erklärungen
	MC1: Konstruktionsüberprüfung	• Beschreibungen • Zeichnungen
	MC2: Berechnung/Analyse	• Nachweisberichte
	MC3: Sicherheitsbewertung	• Sicherheitsanalyse
Prüfungen	MC4: Laborprüfungen	• Prüfprogramme • Prüfberichte • Interpretation von Prüfungen
	MC5: Bodenprüfungen am zugehörigen Produkt	
	MC6: Flugprüfungen	
	MC8: Simulation	
Inspizierungen	MC7: Konstruktionsinspizierung/-audit	• Inspizierungs- oder Auditberichte
Gerätequalifikation	MC9: Gerätequalifikation	Anmerkung: Die Gerätequalifikation ist ein Prozess, der alle vorherigen Nachweise umfassen kann

sollen. Zudem definiert die Zulassungsstrategie Rollen und Aufgaben der Innenorganisation der Bundeswehr, möglicher Partnernationen sowie der gewerblichen Wirtschaft.[36] Die Zulassungsstrategie bezieht sich immer auf ein militärisches Luftfahrzeugmuster.

Im Teil 1 beschreibt die Zulassungsstrategie das Vorgehen zur Erreichung und zur Aufrechterhaltung der Muster- und Verkehrszulassung. Hierzu gehören:[37]

- eine Beschreibung des Verwendungszwecks für das militärische Luftfahrzeugmuster,
- die Festlegung des anzuwendenden Regelungsraums,

[36] Vgl. BMVg (2021a), Dachvorschrift, A-275/1, #4001.

[37] Vgl. BMVg (2021a), Dachvorschrift, A-275/1, #4003.

- die Vorgabe grundlegender Lufttüchtigkeitsforderungen als Bestandteil der Zulassungsbasis,
- Art und Umfang der Einbindung gewerblicher Entwicklungs-, Herstellungs-, und Instandhaltungsbetriebe, deren Beziehung untereinander sowie das Vorgehen zu deren Genehmigung durch das LufABw,
- die Definition erforderlicher Unterstützungsleistungen durch den HMilMz,
- die Identifizierung und Aufgabenzuweisung weiterer Rollenträger in Bezug auf die Erreichung bzw. Feststellung der Lufttüchtigkeit,
- die Festlegung zu Art und Umfang einer Notwendigkeit zur Zusammenarbeit mit ausländischen Luftfahrtbehörden zur Erreichung und zum Erhalt einer nationalen militärischen Musterzulassung, sowie
- das Vorgehen zum Erreichen der Voraussetzungen zur Erteilung der Verkehrszulassung

Teil 2 der Zulassungsstrategie legt das Vorgehen zur Aufrechterhaltung der Verkehrszulassung fest. Hierzu gehören:[38]

- die Festlegung der Organisation für die Aufsicht und Steuerung der Aufrechterhaltung der Lufttüchtigkeit,
- die Festlegung der Organisationen/Betriebe für die Durchführung der Maßnahmen zur Aufrechterhaltung der Lufttüchtigkeit, sowie
- die Ausgestaltung der Zusammenarbeit mit ausländischen Luftfahrtbehörden zur Aufrechterhaltung der Lufttüchtigkeit sowie zugehöriger Anerkennungsbedarfe im Rahmen der Verkehrszulassung über den gesamten Lebenszyklus.

Die Erstellung der Zulassungsstrategie erfolgt durch den zuständigen Projektleiter im BAAINBw. Dieser wird fachlich durch das LufABw[39] sowie den HMilMz unterstützt. Die Erarbeitung von Teil 2 bedarf der Mitwirkung des Betriebs- und Versorgungsverantwortlichen des militärischen Luftfahrzeugs[40], also der Streitkräfte, oder der WTD 61. Die Zulassungsstrategie ist kein statisches Dokument. Mit Fortschreiten des Entwicklungsprojekts kann es erforderlich werden, die Zulassungsstrategie anzupassen, falls sich Änderungen in der Umsetzung nationaler militärischer Zulassungsanforderungen ergeben[41]

[38] Vgl. BMVg (2021a), Dachvorschrift, A-275/1, #4004.
[39] Vgl. BMVg (2021a), Dachvorschrift, A-275/1, #4001.
[40] Vgl. BMVg (2021a), Dachvorschrift, A-275/1, #4004.
[41] Vgl. BMVg (2021a), Dachvorschrift, A-275/1, #4006.

6.6.2 Erstellung Musterprüfprogramm und Freigabe durch LufABw

Mit Übermittlung der Musterzulassungsbasis an den Entwicklungsbetrieb beginnt der eigentliche Entwicklungsprozess aus Perspektive des DEMAR 21J-Betriebs. Der erste Schritt ist hier die Erstellung eines Musterprüfprogramms, das aus der Musterzulassungsbasis abgeleitet wird. Dieses legt Art und Umfang der Nachweisführung fest und bildet damit die Grundlage für die nachfolgende Musterprüfung. Das Musterprüfprogramm besteht aus zwei Bestandteilen:

- *Einem übergeordneten Plan,* der neben einer allgemeinen Projektbeschreibung die nachzuweisenden Anforderungen aus der Musterzulassungsbasis enthält. Den Kern dieses Plans bildet eine Auflistung (*Compliance Checklist*) aller Anforderungen aus der Musterzulassungsbasis einschließlich der Art der Nachweisführung (MoCs). Zudem wird darin das Personal aufgeführt, das Entscheidungen bzgl. der Lufttüchtigkeit trifft.
- *Einem Projektzeitplan,* der wichtige Meilensteine enthält. Hierzu zählen Genehmigung des Musterprüfprogramms, Einreichung der Musterunterlage, sowie die Durchführung von Boden- und Flugtests. Da die zuständige Behörde das Recht hat, jedem Test beizuwohnen, kann sie anhand des Projektzeitplans die entsprechende Planung für die Tests verfolgen.[42]

Gegen das Musterprüfprogramm wird die spätere Entwicklungsdokumentation geprüft.

Nach Erstellung des Musterprüfprogramms durch den Entwicklungsbetrieb ist dieses dem LufABw zur Abstimmung bzw. Genehmigung vorzulegen. Nach Prüfung und etwaigen Änderungen am Programmentwurf genehmigt die Behörde das Musterprüfprogramm.

Das Musterprüfprogramm ist ein lebendes Dokument, das während des Entwicklungsprozesses regelmäßig anzupassen ist.

6.6.3 Nachweisführung und Verifikation der Nachweisführung

Die Nachweisführung (*Compliance Demonstration*) dient dem Zweck, die Übereinstimmung der Entwicklung mit den Anforderungen der Musterzulassungsbasis zu prüfen und zu begründen. Mit ihr soll also sichergestellt werden, dass das geplante Luftfahrzeug in der Lage ist, die festgelegten Anforderungen an die Lufttüchtigkeit und den Umweltschutz zu erfüllen. Bei der Nachweiserbringung handelt es sich somit um die strukturierte Validierung der Entwicklungsaktivitäten.

[42] Vgl. LufABw (2020a), DEMAR 21, 21.A.33 (c).

Die Nachweisführung kann am Schreibtisch durch Beschreibungen, Berechnungen, Analysen oder Simulationen geschehen oder physisch durch Tests und Inspektionen. Umweltschutzanforderungen (z. B. Triebwerksemissionen) sind ebenfalls in der Nachweisführung zu berücksichtigen.

Jede einzelne Nachweiserbringung erfolgt auf Basis einer oder mehrerer Methoden, der MoC bzw. Means of Compliance (vgl. Tab. 6.1).[43]

Erfolgt die Nachweiserbringung auf Basis von Tests, so sind entsprechende Bauteile anzufertigen. Zu diesem Zweck fertigt der Herstellungsbetrieb auf Basis anwendbarer Entwicklungsunterlagen diese Testbauteile (Prototypen).

Beispielsweise werden Anforderungen an die Brandsicherheit von im Luftfahrzeug verbauten Stoffen oder Teppichen mit einem Brandtest nachgewiesen. Das betreffende Textil muss unter Laborbedingungen gemäß MoC 4 zeigen, dass es die Anforderungen aus der Musterzulassungsbasis erfüllt. Die Ergebnisse der Nachweiserbringung sind über einen Testreport zu dokumentieren.

Im Anschluss an die Nachweiserbringung sind diese einer **unabhängigen Zweitkontrolle** (*Verification*) zu unterziehen. Dies erfolgt durch einen zweiten Ingenieur, dem Compliance Verification Engineer (CVE oder Musterprüfingenieur). Diesem obliegt im Sinne des 4-Augen-Prinzips, sowohl eine fachlich-inhaltliche als auch eine formale Prüfung der Unterlagen auf:

- Vollständigkeit, Richtigkeit und Plausibilität,
- Entwicklungsprämissen (z. B. Lastannahmen, Hitze, Interference),
- Einhaltung der betrieblichen und branchenüblichen Vorgaben und Standards.[44]

Für die Wahrnehmung von Verifizierungsaufgaben muss der CVE über vertiefte Systemkenntnisse verfügen und eine weiterführende Qualifizierung durchlaufen haben. Art und Inhalt dieser Ausbildung kann der Entwicklungsbetrieb selbst definieren. Abschließend ist der CVE auf Basis interner Regeln zu berechtigen.

6.6.4 Musterprüfung

Mit Erbringung der Nachweise beginnt die amtliche Musterprüfung, indem die zugehörigen Dokumente zur Prüfung an das LufABw übermittelt werden.

Bei der Musterprüfung handelt sich also nicht um einen zeitpunktbezogene, sondern um eine zeitraumbezogene und projektbegleitende Aktivität, die formal bereits mit Genehmigung des Musterprüfprogrammes durch LufABw beginnt.

[43] Vgl. LufABw (2017), AMC und GM zu DEMAR 21, AMC 21.A.17B-E.

[44] Vgl. LufABw (2017), AMC und GM zur DEMAR 21, GM 1 21.A.239 (a) 3.1.3

Zulassungsstrategie Festlegung wie die Muster- und Verkehrszulassung für ein Luftfahrzeug erreicht und erhalten werden soll.	BAAINBw
Musterzulassungsbasis Festlegung der zu erfüllenden Lufttüchtigkeitsforderungen, einschließlich der akzeptablen maximalen Eintrittswahrscheinlichkeiten für lufttüchtigkeitsrelevante Fehlerfälle.	LufABw
Musterprüfprogramm Festlegung der Art der Nachweise zur Erfüllung einzelner Lufttüchtigkeitsanforderungen. Die Freigabe erfolgt durch LufABw.	Entwicklungs -betrieb DEMAR 21J
Musterzulassung Ergebnis einer dokumentierten Musterprüfung, sofern alle erforderlichen Anforderungen an die Lufttüchtigkeit des Musters erfüllt sind.	LufABw
Aufrechterhaltung der Lufttüchtigkeit HMilMZ: Auswertung von Beanstandungsmeldungen; Erfassung flugsicherheitsgefährdender Störungen; Konfigurationskontrolle für das Muster; Produktbeobachtung; Reparaturverfahren, Bereitstellung OSD.	BAAINBw

Abb. 6.6 Ablauf eines Zulassungsprozesses

Neben einer Dokumentenprüfung ist das LufABw berechtigt, Tests nach eigenem Ermessen zu begleiten. Hierzu muss der Entwicklungsbetrieb die Behörde rechtzeitig über die geplante Durchführung informieren.[45] Dies geschieht in der Regel durch den Projektplan im Musterprüfprogramm oder ein eigenes Evaluationsprogramm.

Neben der Nachweisführung muss der Entwicklungsbetrieb im Rahmen der Musterprüfung zeigen, dass die Konfiguration des Musters durch Musterunterlagen eindeutig beschrieben ist.

---

[45] Vgl. LufABw (2020a), DEMAR 21, 21.A.33.

6.6.5 Abschluss Nachweisführung, Declaration of Compliance

Nachdem alle Nachweise durch den Entwicklungsbetrieb erstellt und unabhängig geprüft wurden, hat der Leiter des Entwicklungsbetriebs dem LufABw gegenüber eine Erklärung zur Konformität mit den anwendbaren Lufttüchtigkeits- und Umweltschutzanforderungen abzugeben.[46] Aus dieser *Declaration of Compliance* muss hervorgehen, dass die im Entwicklungsbetriebshandbuch genannten Verfahren eingehalten wurden und während der Entwicklungsaktivität keine Tatbestände aufgetreten sind, die zu einem unsicheren Zustand am Luftfahrzeug führen könnten.

6.6.6 Beantragung der Musterzulassung

Während in einem zivilen Musterzulassungsprozess immer der nachweisführende Entwicklungsbetrieb den Antrag auf Musterzulassung bei der zuständigen Behörde stellt, geschieht dies militärisch i. d. R. durch den HMilMz im BAAINBw. Der zuständige Stab Lufttüchtigkeit (LT) beantragt demnach die Musterzulassung in der Abteilung 2 des LufABw.[47]

6.6.7 Ausstellung der Musterzulassung

Am Ende des Zulassungsprozesses steht die Musterzulassung durch das LufABw. Diese erfolgt nach erfolgreichem Abschluss der Musterprüfung. Mit der Musterzulassung wird bestätigt, dass die Anforderungen an die Lufttüchtigkeit des Musters erfüllt sind. Das Luftfahrzeug verfügt ab diesem Zeitpunkt über ein Type Certificate (TC).[48]

Können nicht alle in der Musterzulassungsbasis definierten Anforderungen erfüllt werden, besteht die Möglichkeit, alternative Methoden der Nachweisführung anzuwenden, um das angestrebte Sicherheitsniveau zu bestätigen. Dies setzt die Zustimmung durch das LufABw voraus. Die Musterzulassung wird dann ggf. unter Auflagen erfolgen und wird im Musterkennblatt (*TC Data Sheet*)[49] entsprechend vermerkt. Eine solche

---

[46] Vgl. LufABw (2017), AMC und GM zu DEMAR 21, GM 1 21.A.239 (a) 3.1.2 (ii) sowie LufABw (2020a), DEMAR 21, 21.A.20 (d), 21.A.97 (a) 3.

[47] Vgl. LufABw (2017), AMC und GM zu DEMAR 21, AMC 21.A.15E.

[48] Jedes Luftfahrzeugmuster, das durch die Bundeswehr betrieben wird, hat ihr eigenes militärisches TC, unabhängig davon, ob es durch eine andere Nation oder zivil bereits zugelassen wurde.

[49] Das Musterkennblatt ist das Gerätekennblatt eines Luftfahrzeugs und enthält die wichtigsten Daten zur Flugzeugkonfiguration und seinen Leistungsdaten.

Schritt	Zuständigkeit
Beauftragung einer Änderung Genehmigter Entwicklungsbetrieb wird mit einer Entwicklungsänderung beauftragt.	BAAINBw
Klassifizierung der Änderung Aufgrund der Geringfügigkeit wird die Entwicklungsänderung als Minor klassifiziert.	Entwicklungs -betrieb DEMAR 21J
Entwicklung der Änderung Inclusive der Festlegung der Art der Nachweise zur Erfüllung einzelner Lufttüchtigkeitsanforderungen.	Entwicklungs -betrieb DEMAR 21J
Nachweisführung und Verifizierung Nachweisführung und Verifizierung der Nachweise durch das 4-Augen Prinzip zwischen Entwicklungs- und Musterprüfingenieuren. Nach Abschluss: Ausstellung der Declaration of Compliance.	Entwicklungs -betrieb DEMAR 21J
Ausstellung Minor Change Certificate	Entwicklungs -betrieb DEMAR 21J
Einarbeitung in die bestehende Musterzulassung	BAAINBw (HMilMZ)

Abb. 6.7 Ablauf von kleinen Änderungen (vereinfachte Darstellung)

Limitierung kann z. B. eine Betriebseinschränkung für die ausschließliche Nutzung eines Luftfahrzeuges in gesperrten Lufträumen sein.

Mit Ausstellung des Type Certificates durch das LufABw gilt das Muster als zugelassen. Damit ist die Phase der *Initial Airworthiness* abgeschlossen und es beginnen die Abschnitte der *Continued* und *Continuing Airworthiness,* deren Anforderungen bis zum Lebensende des Luftfahrzeugs aufrechtzuerhalten sind.[50]

---

[50] vgl. Abschn. 4.3

6.6.8 Übernahme der Verantwortung für das TC durch HMilMz

Nach Erteilung der Musterzulassung durch das LufABw geht die Verantwortlichkeit hierfür an den Halter der militärischen Musterzulassung (HMilMz) im BAAINBw über.

Der HMilMz bleibt damit für das Muster bis zur Außerbetriebnahme des letzten zugehörigen Luftfahrzeugs für dessen fortdauernde Lufttüchtigkeit verantwortlich. Dies bedeutet, dass der HMilMz die Zusammenarbeit mit dem zuständigen Entwicklungsbetrieb bis zur Außerdienststellung des Luftfahrzeugs sicherzustellen hat.[51] Die einzelnen Aufgaben des HMilMz sind in Abschn. 6.3.1 aufgelistet.

Da der HMilMz im BAAINBw nicht über die entsprechende fachliche Kompetenz und zum Teil auch nicht über das notwendige geistige Eigentum an der Entwicklung verfügt, kann er seine Aufgaben hinsichtlich der Halterschaft der militärischen Musterzulassung nicht vollumfänglich wahrnehmen. Aus diesem Grund wird eine Vereinbarung mit einem Entwicklungsbetrieb abgeschlossen, der den HMilMz in der Ausübung seiner Pflichten unterstützt.[52]

Diese vertragliche Bindung eines Entwicklungsbetriebs an einen TC-Halter, der selbst nicht über eine Genehmigung als Entwicklungsbetrieb verfügt, ist keine Seltenheit. Ein Beispiel dafür ist die *zivile EASA-Zulassung des Airbus A400M.* Zivil ist für dieses Muster die Airbus Military Sociedad Limitada (AMSL) der verantwortliche TC-Halter, obwohl die Organisation nicht über eine Genehmigung als ziviler Entwicklungsbetrieb verfügt. Demzufolge musste eine vertragliche Vereinbarung mit einem genehmigten Entwicklungsbetrieb, in diesem Falle der AIRBUS S.A.S., eingegangen werden, welcher dann die luftrechtlichen Pflichten des TC-Halters übernimmt.[53]

Zulassungsrelevante Einbindung eines Systemunterstützungsbetriebs
Insbesondere große Beschaffungsvorhaben entwickelt die Bundeswehr üblicherweise im Rahmen multinationaler Projekte. Hier ergibt sich nicht selten die Situation, dass es *den einen Entwicklungsbetrieb* für das jeweilige Luftfahrzeugmuster nicht gibt. Da sich die Zulassungsverantwortungen in diesen Projekten an der vertraglich vereinbarten multinationalen Aufteilung für die Entwicklung und die Herstellung (Work Share) orientieren, fehlt der in der DEMAR geforderte

[51] Vgl. BMVg (2021a), Dachvorschrift, A-275/1, #4015.

[52] Hierbei kann es sich auch um mehrere Entwicklungsbetriebe und in internationalen Rüstungsprojekten auch um Entwicklungskonsortien handeln, vgl. Abschn. 13.4. Arbeiten mehrere Entwicklungsbetriebe muss eine Zusammenarbeitsvereinbarung zwischen diesen geschlossen werden, vgl. 275/1 #4048.

[53] Vgl. EASA Type-Certificate Data Sheet No. EASA.A.169, Issue 06 vom 17. Dezember 2015.

zentrale Entwicklungsbetrieb. Dennoch obliegt es dem BAAINBw als Halter der militärischen Musterzulassung neben weiteren Aufgaben, alle zulassungsrelevanten Dokumente für das gesamte Luftfahrzeugmuster vorzuhalten.[54] In der Realität kann dies jedoch nicht geleistet werden und entspricht auch im Normalfall nicht den multinationalen Vertragsanforderungen, die überwiegend unter den Anforderungen des Altverfahrens entstanden sind

Üblicherweise treten alle an Entwicklung und Herstellung beteiligten Nationen quasi als OEMs auf. Es liegt in ihrer Verantwortung, die Musterzulassung national über die Betriebsphase weiterhin aufrechterhalten. Insoweit war das Fehlen eines zentralen Enwicklungsbetriebs weniger kritisch. Der Grund hierfür liegt in der Tatsache, dass sich die Entwicklungsvorhaben auf das zum Zeitpunkt der Entwicklung gültige Altverfahren abgestützt haben. Eine DEMAR-Welt, in dem klar ein verantwortlicher Entwicklungsbetrieb gefordert wird, gab es zu der Zeit noch nicht

Herausfordernd wird es, wenn sich einzelne Nationen dazu entscheiden, den Betrieb und damit mittelfristig auch die zulassungstechnische Unterstützung des Musters einzustellen. Hier können Systemunterstützungsbetriebe – rechtzeitige Einbindung und Beauftragung durch die Bundeswehr vorausgesetzt – einen elementaren Beitrag bei der Übernahme zulassungsrelevanter Aufgabenstellungen leisten, und so die kontinuierliche Aufrechterhaltung der fortdauernden Lufttüchtigkeit (Continued Airworthiness) sicherstellen

Abb. 6.6 verdeutlicht die wesentlichen Schritte im Ablauf eines militärischen Zulassungsprozesses.

6.7 Zulassungsprozess bei geringfügigen Änderungen (Minor Changes)

Nachdem zuvor der Entwicklungs- und Zulassungsprozess für erhebliche Entwicklungen (*Major Changes*) erläutert wurde, setzt sich dieses Kapitel mit dem Ablauf kleiner Entwicklungen auseinander.

Im Abschn. 6.5 wurde erläutert, dass als Faustformel jene Änderungen als geringfügig klassifiziert werden, die sich nicht merklich auf Masse, Trimm, Formstabilität, Zuverlässigkeit, Betriebskenndaten, Lärmentwicklung, Ablassen von Kraftstoff, Abgasemissionen, Betriebstauglichkeit oder auf sonstige Merkmale des Luftfahrzeugs auswirken. Bei kleinen Änderungen wird im Gegensatz zu erheblichen Änderungen kein

[54] Vgl. BMVg (2021a), Dachvorschrift A-275/1, #2025, #5026, #5033.

Musterprüfprogramm erstellt; stattdessen wird meist nur die Einhaltung einiger weniger Bauvorschriften geprüft.

Dementsprechend fällt bei Minor Changes auch der Aufwand für die Nachweisführung deutlich geringer aus. Teilweise sind erneute oder erweiterte Nachweise gar nicht erforderlich.

Aus diesem Grund ist für Minor Changes, im betrieblichen Alltag auch oft *kleine Änderungen* genannt, ein **vereinfachtes Zulassungsverfahren** vorgesehen. Im Gegensatz zu erheblichen Änderungen dürfen genehmigte DEMAR 21J-Betriebe kleine Entwicklungen selbst prüfen und freigeben, wenn diese dazu entsprechende Privilegien durch das LufABw erhalten haben.[55] Bei kleinen Änderungen ist die die zuständige Behörde damit üblicherweise nicht in die Überwachung einzelner Entwicklungsaktivitäten involviert. Der genehmigte Entwicklungsbetrieb stützt sich auf ein durch das LufABw genehmigtes Verfahren, in dem die Abarbeitung einer kleinen Änderung definiert wird. Abgesehen von der Einbeziehung der Behörde folgt das Verfahren für kleine Änderungen dem Schema einer erheblichen Änderung. Der Prozess ist in Abb. 6.7 dargestellt.

Eine kleine Änderung kann vom Entwicklungsbetrieb (ohne Behördenbegleitung) unmittelbar zugelassen werden. Dabei müssen vorab die folgenden Informationen vorliegen:

- Beschreibung der Entwicklung einschließlich einer Begründung für deren Notwendigkeit,
- anzuwendende Standards (Musterzulassungsbasis) sowie angewandte Nachweismethoden (MoC),
- Referenz auf das Nachweisdokument (sofern anwendbar),
- Änderungsbedarf an der bereits existierenden Dokumentation (Approved Data) sowie Auswirkungen auf Betriebs- und Leistungsgrenzen,
- Durchführung des 4-Augen-Prinzips bei allen erstellten Nachweisen (Verifizierung),
- Datum und Unterschrift der Freigabe.

Die Freigabe erfolgt in aller Regel durch die Musterprüfleitstelle.

[55] Vgl. LuftVGBV (2019), § 3 (2) 1

6.8 Reparaturen

Der bisherige Betrachtungsschwerpunkt lag auf Neu- und Änderungsentwicklungen an Luftfahrzeugen. Darüber hinaus fallen jedoch auch Reparaturen unter die entwicklungsbetriebliche Hoheit, die in der DEMAR 21 Unterabschnitt M geregelt sind.[56]

Reparaturen sind dabei definiert als Maßnahmen, die der Beseitigung von Schäden und/oder der *Wiederherstellung eines lufttüchtigen Zustands* dienen.[57] Einschränkend gelten im luftrechtlichen Sinne des Subparts M der DEMAR 21 nur solche Arbeiten als Reparaturen, die Konstruktionsmaßnahmen erfordern. Schäden, die ohne zusätzlichen Entwicklungsanteil behoben werden können, z. B. weil deren Reparaturmethode eindeutig in einem Reparaturhandbuch (*Structure Repair Manual – SRM*) beschrieben ist, fallen unter die Instandhaltung im Rahmen der DEMAR 145.[58]

Der **Ablauf des Zulassungsprozesses für Reparaturen** ist weitestgehend identisch mit den Verfahren bei Musterzulassungen, Änderungen an diesen oder ergänzenden Musterzulassungen. Am Beginn eines Reparaturverfahrens steht die Klassifizierung in *geringfügige* (minor) bzw. *erhebliche* (major) Entwicklungsaktivitäten. Die Entscheidungskriterien richten sich auch bei Reparaturen danach,[59] ob die Entwicklungsaktivitäten Einfluss nehmen auf Struktur oder Systeme, auf Weight & Balance, auf Betriebseigenschaften oder andere Faktoren und hierdurch die Lufttüchtigkeit beeinflussen. Reparaturen, die eine Klassifizierung als *erheblich* (major) erforderlich machen, liegen in jedem Fall vor, wenn folgende Aktivitäten nötig sind:[60]

- Nachweiserbringung zu signifikanten Abweichungen von Verschleiß-, Ermüdungs-, Statik- oder Schadenstoleranzgrenzen (einschließlich Tests),
- Anwendung unüblicher Reparaturverfahren einschließlich Verwendung unüblichen Materials, Anwendung untypischer Reparaturmethoden, -praktiken oder -techniken.

Im Gegensatz dazu werden Reparaturen üblicherweise als *minor* klassifiziert, wenn das Luftfahrzeug oder der Motor trotz Reparatur in Übereinstimmung mit der Musterzulassungsbasis verbleibt und sonst keine oder nur sehr geringe Änderungen an der bestehenden Nachweisbasis erforderlich sind.

Im Anschluss an die Klassifizierung gilt es, die Reparatur zu beschreiben, um hieraus die Reparaturvorgaben und eine ggf. erforderliche Nachweisführung abzuleiten. Die

---

[56] Es handelt sich hierbei um den Unterabschnitt M in der in der Zentralvorschrift A1-275/3–8901 (DEMAR 21), der nicht zu verwechseln ist mit der DEMAR M (A1-275/3–8903), in der zur Sicherstellung der Lufttüchtigkeit zu ergreifenden Maßnahmen festgelegt sind.

[57] Vgl. LufABw (2020a), DEMAR 21, 21.A.431 (b).

[58] Vgl. LufABw (2020a), DEMAR 21, 21.A.431 (c).

[59] Vgl. zur Klassifizierung LufABw (2020a), DEMAR 21, 21.A.91.

[60] Vgl. LufABw (2017), AMC und GM zu DEMAR 21, GM 21.A.435(a).

Reparatur kann in der Regel über eine schriftliche Darlegung des Schadens inklusive dessen Ursache beschrieben werden.

Für die Entwicklung eines Reparaturverfahrens bietet es sich zumeist an, auf die bestehende Herstellungs- oder Instandhaltungsdokumentation des TC- oder STC Halters zurückzugreifen. Auch die Dokumentation ähnlicher Schäden in der Vergangenheit kann nützliche Hilfestellung für die aktuelle Problemlösung bieten.

6.9 Komponentenentwicklung

Technisch-inhaltlich unterscheidet sich die Entwicklung von Komponenten nur wenig von der Luftfahrzeugentwicklung selbst. Organisatorisch und luftrechtlich nimmt die Entwicklung von Komponenten jedoch eine Sonderrolle ein, weil diese in der DEMAR 21 nicht unmittelbar geregelt ist.

Komponenten erhalten daher auch keine eigene behördliche Zulassung, sondern werden immer mit dem Luftfahrzeug zugelassen (z. B. über ein Type Certificate, Supplemental Type Certificate oder eine kleine Änderung.).

In der betrieblichen Praxis kann diese Lücke von den DEMAR genehmigten Entwicklungsbetrieben dazu genutzt werden, detaillierte Konstruktion und das Design von Komponenten an Zulieferer ohne eigene Genehmigung im Unterauftrag zu vergeben. Der zuständige Entwicklungsbetrieb nimmt dann nur im Rahmen des In- und Outputs Einfluss auf die Komponentenentwicklung, durch:

- Formulierung der Entwicklungsanforderungen,
- Prüfung und Freigabe der Spezifikation,
- Prüfung und Genehmigung der Nachweisführung,
- Prüfung und Freigabe der relevanten Komponentendokumentation.

Die eigentliche Entwicklung, also auch die Konstruktion der Komponente, die Nachweisführung und die Erstellung der Designdokumentation findet bei den Zulieferern statt. Die Integration der Komponente in das eigene System bzw. in das Luftfahrzeug erfolgt jedoch durch den genehmigten Entwicklungsbetrieb.

6.10 DEMTSO-Teile

Der Deutsche **Military Technical Standard Order** (DEMTSO) ist ein Mindeststandard an das Leistungs- oder Eigenschaftsniveau für ausgewählte Komponenten mit einer eigenen behördlichen Zulassung. Das Vorgehen zur Entwicklung, Zulassung und Herstellung von DEMTSO-Teilen ist in der DEMAR 21 Unterabschnitt O geregelt.[61]

[61] Vgl. LufABw (2020a), DEMAR 21, Unterabschnitt O (21.A.801–21.A.807).

Typische Teile, die dem ETSO-Standard unterliegen, sind z. B. Instrumente, Sitze, Reifen, Rettungs- und Sicherheitsausrüstung sowie APUs.

Da es sich beim DEMTSO um einen **Mindeststandard** handelt, berechtigt die damit verbundene Zulassung nicht automatisch zum Einbau in jedes beliebige Luftfahrzeug. Es wird nur die Übereinstimmung des DEMTSO-Teils mit dem Standard bestätigt, nicht aber die individuelle Einbaufähigkeit in einer bestimmten Musterbauart oder einem spezifischen Luftfahrzeug. So kann es für den Einbau aufgrund individueller Systemzusammenhänge z. B. erforderlich sein, dass das DEMTSO-Teil über den Mindeststandard hinausgehende Eigenschaften aufweisen muss und weitergehende Bauvorschriften erfüllt werden müssen. Die Installation eines DEMTSO-Teils in ein Luftfahrzeug bedarf somit immer einer eigenen Zulassung über ein TC oder STC.

Für die Herstellung seiner DEMTSO-Teile benötigt der Zulassungsinhaber eine Betriebsgenehmigung als Herstellungsbetrieb gemäß DEMAR 21G. Entsprechend ist für die Instandhaltung von DEMTSO-Teilen eine Genehmigung als DEMAR 145-Betrieb nötig.

Aktuelle militärische Anwendungsfälle für die DEMTSO-Standards existieren bisher nicht, sodass eine praktische Ausgestaltung bundeswehrintern noch nicht abschließend geklärt ist.

Literatur

Bundesministerium der Verteidigung (BMVg, 2021a): Grundsätze der Zulassung von Luftfahrzeugen (Dachvorschrift), Nr. A-275/1, Version 1, 2021

Bundesministerium der Verteidigung (BMVg, 2021c): Einleitung des Regelungsraums DEMAR (Einleitungsvorschrift DEMAR), Nr. A-275/3, Version 1, 2021

Europäische Agentur für Flugsicherheit (EASA): Type-Certificate Data Sheet No. EASA.A.169, Issue 06 vom 17. Dezember 2015

Hinsch, M.: Industrielles Luftfahrt Management. 4. Aufl. Berlin, Heidelberg. 2019

Luftfahrtamt der Bundeswehr (LufABw, 2020a): Zulassung von Produkten, Bau- und Ausrüstungsteilen sowie Genehmigung von Entwicklern und Herstellern DEMAR 21, Nr. A1–275/3–8901, Version 2, 2020

Luftfahrtamt der Bundeswehr (LufABw, 2017): AMC und GM zur DEMAR 21 – Militärische Zulassung von Luftfahrzeugen und zugehöriger Produkte, Bau- und Ausrüstungsteile sowie Genehmigung von Entwicklungs- und Herstellungsbetrieben, Nr. A1–275/3–8902, Version 1, 2017

Verordnung über die Beleihung juristischer Personen des privaten Rechts gemäß §30a des Luftverkehrsgesetzes (LuftVG-Beleihungsverordnung – LuftVGBV)

Herstellung 7

Das Kapitel widmet sich der Herstellung von Luftfahrzeugen und deren Komponenten. Zunächst werden die Grundlagen der luftfahrttechnischen Herstellung dargestellt. Hierbei werden insbesondere die Voraussetzungen für die Genehmigung als DEMAR-Herstellungsbetrieb dargestellt (Abschn. 7.1). Im Anschluss widmet sich der Text dem Genehmigungsumfang militärischer Herstellungsbetriebe (Abschn. 7.2). Es folgt ein Abriss über das Qualitätssystem in der Herstellung, in welchem die grundlegenden Qualitätsanforderungen, die Genehmigungsvoraussetzungen sowie das Qualitätssystem an sich beschrieben werden (Abschn. 7.3). Einen Schwerpunkt dieses Unterkapitels bilden neben der unabhängigen Funktion der Qualitätssicherung zudem die Rechte und Pflichten genehmigter DEMAR 21G-Betriebe. Im weiteren Verlauf wird auf drei spezifische Themen des Herstellungsbetriebs eingegangen: die Koordination mit dem Entwicklungsbetrieb (Abschn. 7.4), die produktseitige Qualitätssicherung und Abnahme von Luftfahrzeugen und Komponenten (Abschn. 7.5), sowie die Grundvoraussetzungen zur Ausstellung der Freigabebescheinigung DEMAR Form 1 (Abschn. 7.6).

Teile dieses Kapitels wurden ursprünglich veröffentlicht in: Hinsch, M. (2019): Industrielles Luftfahrmanagement. 4. Aufl. Berlin, Heidelberg. 2019.

M. Hinsch et al., *Einführung in die DEMAR*,
https://doi.org/10.1007/978-3-662-65676-1_7

7.1 Voraussetzungen für die Genehmigung als Herstellungsbetrieb

Der Herstellungsbetrieb ist neben dem Entwicklungs- und Instandhaltungsbetrieb, der CAMO sowie der Ausbildungsorganisation für freigabeberechtigtes Personal eine der fünf Genehmigungen unter dem Standardverfahren DEMAR.[1]

Die Aufgabe von Herstellungsbetrieben liegt dabei primär darin:

- Luftfahrzeuge und Komponenten[2] auf eine reproduzierbare Art und Weise sowie
- gemäß den Vorgaben des Entwicklungsbetriebs so zu fertigen,
- dass ein lufttüchtiges Erzeugnis (Luftfahrzeug bzw. Komponente) entsteht,
- welches keine unsicheren Zustände während des Betriebs hervorruft.

Durch eine vom LufABw erteilte Genehmigung erhält der Herstellungsbetrieb die Rechte, Luftfahrzeuge und/oder Komponenten herzustellen und deren Lufttüchtigkeit mittels einer Freigabebescheinigung zu dokumentieren und zu bestätigen.[3]

Um eine behördliche Genehmigung beantragen zu können, muss der Herstellungsbetrieb:

- einen Vertrag über die Herstellung von Luftfahrzeugen und Komponenten mit dem Bundesamt für Ausrüstung, Informationstechnik und Nutzung der Bundeswehr (BAAINBw) halten *oder* als Zulieferer, der im Unterauftrag liefert, ein dienstliches Interesse der Bundeswehr nachweisen können *und*
- über einen Entwicklungsbetrieb oder einen Vertrag mit einem Entwicklungsbetrieb verfügen, der dem Herstellungsbetrieb die einschlägigen Konstruktionsdaten für die Fertigung zur Verfügung stellt *und*
- die Zweckmäßigkeit seines Antrags auf Genehmigung als Herstellungsbetrieb gegenüber dem LufABw nachweisen.

Keine Genehmigung ist indes erforderlich für Betriebe, die im Rahmen der Luftfahrzeugherstellung die folgenden Zuarbeiten erbringen:[4]

---

[1] Vgl. BMVg (2021a), Dachvorschrift, A-275/1, #4027.

[2] Die DEMAR 21 verwendet die Begriffe Produkte sowie Bau- und Ausrüstungsteile. Da diese Begrifflichkeiten nicht durch das gesamte DEMAR Regelwerk konsequent verwendet werden, wird in diesem Buch einheitlich von Luftfahrzeugen und Komponenten gesprochen. Damit sind alle Flugzeuge, Hubschrauber und darin verbauten Teilen gemeint, vgl. Abschn. 4.2.2

[3] Voraussetzung hierfür ist die Beleihung, vgl. Abschn. 12.5

[4] Vgl. BMVg (2021a), Dachvorschrift, A-275–1, #4039.

- Norm- und Standardteile bzw.
- Verbrauchsmaterial herstellen oder
- mit Luftfahrzeugkomponenten ausschließlich handeln.

Vertrag über die Herstellung mit dem BAAINBw
Gemäß den Vorgaben der DEMAR ist es grundsätzlich nicht vorgesehen, Herstellungsbetrieben eigene Genehmigungen zu erteilen, wenn diese nur im Rahmen *eines* Unterauftrags für Haupterzeuger von Luftfahrzeugen tätig sind und somit unter deren unmittelbaren Aufsicht stehen.[5] Zur Erlangung einer eigenen Genehmigung als Herstellungsbetrieb ist es somit erforderlich, einen direkten Herstellungsvertrag mit dem BAAINBw zu halten oder alternativ das dienstliche Interesse einer Genehmigung, ggf. auch über Verträge mit ausländischen Rüstungsunternehmen, feststellen zu lassen (vgl. Zusammenarbeit mit der gewerblichen Wirtschaft, Kap. 12). Das dienstliche Interesse wird durch die entsprechend zuständige Projektabteilung im BAAINBw ausgesprochen und dem LufABw zur Kenntnisnahme übermittelt.

Zusammenarbeit mit Entwicklungsbetrieb
Um seinen Aufgaben gerecht zu werden und lufttüchtige Luftfahrzeuge oder Komponenten zu produzieren, benötigt der DEMAR Herstellungsbetrieb Konstruktionsdaten. Diese können nur von einem genehmigten Entwicklungsbetrieb bereitgestellt werden. Das bedeutet, dass der Herstellungsbetrieb:

- selbst Halter der Konstruktionsunterlagen ist, sofern er zusätzlich eine Genehmigung als Entwicklungsbetrieb hält, *oder*
- eine Vereinbarung mit einem Entwicklungsbetrieb geschlossen hat, in der die Bereitstellung der Konstruktionsdaten geregelt ist. Diese Vereinbarung zwischen Entwicklungs- und Herstellungsbetrieb wird DO-/PO-Arrangement genannt.[6]

Zweckmäßigkeit des Antrags
Der Antrag auf Genehmigung als Herstellungsbetrieb nach DEMAR wird hinsichtlich seiner Zweckmäßigkeit bewertet. Dies bedeutet, dass der zukünftige Herstellungsbetrieb nachweisen muss, dass seine Erzeugnisse anspruchsvoll genug sind, um eine Genehmigung als Herstellungsbetrieb zu rechtfertigen. Dies können Komponenten sein, „die für den luftgestützten Einsatz als Teil eines als Muster zugelassenen Produkts

[5] Vgl. LufABw (2017), AMC und GM zu DEMAR 21, GM 21.A.133 (a) 3.

[6] DO/PO = Design Organisation/Production Organisation. Vgl. LufABw (2017), AMC und GM zu DEMAR 21, 21.A.133 (b).

vorgesehen sind (davon ausgenommen sind Simulatoren, Bodendienstgerät und Werkzeuge).“[7]

Die Notwendigkeit ist anhand der folgenden Kriterien gegenüber dem LufABw nachzuweisen (beispielhafte Auflistung):[8]

- Herstellung von Luftfahrzeugen, Triebwerken oder Propellern,
- Herstellung von DEMTSO[9]-Teilen und Teilen mit DEMPA[10]-Kennzeichnung, oder
- Mitwirkung bei einem internationalen Kooperationsprogramm, das die Genehmigung erforderlich macht.

Das LufABw kann im Rahmen seiner Kompetenzen zusätzliche oder anderweitige Festlegungen für die Notwendigkeit einer Genehmigung treffen.

Generell *nicht genehmigt* werden Betriebe, die:[11]

- Roh- und Verbrauchsmaterial,
- Standardteile, oder
- Teile, die in der Produktionsbegleitungsdokumentation als von der Industrie gelieferte Teile *(Industry Supply)* oder kein Gefahrgut *(No hazard)* gekennzeichnet sind,

fertigen oder

- zerstörungsfreie Prüfungen oder Inspektionen bzw.
- Verfahren wie Wärme- und Oberflächenbehandlungen

durchführen.

[7] Vgl. LufABw (2017), AMC und GM zu DEMAR 21, GM 21.A.133 (a) 1.

[8] Vgl. LufABw (2017), AMC und GM zu DEMAR 21, GM 21.A.133 (a) 2.

[9] DEMTSO: Deutsche militärische technische Standardzulassung (**DE**utsche **M**ilitary **T**echnical **S**tandard **O**rder)

[10] DEMPA: German Military Part Approval – Deutsche Militärische Einzelteilzulassung, äquivalent zur zivilen EPA Kennzeichnung. Eine solche Zulassung ist notwendig, wenn der genehmigte Herstellungsbetrieb auf Basis einer Zeichnung eines Entwicklungsbetriebs eine Komponente fertigt und dieser Entwicklungsbetrieb nicht TC-Halter ist (vgl. LufABw (2020a) DEMAR 21, 21.A.804).

[11] Vgl. LufABw (2017), AMC und GM zu DEMAR 21, GM 21.A.133 (a) 4.

Sind die vorgenannten Anforderungen:

- des Vertrags mit dem BAAINBw bzw. der Erklärung eines dienstlichen Interesses,
- der Nachweis über die Zusammenarbeit mit einem Entwicklungsbetriebs zum Erhalt der erforderlichen Konstruktionsdaten sowie
- die Zweckmäßigkeit des Antrags

erfüllt, kann ein Antrag auf Genehmigung als DEMAR Herstellungsbetrieb an das LufABw gestellt werden.[13]

Wird einer dieser drei Punkte nach Erstgenehmigung nicht dauerhaft durch den DEMAR Herstellungsbetrieb erfüllt, so kann die erteilte Genehmigung entzogen werden. Dies ist beispielsweise dann der Fall, wenn der DEMAR-Entwicklungsbetrieb das DO/PO-Agreement aufkündigt oder das zugrunde liegende Waffensystem außer Dienst gestellt wird und somit kein weiterer Herstellungsbedarf mehr aufseiten der Bundeswehr besteht.

7.2 Genehmigungsumfang eines Herstellungsbetriebs

Bereits bei Antragstellung muss der DEMAR-Herstellungsbetrieb dem LufABw seinen angestrebten Genehmigungsumfang übermitteln. Im Zuge der Antragstellung wird durch das LufABw geprüft, ob der angehende Herstellungsbetrieb die Genehmigungsvoraussetzungen für den beantragten Umfang erfüllt. Nur für diesen Genehmigungsumfang darf der Betrieb dann seine Rechte und Pflichten wahrnehmen. Dieser Genehmigungsumfang *(Scope of Work),* wird durch das LufABw in Genehmigungsurkunde des Betriebs festgelegt und dokumentiert.

Dabei lässt sich der Genehmigungsumfang in Kategorien (Ratings) unterteilen (für eine Auflistung der einzelnen Ratings siehe Abschn. 4.4.2),[14] innerhalb derer der Herstellungsbetrieb herstellen darf. Zur weiteren Detaillierung erstellt jeder Herstellungsbetrieb seine eigene Capability Liste, auf welcher die einzelnen Teilenummern aufgelistet sind, die unter den genehmigten Herstellungsumfang fallen. Diese Liste wird durch das LufABw freigegeben. Änderungen hieran sind genehmigungspflichtig.[15]

Der Genehmigungsumfang ist auf der zweiten Seite der Genehmigungsurkunde zu finden. Ein Vordruck des Genehmigungsumfangs (amtlich auch Genehmigungsbedingungen genannt), ist in Abb. 7.1 dargestellt.

[13] Hier ist ein durch das LufABw vorgegebenes Formblatt zu verwenden (DEMAR Form 50).

[14] Vgl. LufABw (2017), AMC und GM zu DEMAR 21, GM 21.A.151.

[15] Vgl. LufABw (2020a), DEMAR 21, 21.A.153.

Bundesrepublik Deutschland *Federal Republic of Germany*	***Genehmigungsbedingungen Terms of Approval***	Az *Code* LufABw-21G-XXX-XX

Dieses Dokument ist Teil der Genehmigung als Herstellungsbetrieb Nr. LufABw-21G-XXX-XX *This document is part of the Production Organisation Approval Number LufABw-21G-XXX-XX* für *issued to*: Name des Unternehmens Company name:
Abschnitt 1 *Section 1*. **Umfang der Arbeiten *Scope of Work*:**

Herstellung von *Production of*	Produkte/Kategorien *Products/Categories*

Einzelheiten und Beschränkungen sind dem Betriebshandbuch des Herstellungsbetriebs, Abschnitt xyz zu entnehmen *For details and limitations refer to the Production Organisation Exposition, Section xyz*
Abschnitt 2 *Section 2*. **Betriebsstätten *Locations*:**
Abschnitt 3 *Section 3*. **Vorrechte *Privileges*:**
Der Herstellungsbetrieb ist berechtigt, im Rahmen seiner Genehmigungsbedingungen und gemäß der Verfahrensvorschriften des Betriebshandbuches die Vorrechte gemäß DEMAR 21.A.163 vorbehaltlich der nachstehend aufgeführten Bedingungen wahrzunehmen: *The Production Organisation is entitled to exercise, within its Terms of Approval and in accordance with the procedures of its Production Organisation Exposition, the privileges set forth in DEMAR 21.A.163. Subject to the following:*
Nichtzutreffendes streichen [keep only applicable text]
Vor Genehmigung der Produktkonstruktion darf eine DEMAR Form 1 nur für Konformitätszwecke ausgestellt werden. *Prior to approval of the design of the product an DEMAR Form 1 may be issued only for conformity purposes.*
Für nicht zugelassene Luftfahrzeuge dürfen keine Konformitätserklärungen ausgestellt werden. *A Statement of Conformity may not be issued for a non-approved aircraft.*
Bis entsprechende Instandhaltungsvorschriften einzuhalten sind, darf die Instandhaltung gemäß Abschnitt xyz des Betriebshandbuchs des Herstellungbetriebs durchgeführt werden. *Maintenance may be performed, until compliance with maintenance regulations is required, in accordance with the Production Organisation Exposition Section xyz.*
Fluggenehmigungen können gemäß Abschnitt yyyy des Betriebshandbuches des Herstellungsbetriebs ausgestellt werden. *Permits to Fly may be issued in accordance with the Production Organisation Exposition Section yyyy.*

Datum der Erstausstellung *Date of original issue*:	Gezeichnet *Signed:*
Datum dieser Austellung *Date of this revision:*	
Ausstellungs-Nr. *Revision No.*:	Für das LufABw *For LufABw*

Abb. 7.1 Vordruck eines Genehmigungsumfangs in der Herstellung, DEMAR Form 55[12]

[12] Vgl. LufABw (2020a), DEMAR 21, Anlage IX.

7.3 Qualitätssysteme in der Herstellung

Der Überwachung der Qualität, also der Beschaffenheit von Luftfahrzeugen und Komponenten, fällt im Herstellungsbetrieb eine besondere Bedeutung zu. Neben den grundlegen Qualitätsanforderungen, muss ein Herstellungsbetrieb festgelegte Genehmigungsvoraussetzungen erfüllen, um die festgelegten Rechte und Pflichten erfüllen zu können. Hierzu gehört neben der Einrichtung eines Qualitätssystems auch die unabhängige Funktion der Qualitätssicherung durch den Leiter QM.

Verstöße im genehmigten Herstellungsbetrieb[16]

Nicht immer erfüllt ein Herstellungsbetrieb alle Vorgaben der DEMAR 21G. In diesem Fall stellt das LufABw einen Verstoß *(Finding)* fest.[17] Dieser Verstoß wird dem genehmigten Herstellungsbetrieb durch die Behörde schriftlich mitgeteilt. Dabei gibt es drei verschiedene Kategorien von Verstößen:[18]

- *Level 1 Findings* sind Verstöße mit (möglichem) Einfluss auf die Sicherheit des Luftfahrzeugs, z. B. systematische und unkontrollierte Nichteinhaltung der Vorgabedokumente des Entwicklungsbetriebs oder des HBH, ein von einem genehmigten Herstellungsbetrieb verursachter Vorfall oder Unfall, massiv unzureichende Qualifikation des freigabeberechtigten Personals oder nicht erfolgte Meldung einer signifikanten Änderung.
  Nach Erhalt der Mitteilung über ein Level 1 Finding hat der Herstellungsbetrieb innerhalb von 21 Arbeitstagen zufriedenstellende Korrekturmaßnahmen gegenüber dem LufABw nachzuweisen.
- *Level 2 Findings* sind Verstöße gegen die Bestimmungen der DEMAR 21, die nicht einem Level 1 Finding zugerechnet werden können. Hierzu zählen z. B. fehlende Angaben von Toleranzen auf Arbeitspapieren, unzureichende Führung der Personalakten oder ein unzureichender Nachweis. Hier gewährt das LufABw dem Herstellungsbetrieb eine Frist von maximal drei Monaten für die Ergreifung geeigneter Korrekturmaßnahmen.
- *Level 3 Findings* sind auf Sachverhalte im genehmigten Betrieb zurückzuführen, die bei Fortbestehen zu einem Level Finding 2 oder 1 führen könnten. Beispiele hierfür sind falsche Verweise auf Formblätter oder Arbeitsanweisungen

[16] Die im Folgenden beschriebene Klassifizierung von Verstößen gilt ebenso für genehmigte Entwicklungsbetriebe. In der DEMAR M, DEMAR 145 und DEMAR 147 existieren lediglich zwei Arten von Verstößen: Level 1 und Level 2 Findings.

[17] Vgl. LufABw (2020a), DEMAR 21, 21.A.158.

[18] Vgl. LufABw (2020a), DEMAR 21, 21.A.158 (a), (b), (c).

sowie die nicht eindeutige Beschreibung von Verfahrensanweisungen. Eine umittelbare Maßnahme des Herstellungsbetriebs ist nach Festellung eines Level 3 Findings zunächst nicht erforderlich. Das LufABw kann jedoch eine Frist für die Behebung setzen.

Verstöße der Stufe 1 oder 2 rechtfertigen eine teilweise oder komplette Einschränkung, Aussetzung oder den Widerruf der Genehmigung durch das LufABw. Gleiches gilt für eine nicht fristgerechte Behebung der Level 1 oder Level 2 Findings.[19]

7.3.1 Grundlegende Qualitätsanforderungen

Ein DEMAR-Herstellungsbetrieb muss „nachweisen, dass ein Qualitätssystem eingeführt ist und unterhalten werden kann."[20] Ein solches System soll sicherstellen, dass die Herstellung unter beherrschten Bedingungen stattfindet. Der Betrieb muss dazu stets in der Lage sein, Luftfahrzeuge oder Komponenten unter Einhaltung der Vorgabedokumente des DEMAR Entwicklungsbetriebs herzustellen und im betriebssicheren Zustand in Verkehr zu bringen. Dies kann nur gelingen, wenn der Betrieb über transparente und nachvollziehbare Betriebsstrukturen verfügt.

Ein behördlich anerkanntes Qualitätssystem nach DEMAR 21G muss daher auf operativer Ebene mindestens die folgenden Bestandteile aufweisen:

1. ein übergreifendes Qualitäts- und Steuerungssystem zur Erstellung und Lenkung der Verfahren, Dokumente und Ressourcen,
2. eine unabhängige Funktion (Stabstelle) des Qualitätssystems,
3. ein nachvollziehbares System zur Abnahme von Luftfahrzeugen bzw. Komponenten, sodass darauf basierend Freigabebescheinigungen ausgestellt werden können,
4. die Einbeziehung der Zulieferer, insbesondere dann, wenn diese über keine eigene Herstellungsgenehmigung verfügen.

7.3.2 Genehmigungsvoraussetzungen

Um eine angemessene Herstellungsqualität zu erzielen, sind die zuvor genannten Bestandteile über die DEMAR 21 G Genehmigungsvoraussetzungen nachzuweisen:[21]

[19]Vgl. LufABw (2020a), DEMAR 21, 21.A.158.

[20]Vgl. LufABw (2020a), DEMAR 21, 21.A.139 (a).

[21]Vgl. LufABw (2020a), DEMAR 21, 21.A.145.

- Der Betrieb muss über ein **Herstellungsbetriebshandbuch (HBH)** verfügen, in dem Aufbau und Ablauf sowie die Verantwortlichkeiten der Organisation festgelegt und beschrieben sind. Als Bestandteil des HBH gelten auch die betrieblichen Verfahren, die in dokumentierter Form vorliegen müssen.[22] Das Herstellungsbetriebshandbuch muss sich stets auf dem aktuellen Stand befinden. Es ist wie ein Vertrag zwischen dem LufABw und dem genehmigten Herstellungsbetrieb zu sehen, mit dem sich der Betrieb zur Einhaltung aller DEMAR 21G Anforderungen verpflichtet.
- Der Betrieb muss in Umfang und Qualifikation über hinreichend **Personal** verfügen, um die Herstellungsarbeiten angemessen ausführen zu können. Das Personal muss zudem befugt sein (diese Befugnisse müssen den jeweiligen Mitarbeitern auch bekannt sein!). Anforderungen zu Ausbildung, Kenntnisse und Erfahrung sind dafür zu definieren. Dies ist abhängig von der Komplexität der Erzeugnisse.[23]
- Die **Einrichtungen und die Ausstattung** müssen den Mitarbeitern eine vorschriftsmäßige Arbeitsausführung ermöglichen. Der Betrieb muss also angemessene Betriebsstätten und Arbeitsbedingungen sowie über ausreichende Betriebsmittel verfügen.
- Der Betrieb muss sicherstellen, dass Luftfahrzeuge und Komponenten nur auf Basis der Vorgabedokumentation des Entwicklungsbetriebs (**Approved** Design Data) in Verkehr gebracht werden. Dabei ist insbesondere sicherzustellen, dass diese Daten korrekt und auf Basis der angewiesen, meist letztgültigen Revision in der Fertigung genutzt werden. Insbesondere die Aktualität der Daten bietet in der betrieblichen Praxis bisweilen Anlass zur Beanstandung.
- Es muss ein namentlich benannter und vom LufABw akzeptierter Betriebsleiter (Accountable Manager) existieren, der die betrieblichen Qualitätsgrundsätze unter Berücksichtigung der behördlichen Vorgaben festlegt. Diese Person hat zudem sicherzustellen, dass das Qualitätssystem vollständig eingerichtet ist und im betrieblichen Alltag angewendet wird.[24] Daneben sind Führungskräfte der zweiten Ebene einschließlich einem QM-Verantwortlichen sowie eines Leiters der Herstellung zu benennen, die die konzeptionelle und operative Umsetzung der Genehmigungsvoraussetzungen sicherzustellen haben.

Werden durch einen genehmigten Herstellungsbetrieb Leistungen untervergeben, so muss der 21G-Betrieb dafür Sorge tragen, dass die Genehmigungsvoraussetzungen auch bei seinen Zulieferern im Umfeld der beauftragten Leistungserbringung erfüllt werden.[25]

[22] Vgl. LufABw (2020a), DEMAR 21, 21.A.143 (a) 11.

[23] Vgl. Kap. 11 Personal.

[24] Vgl. LufABw (2017), AMC und GM zu DEMAR 21, GM 1 21.A.139 (a).

[25] Vgl. LufABw (2017), AMC und GM zu DEMAR 21, GM 2 21.A.139 (a) sowie AMC 1 und 2 zu 21.A.139 (b) 1 ii.

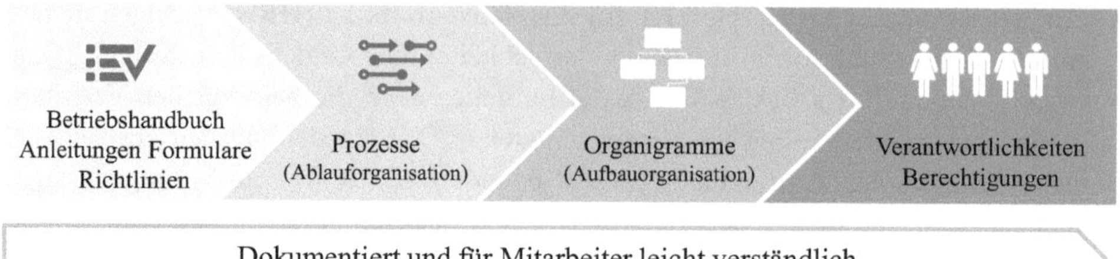

Abb. 7.2 Dokumentationsbestandteile eines übergreifenden Qualitätssystems in der Herstellung

7.3.3 QM Dokumentation in der Herstellung

Jedes Unternehmen, das militärische Luftfahrzeuge oder Komponenten herstellt, hat ein innerbetrieblich übergreifendes Qualitätssystem[26] zu unterhalten. Dieses muss in der Lage sein, die Funktions- bzw. Leistungsfähigkeit der gesamten Herstellungswertschöpfung unter Qualitätsaspekten zu überwachen und zu steuern. So soll sichergestellt werden, dass stets lufttüchtige Luftfahrzeuge und Komponenten produziert werden. Das dafür erforderliche System ist zu dokumentieren und der Organisationsaufbau und die -abläufe sind wie folgt zu beschreiben (vgl. Abb. 7.2):[27]

- Das **Betriebshandbuch** enthält eine zusammenfassende Selbstdarstellung des Betriebs und allgemeine Angaben zu Einrichtungen, Personal und Unternehmensleitsätzen sowie zum Qualitätssystem und zu den Qualitätsgrundsätzen.
- Die herstellungsrelevanten **Prozesse** (Ablauforganisation) müssen etabliert, beschrieben und zugehörige Rollen und Verantwortlichkeiten benannt sein.
- Die Darstellung aufbauorganisatorischer **Strukturen und Verantwortlichkeiten** erfolgt über Organigramme.
- **Richtlinien, Anleitungen** und Formulare oder Checklisten sollen die einzelne Tätigkeitsschritte vereinfachen und so dem Mitarbeiter auf der untersten operativen Ebene Handlungssicherheit geben. Diese sollen es dem Personal ermöglichen, die Arbeiten korrekt und vollständig auszuführen.

Diese Dokumente bilden das Fundament eines nach DEMAR 21G genehmigten Herstellungsbetriebs. Insoweit müssen sich Inhalte der Dokumentation in der täglichen Praxis wiederfinden.

[26] Während die DEMAR 21 von einem Qualitätssystem spricht, ist in den AMC & GM die Rede von einem Qualitäts*sicherungs*system. In beiden Fällen ist das Qualitätssystem, wie in 21.A.139 beschrieben, gemeint.

[27] Vgl. LufABw (2017), AMC und GM zu DEMAR 21, GM 1 21.A.139 (b) 1.

Die betriebliche QM-Dokumentation muss für die Mitarbeiter leicht zugänglich sein, damit diese jederzeit in der Lage sind, die gültige Revision zu studieren, um etwaige Wissenslücken in der Arbeitsausführung schließen zu können. In diesem Kontext muss ein Betrieb in einem Verfahren festlegen, wie Aktualisierungen Verbreitung finden und wie veraltete Dokumentation dem betrieblichen Informationskreislauf entzogen wird.[28] Gerade letzterem Aspekt kommt in der betrieblichen Praxis vielfach keine hinreichende Beachtung zu und führt regelmäßig zu Beanstandungen in Audits.

Alle systemseitigen Qualitätsanstrengungen dienen letztlich dem Zweck, dass die hergestellten Luftfahrzeuge und Komponenten bei Auslieferung den einschlägigen Konstruktionsdaten entsprechen und in einem betriebssicheren Zustand sind. Innerhalb des Qualitätssystems kommt den Produktkontrollen daher besondere Bedeutung zu. Hierfür muss der Hersteller sowohl im eigenen Herstellungsbetrieb als auch bei seinen Unterauftragnehmern Prozesse und Verfahren einrichten (lassen), die ein nachvollziehbares Kontrollsystem aus Inspektionen, Prüfungen und Abnahmestandards sicherstellen. Für kritische Teile müssen die Kontrollverfahren spezifische Bestimmungen enthalten.

Da das Qualitätssystem eines der wesentlichen Voraussetzung für eine DEMAR 21G-Genehmigung ist, wird deren Leistungsfähigkeit i. d. R. jährlich durch das LufABw im Rahmen von Audits überprüft.

7.3.4 Unabhängige Funktion der Qualitätssicherung – Leiter QM

Ein wesentlicher Bestandteil des Qualitätssystems eines Herstellungsbetriebs ist eine unabhängige Stelle zur Betriebsüberwachung und Qualitätssicherung. In der betrieblichen Praxis kommt diese Überwachungsfunktion dem Leiter QM als Stabstelle des Accountable Managers zu. Der Stelleninhaber muss das Qualitätssystems im Hinblick auf Einhaltung, Angemessenheit und Wirksamkeit entsprechend den Vorgaben der DEMAR 21G laufend unabhängig überwachen und dessen Aufrechterhaltung sicherstellen.[29]

Unabhängig bedeutet dabei, dass die Überwachung frei von Weisungen stattfindet. Es dürfen weder über- noch untergeordnete Abhängigkeiten zu den zu überwachenden Betriebsteilen bestehen. Zudem muss der verantwortliche Leiter QM Zugang zu allen 21G-relevanten Betriebsteilen und Dokumenten bzw. Reportingstrukturen haben.[30] Außerdem ist die Unabhängigkeit auch insofern sicherzustellen, als dass der Leiter QM keine Tätigkeiten prüfen darf, an denen er selbst aktiv in der Ausführung beteiligt war.

Im Fokus der Prüf- und Überwachungsaktivitäten dieser unabhängigen Stelle stehen interne Qualitätsaudits. Auditbestandteile bilden einerseits Prüfungen auf Übereinstimmung

[28] Vgl. LufABw (2017), AMC und GM zu DEMAR 21, GM 1 21.A.139 (a).

[29] Vgl. LufABw (2020a), DEMAR 21, 21.A.139 (2).

[30] Vgl. LufABw (2017), AMC und GM zu DEMAR 21, GM 1 21.A.139 (b) 2.

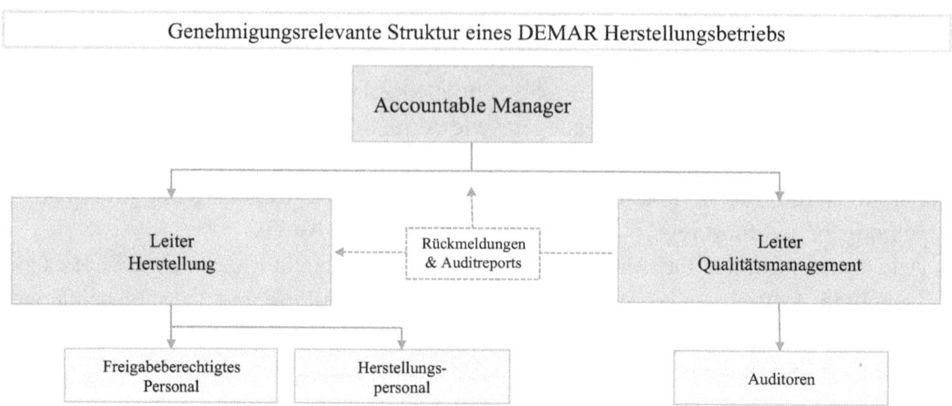

Abb. 7.3 Struktur eines genehmigten Herstellungsbetriebs (vereinfachte Darstellung)

des HBH und der innerbetrieblichen Prozesse mit den relevanten Regelwerken, also unter anderem der DEMAR sowie andererseits die Bewertung von deren Umsetzung und Wirksamkeit im betrieblichen Alltag ab.

Können die Anforderungen an ein übergreifendes Qualitätssystem nicht hinreichend nachgewiesen werden, sind durch die unabhängige Stelle Nachbesserungsmaßnahmen sicherzustellen und deren Umsetzung zu prüfen.

Das unabhängige Überwachungssystem muss eine **Feedbackschleife** an den Accountable Manager vorsehen, damit Abweichungen mit den anwendbaren Anforderungen der DEMAR 21 G der Unternehmensleitung bekannt gemacht und so entsprechende Korrekturen angeordnet werden können.[31]

Weiteres Leitungspersonal des genehmigten Herstellungsbetriebs

Neben dem Leiter QM sind noch mindestens zwei weitere leitende Personen in einem DEMAR Herstellungsbetrieb zu benennen und mittels einer DEMAR Form 4 dem LufABw zu melden:

- der Accountable Manager sowie
- der Leiter Herstellung.

Diese Rollen sind im Kap. 10 Personal näher beschrieben.

Die genehmigungsrelevante Struktur eines DEMAR-Herstellungsbetriebes ist in Abb. 7.3 dargestellt.

[31] Vgl. LufABw (2020a), DEMAR 21, 21.A.139 (2).

7.3.5 Rechte und Pflichten des genehmigten Herstellungsbetriebs

Mit der Betriebsgenehmigung erhält der Herstellungsbetrieb in Abhängigkeit vom Genehmigungsumfang seine Vorrechte. Im Vordergrund stehen die Berechtigung, Luftfahrzeuge und Komponenten herzustellen *und* freizugeben. Dies bedeutet:

- im A-Rating: Herstellung ganzer Luftfahrzeuge und Freigabe mit einer Konformitätserklärung gemäß DEMAR Form 52,
- im B- und im C-Rating: Herstellung von Motoren bzw. Komponenten und Freigabe mit einer DEMAR Form 1 als offizielle Freigabebescheinigung,
- im D1-Rating: Instandhaltungsmaßnahmen an eigenen fabrikneuen, noch nicht ausgelieferten Luftfahrzeugen mit einer DEMAR Form 53, durchzuführen und freizugeben,
- im D2-Rating: Fluggenehmigungen für Flüge im Rahmen der Herstellung zu erteilen. Dieses Vorrecht ist unter EMAR vorgesehen, jedoch aktuell nicht in der DEMAR enthalten.

Um diese Vorrechte ausüben zu können, benötigen DEMAR-Herstellungsbetriebe zusätzlich eine Beleihung durch LufABw. Hierbei handelt es sich um die Übertragung hoheitlicher Aufgaben vom Staat an die gewerbliche Wirtschaft (vgl. Abschn. 12.5 Beleihung).

Den o.g. Rechten stehen Pflichten gegenüber, die mit einer Genehmigung als DEMAR Herstellungsbetrieb einhergehen. Diese sind:[32]

- Anwendung des Herstellungs-Betriebshandbuch und aller zugehörigen Verfahren als grundlegende Arbeitsdokumente innerhalb des Herstellungsbetriebs,
- Einhaltung aller anwendbaren Anforderungen der DEMAR 21G,
- Prüfung der Konformität der hergestellten Luftfahrzeuge und Komponenten vor Ausstellung der Freigabebescheinigung,
- Führung von Aufzeichnungen mit Angaben zu allen durchgeführten Arbeiten,
- Einführung eines Ereignismeldesystems,
- Mitwirkung bei der Untersuchung von Vorkommnissen und unsicherer Zustände, die in der Verantwortung des DEMAR-Entwicklungsbetriebs liegen, sowie
- die Einrichtung eines Archivierungssystems.

[32] Vgl. LufABw (2020a), DEMAR 21, 21.A.165.

<table>
<tr><td colspan="3">VEREINBARUNG

gemäß 21.A.133 (b) und (c)</td></tr>
<tr><td rowspan="2">Die Unterzeichnenden vereinbaren folgende Verpflichtungen:</td><td colspan="2">Relevante Schnittstellenverfahren</td></tr>
<tr><td>Entwicklungs-betrieb</td><td>Herstellungs-betrieb</td></tr>
<tr><td>Der Entwicklungsbetrieb [NAME] ist dafür verantwortlich,
□ eine korrekte und rechtzeitige Übermittlung aktueller anwendbarer Konstruktionsdaten (z. B. Zeichnungen, Materialspezifikationen, Abmessungen, Verfahren, Oberflächenbehandlungen, Versandbedingungen, Qualitätsanforderungen usw.) an den Halter der Genehmigung als Herstellungsbetrieb [NAME] sicherzustellen.
□ sichtbare Angaben genehmigter Konstruktionsdaten zu liefern.</td><td></td><td></td></tr>
<tr><td>Der Halter der Genehmigung als Herstellungsbetrieb [NAME] ist dafür verantwortlich,
□ den Entwicklungsbetrieb [Name] bei der Behandlung von Angelegenheiten im Zusammenhang mit der Aufrechterhaltung der Lufttüchtigkeit und bei erforderlichen Maßnahmen zu unterstützen.
□ den Entwicklungsbetrieb [Name] beim Nachweis der Einhaltung von Lufttüchtigkeitsforderungen bei noch nicht als Muster zugelassenen Produkten zu unterstützen.
□ gegebenenfalls seine eigenen Herstellungsdaten gemäß dem Lufttüchtigkeitsdatenpaket zu erarbeiten.</td><td></td><td></td></tr>
<tr><td>Der Entwicklungsbetrieb [Name] und der Halter der Genehmigung als Herstellungsbetrieb [Name] sind gemeinsam dafür verantwortlich,
□ mit Herstellungsabweichungen und fehlerhaften Teilen gemäß den geltenden Verfahren des Entwicklungsbetriebs und des Halters der Genehmigung als Herstellungsbetrieb angemessen umzugehen.
□ eine angemessene Konfigurationsüberwachung gefertigter Teile zu erzielen, um es dem Halter der Genehmigung als Herstellungsbetrieb zu ermöglichen, die endgültige Festlegung und Kennzeichnung für den Konformitäts- oder Freigabebescheinigungs- und -berechtigungsstatus vorzunehmen.</td><td></td><td></td></tr>
<tr><td colspan="3">Der durch diese Vereinbarung abgedeckte Herstellungsumfang wird in ... ausführlich beschrieben. [HINWEIS AUF DOKUMENTE/BEIGEFÜGTE LISTE]</td></tr>
<tr><td colspan="3">[Wenn es sich beim Entwicklungsbetrieb nicht um die gleiche juristische Person handelt wie beim Halter der Genehmigung als Herstellungsbetrieb]

Übermittlung genehmigter Konstruktionsdaten
Der Halter der Musterzulassung/DEMTSO- Autorisierung [NAME] bestätigt, dass die genehmigten gemäß der Vereinbarung bereitgestellten, überwachten und geänderten Konstruktionsdaten von der Hauptzulassungsstelle als genehmigt anerkannt werden und deshalb die Bau- und Ausrüstungsteile, die gemäß diesen Daten gefertigt wurden und sich in einem betriebssicheren Zustand befinden, unter Bescheinigung der Lufttüchtigkeit freigegeben werden dürfen.</td></tr>
<tr><td colspan="3">[Wenn es sich beim Entwicklungsbetrieb nicht um die gleiche juristische Person handelt wie beim Halter der Genehmigung als Herstellungsbetrieb]

Befugnis zur Direktlieferung
Diese Bestätigung umfasst auch [ODER umfasst nicht] die allgemeine Vereinbarung über eine unmittelbare Lieferung an Endbenutzer, um die Kontrolle der fortdauernden Lufttüchtigkeit der freigegebenen Bau- und Ausrüstungsteile zu gewährleisten.</td></tr>
<tr><td>für [NAME des Entwicklungsbetriebs/Halters der Genehmigung als Entwicklungsbetrieb]
Datum Unterschrift
dd.mm.yyyy

([NAME in Blockschrift])</td><td colspan="2">für [NAME des Halters der Genehmigung als Herstellungsbetrieb]
Datum Unterschrift
dd.mm.yyyy

([NAME in Blockschrift])</td></tr>
</table>

Abb. 7.4 Exemplarisches DO/PO-Arrangement[33]

[33] Vgl. LufABw (2017), AMC und GM zu DEMAR 21, Anlage XIV Musterformat für eine Vereinbarung gemäß 21.A.133 (b) und (c).

7.4 Koordination mit dem Entwicklungsbetrieb

Herstellungsbetriebe können und dürfen nie alleine agieren. Ein 21G-Betrieb benötigt für seine Herstellungsaktivitäten immer die Unterstützung vom zuständigen 21J-Entwicklungsbetrieb in Form von Vorgabedokumenten, nach denen die Herstellung durchgeführt wird.

Ihre Zusammenarbeit müssen Herstellungs- und Entwicklungsbetriebe abstimmen und schriftlich fixieren.[34] Dies erfolgt über ein sogenanntes DO/PO Arrangement (*D*esign *O*rganisation und *P*roduction *O*rganisation). Im Fokus steht die Dokumentenlenkung. Es muss dazu sichergestellt sein, dass die Vorgabedokumente des Entwicklungsbetriebs initial oder nach Änderung an den Herstellbetrieb übermittelt werden.

Insoweit verpflichtet sich der Entwicklungsbetrieb im DO/PO Arrangement gegenüber dem Herstellungsbetrieb:

- stets die anwendbaren Konstruktionsdaten zeitnah und in aktueller Version zur Verfügung zu stellen und
- die anwendbaren Konstruktionsdaten in einer Qualität bereitzustellen, die dem Herstellungsbetrieb eine angemessene Konfigurationskontrolle ermöglicht.

Der DEMAR Herstellungsbetrieb verpflichtet sich mit dem DO/PO Arrangement,

- zur Erstellung von eigenen Fertigungsunterlagen,
- sämtliche Bauabweichungen vom DEMAR Entwicklungsbetrieb genehmigen zu lassen,
- Mängel in der Dokumentation systematisch an den DEMAR 21J-Betrieb zurückzumelden,
- den DEMAR Entwicklungsbetrieb bei allen Fragen zur Aufrechterhaltung der Lufttüchtigkeit zu unterstützen, sowie
- zur Unterstützung bei der Nachweisführung mittels gefertigter Prototypen.

Im DO/PO Arrangement ist der Umfang der Zusammenarbeit auf Partnummern-Ebene zu definieren.

Wenn ein Betrieb sowohl eine DEMAR-Betriebsgenehmigung nach 21J und 21G hält, ist keine DO/PO Vereinbarung notwendig. In diesem Fall regelt eine schriftliche Fixierung in Form von Verfahrens- oder Prozessbeschreibung die innerbetriebliche Zusammenarbeit zwischen Entwicklungs- und Herstellungsbetrieb.

Das vom LufABw herausgegebene Muster einer DO/PO Vereinbarung ist in Abb. 7.4 abgedruckt. Betriebe können dazu eigene schriftliche Vereinbarungsformen nutzen.

[34] Vgl. LufABw (2020a), DEMAR 21, 21.A.4

7.5 Produktseitige Qualitätssicherung und Abnahme

Um eine angemessene Herstellungsqualität und damit die Lufttüchtigkeit von Luftfahrzeugen oder Komponenten sicherzustellen, finden sowohl während des Fertigungsprozesses als auch zum Abschluss und im Zuge der Übergabe an den Kunden Bundeswehr, **Qualitätskontrollen** statt. Diese Kontrollen werden durch den Zulieferer selbst oder durch die Bundeswehr als Auftraggeber vorgenommen. Im Wesentlichen zählen dazu:

- Eigenprüfungen/Werker-Selbstprüfungen *(Self-Inspections)* nach abgeschlossenen Arbeitsschritten. Durch Abstempeln der Arbeitskarten dokumentiert der Produktionsmitarbeiter, dass er die entsprechenden Arbeiten auf Basis der Vorgaben ausgeführt hat.
- Personelle Entkoppelung des Prüfschritts vom Fertigungsschritt. Hierbei kommen vor allem zwei Verfahren zum Einsatz:
  - Qualitätskontrollen durch einen weiteren, ggf. höher qualifizierten Produktionsmitarbeiter.[35] Solche Zweitkontrollen werden üblicherweise in Arbeitskarten angewiesen.
  - Eingangskontrollen an den Teilen oder halbfertigen Produkten im Rahmen der Übergabe an die nächste Fertigungsstelle.
- Herstellungsbegleitende und abschließende Qualitätskontrollen durch den Auftraggeber. In Abhängigkeit der Komplexität des Prüfgegenstands finden derartige Kontrollen auf Basis vorher vereinbarter Prüfpunkte statt. Auf diese Weise kann die Gefahr von Auslieferungsverzögerungen reduziert werden, weil eine frühzeitige Identifizierung der Mängel möglich ist. Außerdem können Zwischenprüfungen sinnvoll sein, weil bei weiterem Baufortschritt an den zu prüfenden Komponenten kein Zugang mehr möglich ist *(Zone Closure)*.
- Interne Endabnahme nach Abschluss der Herstellungsaktivitäten und Tests mit Ausstellung der Freigabebescheinigung bzw. Konformitätserklärung.[36] Sofern der Zulieferer aufgrund fehlender behördlicher Genehmigung nicht mit einer DEMAR Form 1 ausliefert, erstellt dieser eine Konformitätsbescheinigung (Certificate of Conformity – CoC) und bestätigt, dass die Komponenten oder Arbeitsschritte in Übereinstimmung mit den vereinbarten Herstellungsvorgaben hergestellt wurden.

---

[35] So kann beispielsweise einfache Arbeit (z. B. Bestückung einer Platine) durch einen gering qualifizierten Mitarbeiter erfolgen, während abschließend nur die Prüfung durch einen ausgebildeten Techniker vorgenommen wird.

[36] Vgl. Kap. Dokumentation und Aufzeichnungen.

- Endprüfung und Abnahme durch den Kunden Bundeswehr als Auftraggeber. Die Abnahme kann sowohl Vor-Ort beim Auftragnehmer[37] stattfinden oder im Rahmen der Qualitäts- bzw. Wareneingangsprüfung bei der Bundeswehr erfolgen. In dieser Rolle tritt das Zentrum für technische Qualitätsmanagement (ZtQ) der Bundeswehr auf.

Ergänzend zu diesen laufenden Qualitätskontrollen wird jedes zugelieferte Produkt zu Beginn einer neuen Baureihe oder Fertigungsserie, nach Modifikationen oder nach Änderung von Fertigungsbedingungen stets einer Erstmusterprüfung *(First Article Inspection – FAI) unterzogen.* Der Umfang dieser FAI wird vom Kunden bestimmt, das Ergebnis dokumentiert und vom Kunden durch Unterschrift genehmigt.

Qualität, Qualitätsmanagement und Qualitätssicherung

Unter *Qualität* versteht man die Erfüllung von Anforderungen und Erwartungen. Dies umfasst die Beschaffenheit und die Gesamtheit aller Merkmale und Eigenschaften von Produkt oder Dienstleistung. Um diese Leistungsmerkmale gliedern und ordnen zu können, bedarf es einer systematischen Vorgehensweise. Dabei unterstützt das Qualitätsmanagement.

Ein *Qualitätsmanagement-System* (QM-System) ist daher ein betrieblich formal verankertes Organisations- und Ablaufkonzept, das die Systemstabilität einer Organisation, also die Unabhängigkeit von Personen schafft. Die Entwicklung und Aufrechterhaltung eines leistungsfähigen QM-Systems wird dabei als gesamtbetriebliche Aufgabe angesehen, die an allen Prozessen ansetzen muss und nicht nur der Prüfabteilung. Neben der Identifizierung, Bewertung und systematischen Erfüllung von Kundenanforderungen sowie gesetzlichen, behördlichen und Stakeholder-Anforderungen liegt der Schwerpunkt auf der Zufriedenheit des Kunden (Auftraggeber). Ziel des Qualitätsmanagements ist es somit, Produkte und Dienstleistungen anforderungsgerecht an den Kunden auszuliefern. Standardnorm für QM Systeme in der Verteidigungsindustrie ist die EN 9100 bzw. dessen militärische Erweiterung, die AQAP 2310.

Die *Qualitätssicherung* (QS, engl. *Quality Assurance – QA*) ist eine Teilmenge des Qualitätsmanagements und umfasst alle Aktivitäten zur Sicherstellung von Qualitätsanforderungen an ein Produkt oder eine Dienstleistung. Anders als QM richtet QS den Blickwinkel ausschließlich auf das Produkt und nicht auf die Qualität betrieblicher Prozesse und Ressourcen.[38] Innerhalb der QS ist der erste Schritt

[37] Dies ist insbesondere bei solchen Komponenten sinnvoll, deren Rücktransport im Falle von Reklamationen aufwendig wäre.

[38] Die Aufgaben der QS gelten analog für die Dienstleistungserbringung.

die Qualitätsplanung. Dabei werden Kontroll- und Prüfaktivitäten für das Produkt im Produktionsprozess identifiziert, bestimmt und geplant. Es wird also festgelegt, wo, wie (methodisch und Umfang), wann und durch wen Prüfungen am Produkt durchzuführen sind, z. B. Zwischen- und Endprüfungen oder Prozesskontrollen. Den zweiten Schritt der QS bildet im Anschluss die Qualitätskontrolle und Qualitätsprüfung. In diesem Zuge erfolgt dann die Umsetzung der zuvor geplanten Prüfaktivitäten im Produktionsprozess. Ziel ist die Feststellung der Übereinstimmung von Produktmerkmalen und -eigenschaften mit den Soll-Vorgaben. Zum Prüfpersonal, welches QS-Tätigkeiten verrichtet, zählt u. a. das freigabeberechtigte Personal.

Im Rahmen der DEMAR wird kein Qualitätsmanagementsystem eingefordert. Hierfür fehlen in den DEMAR-Anforderungen typische Charakteristika eines QM-Systems wie die Zielverfolgung und die systematische Prozesssteuerung. Im Fokus der DEMAR Vorgaben steht vielmehr die Qualitätssicherung. Insoweit werden dort auch ausschließlich Begriffe wie Qualitätssystem[39], Qualitätssicherungssystem[40] und Konstruktionssicherungssystem[41] verwendet.

7.6 Freigabe von Luftfahrzeugen und Komponenten

Sobald die Lufttüchtigkeit des Luftfahrzeugs oder der Komponente festgestellt wurde, darf eine Freigabebescheinigung ausgestellt werden. Luftfahrzeuge werden mit der Konformitätserklärung DEMAR Form 52 freigegeben.

Das Freigabedokument für Komponenten ist die DEMAR Form 1. Das Freigabedokument wird nach ordnungsgemäßer und vollständiger Vollendung der Herstellung, jedoch vor dem Einbau in das Luftfahrzeug oder eine nächsthöhere Komponente erteilt.[42]

Der Prozess einer Freigabe setzt sich dabei aus zwei Prüfbestandteile zusammen. Einerseits ist die Arbeit zu inspizieren, andererseits ist die zugehörige Dokumentation zu prüfen. Beide Tätigkeiten sind vor dem Ausstellen des Freigabedokuments durchzuführen.

[39] Vgl. z. B. LufABw (2020a), DEMAR 21, 21.A.139.

[40] Vgl. z. B. LufABw (2017), AMC und GM zu DEMAR 21.A.139, GM1 21.A.139 (b) 2.

[41] Vgl. z. B. LufABw (2020a) DEMAR 21, 21.A.239.

[42] Eine DEMAR Form 1 stellt keine grundsätzliche Erlaubnis dar, Teile in ein Luftfahrzeug einzubauen. Es bestätigt nur die Übereinstimmung der Komponenten mit den genehmigten Entwicklungsdokumenten und die Lufttüchtigkeit. Um eine Komponente mit einer DEMAR Form 1 in ein Luftfahrzeug einbauen zu dürfen, muss die entsprechende Partnumber immer auch in einem passenden Installationsdokument des Entwicklungsbetriebs aufgeführt sein.

Für die Bescheinigung kann entweder ein Papiervordruck oder ein elektronisch generiertes Freigabedokument genutzt werden. Sowohl die DEMAR Form 1 wie auch die DEMAR Form 52 sind in den Anlagen des DEMAR-Regelwerks abgebildet.[43]

Ein Freigabedokument darf ausschließlich durch entsprechend qualifiziertes und berechtigtes Personal (freigabeberechtigtes Personal in der Herstellung) ausgestellt werden. Es handelt dabei zwar hinsichtlich der Freigabeentscheidung unabhängig von Weisungen der Vorgesetzten. Es spricht die Freigabe aber nicht im eigenen Namen aus, sondern in dem des behördlich genehmigten Herstellungsbetriebs. Der freigebende Mitarbeiter bestätigt also im Namen des DEMAR 21G-Betriebs, dass die Herstellung ordnungsgemäß durchgeführt wurde:

- durch einen behördlich genehmigten Herstellungsbetrieb im Rahmen des behördlich erteilten Genehmigungsumfangs *und*
- entsprechend den genehmigten betrieblichen Verfahren *und*
- gemäß den anwendbaren Konstruktionsdaten des Entwicklungsbetriebs *und*
- sich das freigegebene Luftfahrzeug bzw. die Komponente in einem betriebssicheren Zustand befindet.

Bei der Freigabe der Luftfahrzeugherstellung findet sich eine Besonderheit: In der Praxis treten nach Ausstellung der Freigabebescheinigung DEMAR Form 52 oftmals Mängel (z.B. nach Testflügen) auf. Teilweise sind gerade bei längeren Standzeiten erste Instandhaltungsmaßnahmen vor Auslieferung durchzuführen. In diesem Fall sind Nacharbeiten durch den Herstellungsbetrieb erforderlich. Die anschließende Freigabe erfolgt mittels DEMAR Form 53, einer Freigabebescheinigung speziell für die Instandhaltung nach Herstellung. Voraussetzung für dessen Anwendung ist, dass die Arbeiten *nach* Herstellung/Ausstellung der DEMAR Form 52, jedoch *vor* Auslieferung erfolgt. Nach Auslieferung darf das Luftfahrzeug nur durch einen Instandhaltungsbetrieb nach DEMAR 145 instandgehalten werden.

Details zur Ausstellung von Freigabedokumenten finden sich in Kap. 10 Konformitäts- und Freigabebescheinigungen.

Literatur

Bundesministerium der Verteidigung (BMVg): Grundsätze der Zulassung von Luftfahrzeugen (Dachvorschrift), Nr. A-275/1, Version 1, 2021

Hinsch, M. (2019) Industrielles Luftfahrt Management. 4. Aufl. Berlin, Heidelberg. 2019

[43] DEMAR Form 1: siehe DEMAR 145, Anlage I; DEMAR Form 52: siehe DEMAR 21, Anlage VII.

Luftfahrtamt der Bundeswehr (LufABw, 2020a): Zulassung von Produkten, Bau- und Ausrüstungsteilen sowie Genehmigung von Entwicklern und Herstellern DEMAR 21, Nr. A1–275/3–8901, Version 2, 2020

Luftfahrtamt der Bundeswehr (LufABw, 2017): AMC und GM zur DEMAR 21 – Militärische Zulassung von Luftfahrzeugen und zugehöriger Produkte, Bau- und Ausrüstungsteile sowie Genehmigung von Entwicklungs- und Herstellungsbetrieben, Nr. A1–275/3–8902, Version 1, 2017

8 Instandhaltung

Sobald Luftfahrzeuge nach Herstellung in den Betrieb übergangen sind, ist sicherzustellen, dass sie sich während ihrer gesamten Lebenszeit in einem lufttüchtigen Zustand befinden. Hierzu muss das Luftfahrzeug regelmäßig überprüft und instandgehalten werden.

In diesem Kapitel werden zunächst die Grundlagen der Luftfahrzeuginstandhaltung erklärt (Abschn. 8.1). Dem schließt sich die Darstellung der Genehmigungsvoraussetzungen sowie der Kernbestandteile eines Instandhaltungsbetriebs nach DEMAR 145 an. Nach dieser Einführung widmet sich das folgende Unterkapitel der Luftfahrzeuginstandhaltung (Abschn. 8.2). In diesem Zuge werden die Line und Base Maintenance sowie der Ablauf und die Besonderheiten von geplanter und ungeplanter Luftfahrzeuginstandhaltung erläutert. Im Anschluss folgt eine Darstellung des Prozesses der Komponenteninstandhaltung (Abschn. 8.3). Das Kapitel schließt mit einer Übersicht über die Dokumentationsanforderungen von Instandhaltungsarbeiten an Luftfahrzeugen sowie an Komponenten (Abschn. 8.4).

8.1 Grundlagen der Luftfahrzeuginstandhaltung

Die Instandhaltung von Luftfahrzeugen und Komponenten ist komplex und erfordert höchste Sorgfalt, sowohl in der Vorbereitung als auch in der Durchführung und der abschließenden Dokumentation. Nur so kann der sichere Betrieb von Luftfahrzeugen über den gesamten Betriebszyklus sichergestellt werden.

Teile dieses Kapitels wurden ursprünglich veröffentlicht in: Hinsch, M. (2019): Industrielles Luftfahrmanagement. 4. Aufl. Berlin, Heidelberg. 2019.

M. Hinsch et al., *Einführung in die DEMAR*,
https://doi.org/10.1007/978-3-662-65676-1_8

8.1.1 Definitionen zur Instandhaltung

Unter der Instandhaltung werden all jene Maßnahmen verstanden, die dem Erhalt oder der Wiederherstellung des Sollzustands dienen. Dabei wird Instandhaltung untergliedert in:

- **Wartung:** Hierunter werden all jene Instandhaltungsmaßnahmen subsumiert, die der Bewahrung des Sollzustandes dienen und dabei die Abnutzung hinauszuzögern (Line Maintenance).
- **Instandsetzung (auch Überholung):** Diese umschließt alle Maßnahmen zur Wiederherstellung des Sollzustands (Base Maintenance). Nicht dazu gehören Verbesserungen oder Weiterentwicklungen.
- **Reparaturen:** Maßnahmen, die zur Beseitigung eines offensichtlichen Schadens dienen.

8.1.2 Besonderheiten der Luftfahrzeuginstandhaltung

Die Instandhaltung von Luftfahrzeugen und darin verbauter Komponenten ist durch die DEMAR 145 geregelt.[1] In dieser wird festgelegt, dass Instandhaltung an Luftfahrzeugen und Komponenten ausschließlich durch genehmigte Betriebe ausgeführt werden darf, unabhängig davon, ob es sich um einen Betrieb der gewerblichen Wirtschaft oder um eine Einrichtung der Bundeswehr handelt.

Dabei unterliegt nicht nur die luftfahrtbetriebliche Aufbau- und Ablauforganisation, sondern auch Art und Umfang der Instandhaltungsausführung behördlichen Vorgaben. Dies gilt auch für die Durchführung von Instandhaltungsmaßnahmen. So dürfen diese nur auf Basis der Vorgabedokumente eines nach DEMAR 21J genehmigten Entwicklungsbetriebs erfolgen.

Zudem müssen Art und Umfang von Instandhaltungsmaßnahmen über ein Luftfahrzeug-Instandhaltungsprogramm (IHP) gesteuert werden. Jedes von der Bundeswehr unter DEMAR betriebene Luftfahrzeug verfügt somit über ein solches IHP, das durch eine CAMO Organisation erstellt und überwacht wird.[2]

Neben den eigentlichen Instandhaltungsarbeiten fallen auch folgende Aktivitäten unter den Geltungsbereich der DEMAR 145:

---

[1] Darüber hinaus macht im Bereich der Europäischen Luftfahrtnormen die EN9110 Vorgaben zum Aufbau sowie zu Ablauf- und Verfahrensstrukturen von Instandhaltungsbetrieben. Während die DEMAR 145 den Fokus einzig auf Sicherheit legt, richtet sich der Blickwinkel der Norm stärker auf Kundenzufriedenheit und Prozessstabilität.

[2] vgl. Abschn. 9.3

- die Umsetzung von Modifikationen, zur Änderung bzw. Verbesserung des Produkts (STCs, Minor Changes),
- die Umsetzung von ADs, SBs oder EOs und besondere Anweisungen durch den Operator oder die Luftfahrtbehörden,
- die Flugzeuglackierung,
- die zerstörungsfreie Materialprüfung (NDT).

Nicht zur Instandhaltung zählen indes die Innen- und Außenreinigung von Luftfahrzeugen, die Betankung, die Wasserver- und -entsorgung, Toilettenservice, Enteisen sowie die Desinsektizierung.

8.1.3 Qualitätsanforderungen und Genehmigungsvoraussetzungen

Ein behördlich genehmigter Instandhaltungsbetrieb nach DEMAR 145 muss nachweisen, ein Qualitätssystem eingerichtet zu haben und unterhalten zu können. Dies soll sicherstellen, dass die Instandhaltung unter beherrschten und reproduzierbaren Bedingungen stattfindet.

Der Betrieb muss dazu stets in der Lage sein, Luftfahrzeuge und Komponenten unter Einhaltung der Vorgaben eines Entwicklungsbetriebs instandzuhalten.

Dies kann nur gelingen, wenn der Instandhaltungsbetrieb über klar definierte und nachvollziehbare Betriebsstrukturen und -abläufe verfügt. Aus diesem Grund sind das Qualitätssystem und die zugehörigen Verfahren zu dokumentieren.[3] Art und Umfang der behördlichen Anforderungen richten sich nach der Betriebsgröße und dem durch das LufABw erteilten Genehmigungsumfang.

Grundsätzlich muss ein behördlich genehmigtes Qualitätssystem in der Instandhaltung jedoch mindestens die folgenden **Bestandteile** aufweisen:

- ein übergreifendes **Steuerungs- und Qualitätssicherungssystem** zur Lenkung der Prozesse, Verfahren, Dokumente und Ressourcen,
- eine **unabhängige Funktion** (Stabstelle) des **Qualitätsmanagements,**
- ein nachvollziehbares **System zur Abnahme und Freigabe** von Luftfahrzeugen und Komponenten (Qualitätssicherung),
- ein systematisches und dokumentiertes Vorgehen im Falle der **Vergabe von Unteraufträgen.**

[3] Vgl. LufABw (2020c), DEMAR 145, 145.A.70.

Um eine angemessene Qualität der Instandhaltungsleistung zu erzielen, sind darüber hinaus weitere Genehmigungsvoraussetzungen der DEMAR 145 zu erfüllen:

- Der Betrieb muss **in Umfang** und **Qualifikation** über **hinreichend Instandhaltungspersonal** verfügen, um die Instandhaltungsaufgaben angemessen ausführen zu können. Das Personal muss zudem befugt sein, die jeweiligen Aufgaben durchzuführen.
- Der genehmigte DEMAR 145-Betrieb muss über ausreichend **freigabeberechtigtes Personal** *(Certifying Staff)* verfügen, um die Lufttüchtigkeit nach Instandhaltung von Luftfahrzeugen oder Komponenten bescheinigen zu können.[4]
- Die **Infrastruktur** muss den Mitarbeitern eine vorschriftsmäßige Arbeitsausführung ermöglichen. Der Betrieb muss also hinreichende Betriebsstätten, notwendige Ausrüstung, Werkzeuge, Mess- und Prüfmittel sowie angemessene Arbeitsbedingungen vorweisen können.
- Der Betrieb muss sicherstellen, dass Luftfahrzeuge und Komponenten nur auf Basis der Vorgabedokumente des Entwicklungsbetriebs (**Approved** Maintenance Data)[5] instandgehalten, repariert und in Verkehr gebracht werden. Dabei ist insbesondere sicherzustellen, dass die letztgültige bzw. durch die CAMO angewiesene Revision der Instandhaltungsdokumentation während der Arbeitsdurchführung zur Verfügung steht und zur Anwendung kommt.
- Es muss ein namentlich benannter und durch das LufABw **akzeptierter, verantwortlicher Betriebsleiter** *(Accountable Manager)* existieren, der die betriebliche Sicherheits- und Qualitätsstrategie unter Berücksichtigung der behördlichen Vorgaben festlegt und deren Umsetzung sicherstellt. Diese Person hat dafür Sorge zu tragen, dass alle notwendigen Ressourcen für die Durchführung der Instandhaltung in Übereinstimmung mit der DEMAR 145 vorhanden sind.[6] Zudem sind weitere leitende Personen gegenüber der zuständigen Behörde zu melden, vgl. Abschn. 11.3.2. Abb. 8.1 zeigt die Verantwortungsstruktur eines Instandhaltungsbetriebs.
- Instandhaltungsbetriebe müssen ein **innerbetriebliches Ereignis-/Fehlermeldesystem** unterhalten. Werden Zustände an einem Luftfahrzeug identifiziert, welche die Flugsicherheit ernsthaft gefährden, so ist über dieses Meldesystem sowohl die zuständige Luftfahrtbehörde als auch der die betreibende Organisation des Luftfahrzeugs zu informieren.[7]
- Die betrieblichen Strukturen und Abläufe sind im Instandhaltungs-**Betriebshandbuch** (kurz: IBH), bzw. in den zugehörigen Verfahrensanweisungen schriftlich zu fixieren und im Betrieb bekannt zu machen. Die Einhaltung der betrieblichen Vorgaben wird durch die zuständige Behörde periodisch überprüft.

[4] Vgl. LufABw (2022b), AMC und GM zur DEMAR 145, AMC 145.A.30(d).

[5] vgl. Abschn. 5.3.3

[6] Vgl. LufABw (2020c), DEMAR 145, 145.A.30 (a).

[7] Vgl. LufABw (2020c), DEMAR 145, 145.A.60.

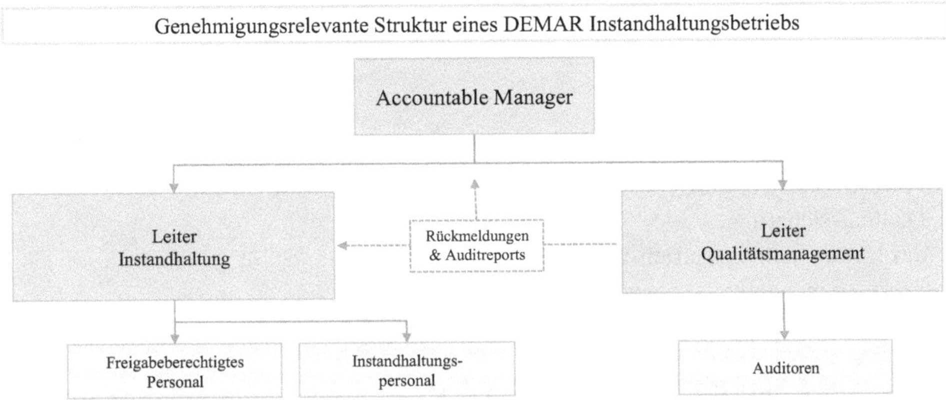

Abb. 8.1 Struktur eines genehmigten Herstellungsbetriebs (vereinfachte Darstellung

Die genehmigungsrelevante Struktur eines DEMAR-Instandhaltungsbetriebs wird in Abb. 8.1 dargestellt.

Leih- und Fremdpersonal in der DEMAR 145

Generell hat ein Instandhaltungsbetrieb nachzuweisen, dass er über qualifiziertes Personal in ausreichendem Umfang verfügt, um die ihm zugewiesenen Aufgaben fachgerecht erfüllen zu können. Zu diesem Zweck darf ein Instandhaltungsbetrieb auch fremdes Personal einsetzen. Dabei kann es sich um eine dauerhafte Arbeitnehmerüberlassung oder um temporäres Fremdpersonal handeln. Bei letzterem kommen sowohl eine zeitweise Unterstützung im Rahmen einer Kommandierung oder Abordnung, wie auch zivile Personalunterstützung aus der gewerblichen Wirtschaft in Frage.

Das Besondere beim Fremdpersonaleinsatz in der Instandhaltung ist eine vorgeschriebene Eigenpersonalquote von mindestens 50 %. Diese Anforderung gilt nicht nur für den Betrieb in Gänze, sondern auch je Halle, Dock, Werkstatt oder Schicht. Im Fall kooperativer Einrichtungen zwischen gewerblicher Wirtschaft und Bundeswehr ist das Bundeswehrorganisationselement, das Bestandteil dieser Kooperation ist, als Teil des gewerblichen Betriebs zu betrachten.[8]

8.1.4 Aufbau eines DEMAR 145-Betriebs

Die DEMAR 145 gibt keine direkten Vorgaben zur Aufbau- und Ablauforganisation eines Instandhaltungsbetriebs. Jedoch finden sich Anforderungen an:

[8] Vgl. LufABw (2022b), AMC und GM zur DEMAR 145, AMC 145.A.30(d) 1.

- Betriebsstätten,
- Personal,
- Lagerung,
- Instandhaltungsplanung,
- Instandhaltungsdokumentation,
- Freigabebescheinigung,
- Qualitätssicherung,
- das Instandhaltungsbetriebshandbuch,
- Prozesse und deren Überwachung, sowie
- Anforderung an Komponenten und deren Klassifizierung.

Aus diesen Vorgaben der DEMAR 145 lässt sich der Aufbau eines genehmigungsfähigen Instandhaltungsbetriebs ableiten.

Die drei Kernelemente des DEMAR 145-Betriebs bilden dabei die:

- Luftfahrzeuginstandhaltung,
- Triebwerkinstandhaltung, sowie die
- Komponenteninstandhaltung.[9]

Das individuelle Leistungsspektrum muss dabei explizit für diese Tätigkeiten durch den behördlichen Genehmigungsumfang abgedeckt sein. Hierfür existieren verschiedene *Ratings,* also Berechtigungskategorien:[10]

- Luftfahrzeuge (A-Ratings),
- Triebwerke und Hilfsaggregate (B-Ratings),
- Komponenten (C-Rating),
- Zerstörungsfreie Prüfungen/NDT für Dritte (D1-Rating) und
- Waffen, Kampfmittel und pyrotechnische Systeme (D5-Rating).

Abb. 8.2 zeigt den typischen Betriebsaufbau mit Ratings von A bis D.

Diese Basis-Berechtigungen sind in einer sog. Capability Liste durch den DEMAR 145-Betrieb weiter auf Flugzeug- bzw. Triebwerksmuster (A- und B-Rating) sowie auf Part-Nummern-Ebene (C-Rating) einzugrenzen.

[9] Für militärische Ausrüstung (insb. Bewaffnung) führt die DEMAR 145 keine spezifischen Anforderungen aus. Diese werden lediglich als eigene Berechtigungskategorie im C3 und C4-Rating berücksichtigt.

[10] Vgl. LufABw (2020c), DEMAR 145, – Anhang II, Tab. 1

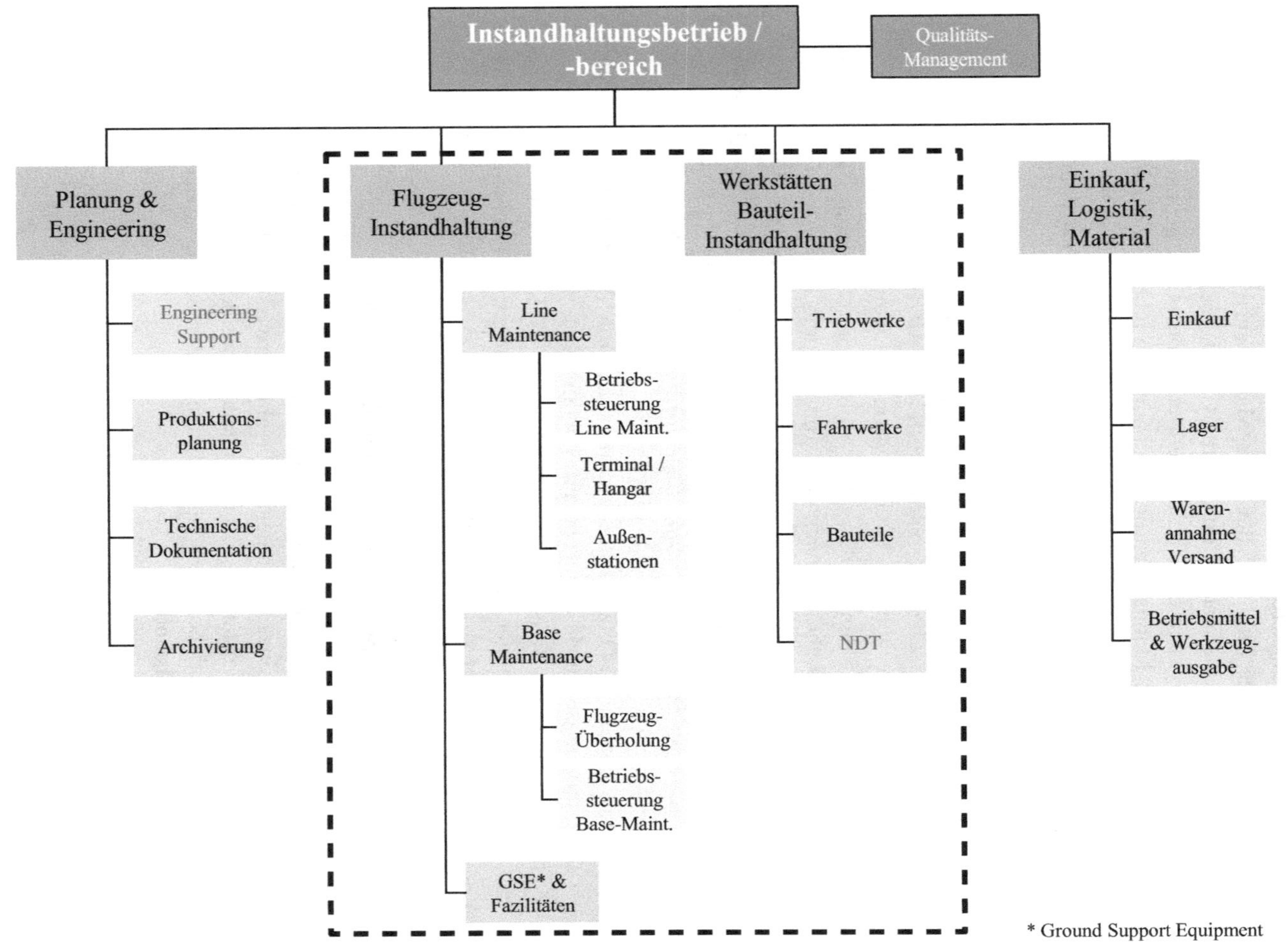

Abb. 8.2 Typischer Aufbau eines zivilen Instandhaltungsbetriebs

8.2 Luftfahrzeuginstandhaltung

Im Bereich der Leistungserbringung von Instandhaltungsmaßnahmen unterscheidet man zwischen der Line und der Base Maintenance in Abhängigkeit davon, wo und durch wen eine Maßnahme durchgeführt wird. Bei den durchzuführenden Instandhaltungsmaßnahmen kann es sich dabei um eine vorher fest geplante Maßnahme handeln, oder auch um eine Maßnahme, die ungeplant oder ad hoc in der Instandhaltung zu berücksichtigen ist. Letztere gilt es nach Möglichkeit zu vermeiden, um die Effizienz sowohl in der Instandhaltung, aber auch im Betriebszyklus eines Luftfahrzeuges möglichst optimal zu gestalten.

Instandhaltung außerhalb der genehmigten Betriebsstätte
Die Vorgaben an den Instandhaltungsbetrieb nach DEMAR 145 sind weitestgehend der EMAR und damit der zivilen EU-Gesetzgebung entnommen. Alle diese Vorgaben sind mit Blick auf den militärischen Auftrag zu reflektieren. Die Befugnis, Einsätze der Bundeswehr zu genehmigen, obliegt dem Deutschen Bundestag. Wenn der Bundestag jedoch einen Einsatz billigt, ist es Aufgabe der Bundeswehr und damit auch des LufABw, diesen bestmöglich sicherzustellen. Insofern wird hierbei grundsätzlich nicht über die Frage entschieden, ob eine Instandhaltungseinrichtung auf einer *Forward Operating Base* eröffnet wird, sondern nur über den Umfang, die Voraussetzungen und Bedingungen sowie die dafür erforderlichen Verfahrenszugeständnisse. Obwohl stets gilt, dass der DEMAR-Betrieb nur an den in der Genehmigungsurkunde angegebenen Standorten tätig werden darf, gibt es abweichende Regelungen. So ist bei Einsatz und Übung die Instandhaltung an nicht genehmigten Standorten unter bestimmten Voraussetzungen und zeitlich begrenzt zulässig, ohne dass das LufABw vorab den neuen Standort genehmigen muss.[11]

8.2.1 Unterscheidung von Line und Base Maintenance

In der Luftfahrzeuginstandhaltung wird zwischen Line und Base Maintenance unterschieden. Während als Line Maintenance[12] üblicherweise alle Wartungsaktivitäten (Bewahrung des Sollzustands) zusammengefasst werden, umschließt die Base Maintenance primär Maßnahmen der Instandsetzung/Überholung (Maßnahmen zur Wiederherstellung des Sollzustands).

[11] Vgl. LufABw (2020c), DEMAR 145, 145.A.75-DEU.

[12] Über die Unterteilung in Line- und Base Maintenance hinaus verwendet die Bundeswehr gelegentlich den Begriff der "Light Maintenance". Dieser steht jedoch in keinem Bezug zur aktuellen DEMAR Regelungslandschaft der Bundeswehr und findet daher an dieser Stelle keine zulassungsrelevante Berücksichtigung.

Die Unterscheidung in Line und Base Maintenance ist wichtig, weil den beiden Instandhaltungsarten **unterschiedliche Genehmigungsvoraussetzungen** zugrunde liegen. So sind die technischen, organisatorischen und personellen Voraussetzungen im Rahmen der Base Maintenance deutlich anspruchsvoller. Weil die Komplexität der Aufgaben üblicherweise höher und der Arbeitsumfang über alle Gewerke breitgefächerter ist, sind auch die Qualifikationsanforderungen an Base Maintenance Personal umfassender als an Mitarbeiter der Line Maintenance.[13] Darüber hinaus müssen im Rahmen der Base Maintenance neben den Betriebsmitteln auch die Betriebsstätten inklusive Hangars und Dockanlagen dauerhaft zur Verfügung stehen.

Die Genehmigung eines Instandhaltungsbetriebs kann sowohl Base und Line Maintenance Berechtigungen umfassen. Dabei ist es auch möglich, dass ein DEMAR 145-Betrieb ausschließlich zur Line Maintenance berechtigt ist.

In der Praxis können Base und Line Maintenance Tätigkeiten an mehreren, im Genehmigungsumfang enthaltenen Standorten eines Betriebs durchgeführt werden. Für jeden einzelnen Standort ist es jedoch erforderlich, eine Liste der Luftfahrzeugmuster zu führen, die dort instandgehalten werden dürfen.

Die Unterscheidung zwischen Line und Base Maintenance gibt es nur in der Luftfahrzeuginstandhaltung, nicht in der Komponenteninstandhaltung.

Für periodisch wiederkehrende Instandhaltungsereignisse (*Checks*) ergibt sich die Klassifizierung hinsichtlich Line oder Base Maintenance aus dem Luftfahrzeug-Instandhaltungsprogramm.

Um bei der Klassifizierung der Instandhaltungsereignisse nach Line oder Base Maintenance Beliebigkeit vorzubeugen, orientiert sich die Unterscheidung an der **technischen Eindringtiefe.** Im Einzelnen werden der Line Maintenance dabei folgende Tätigkeiten zugeordnet:[14]

- Fehlersuche sowie Mängelbeseitigung.
- Austausch von Komponenten, mithilfe externer Prüfausrüstung, falls erforderlich.
- Planbare Instandhaltung und/oder Inspektionen, die Sichtprüfungen zur Feststellung offensichtlicher unbefriedigender Zustände beinhalten, aber keine umfangreiche Inspektion erfordern.
- Geringfügige Reparaturen, Änderungen oder Modifikationen, die mit einfachen Mitteln durchgeführt werden können.

Instandhaltungsereignisse, bei denen die Tätigkeiten erkennbar über die oben aufgezählten Maßnahmen hinausgehen, müssen der Base Maintenance zugeordnet werden.

---

[13] Vgl. LufABw (2020d), DEMAR 66.

[14] Vgl. LufABw (2022b), AMC und GM zur DEMAR 145, AMC 145.A.10 sowie LufABw (2022c), AMC und GM zur DEMAR 66, AMC 66.A.20(a).

Als Abgrenzung zur Base Maintenance gilt also das Ausschlussprinzip. Ein weiterer Maßstab der Abgrenzung zur Base Maintenance ist darüber hinaus, dass bei einer Line Maintenance der Gesamtumfang der erforderlichen Arbeiten weniger als 1000 h betragen muss und dabei kein hoher Zerlegungsgrad des Luftfahrzeugs erforderlich sein darf.[15]

8.2.2 Geplante Instandhaltung

Für jedes unter DEMAR betriebene Luftfahrzeug ist ein individuelles Instandhaltungsprogramm durch die CAMO zu erstellen. Bevor also ein Luftfahrzeug zum Check im DEMAR 145-Betrieb eintrifft, sind die anstehenden Instandhaltungsaktivitäten bereits zu einem Großteil bekannt und geplant. Dies ist darauf zurückzuführen, dass bei einem Luftfahrzeug – vergleichbar mit einem Pkw – bestimmte Bestandteile in festgelegten Zeitabständen untersucht oder aufgrund einer besonderen Beanspruchung präventiv ausgetauscht werden müssen.

Solche im Vorfeld einer Liegezeit individuell bekannten und damit geplanten Instandhaltungsmaßnahmen werden als **Routine-Arbeiten** (auch *scheduled Maintenance*) bezeichnet. Der hohe Anteil dieser vor einem Check bekannten Instandhaltungsaktivitäten erleichtert die Planbarkeit und ermöglicht eine anforderungsgerechte Bereitstellung von Personal, Dokumentation, Material und Betriebsmitteln. Auch vereinfacht ein umfangreiches Routine-Arbeitspaket die reibungslosere Steuerung einer Liegezeit und trägt insgesamt zu einer niedrigeren und kalkulierbareren Bodenzeit des Luftfahrzeugs bei. Die Planung, Bereitstellung und Steuerung der Ressourcen ist dabei eine wesentliche Anforderung an DEMAR 145-Betriebe und wird regelmäßig durch das LufABw auf konforme Umsetzung und Richtigkeit geprüft.

Nachdem das Routine-Arbeitspaket bewertet und ggf. angepasst wurde, bereitet die Arbeitsplanung die Arbeitskarten für die Instandhaltung vor. Dort wird der Umfang des Routine-Arbeitspakets zunächst geprüft und dann den Gewerken zugeordnet. Schließlich erfolgt die Verteilung der Routine-Arbeitskarten auf die Instandhaltungsberechtigten entsprechend der in den Arbeitskarten angegebenen Personalqualifikationen. Nach Abschluss der Arbeiten wird die Durchführung auf den Arbeitskarten abgezeichnet.

Neben den im Luftfahrzeug-Instandhaltungsprogramm verankerten Instandhaltungsaktivitäten gibt es weitere Maßnahmen, die ebenfalls im Vorfeld einer Liegezeit bekannt und damit planbar sind, jedoch nicht zum Routine-Arbeitspaket zählen. Hierunter fallen Modifikationen oder die Umsetzung von Service Bulletins und Airworthiness Directives, die im Rahmen einer Liegezeit separat geplant und ausgewiesen werden.

[15] Vgl. LufABw (2022b), AMC und GM zur DEMAR 145, AMC 145.A.10.

8.2.3 Ungeplante Instandhaltung

Treten während des Betriebs oder während einer geplanten Instandhaltungsmaßnahme Funktionsstörungen oder Schäden zu Tage und ist deren Behebung gar nicht oder nur nicht im entstandenen Umfang durch Arbeitskarten der Routine-Instandhaltung gedeckt, spricht man von **Non-Routine** Ereignissen (z. B. Korrosion, Risse, erhöhte Abnutzung). Non-Routine ist somit eine nicht geplante Instandhaltung und wird daher auch als *unscheduled Maintenance* bezeichnet. Für die Abarbeitung ungeplanter Instandhaltungsmaßnahmen muss ein DEMAR 145-genehmigter Betrieb über dokumentierte betriebliche Verfahren verfügen.[16]

Am Beginn eines **Non-Routine-Instandhaltungsprozesses** (Abb. 8.1) steht die Feststellung eines Befunds, z. B. durch Dokumentation im Bord- und Wartungsbuch,[17] durch Inspektionen oder Freilegungen. Hierzu werden neben einer eindeutigen Schadensbeschreibung (Feststellung des Ist-Zustands) auch das betroffene Luftfahrzeug, der Befundbereich (Gewerk, ATA-Kapitel, Zone, Station, etc.) und eine zugehörige Referenz (zu Approved Data, z. B. ADs, Engineering Order, etc.) festgehalten.

Werden diese Mängel bei einer geplanten Instandhaltungsmaßnahme festgestellt, müssen diese dem Luftfahrzeugbetreiber bzw. der CAMO umgehend mitgeteilt werden, um deren Zustimmung zur Behebung dieser Mängel einzuholen. Die daraus resultierenden Arbeiten sind im Instandhaltungsarbeitsauftrag einzutragen, sofern sie durch die CAMO bzw. die betreibende Organisation gebilligt wurden. Wird einer Beseitigung der Mängel nicht zugestimmt, so muss der Instandhaltungsbetrieb diesen Sachverhalt im Freigabedokument des Luftfahrzeugs sowie im Bord- und Wartungshandbuch vermerken.[18]

Abb. 8.3 stellt die einzelnen Prozessschritte in der ungeplanten Instandhaltung dar.

Auf Grundlage von Schadensbewertung und -ursache des Mangels wird durch den DEMAR 145-Betrieb eine Befundklassifizierung vorgenommen, welche zugleich die Bestimmung der zur Abarbeitung notwendigen Vorgabedokumentation des Entwicklungsbetriebs (Approved Data, z. B. gem. SRM, CMM) beinhaltet. Auf Basis der **Befundbewertung** kann zudem der zeitliche Umfang, die erforderliche Personalqualifikation und der Materialbedarf bestimmt werden. Erst dann sind die Voraussetzungen für die eigentliche Beanstandungsbehebung gegeben.

Typische Schäden sind i. d. R. über genehmigte Reparaturhandbücher beschrieben, sodass diese durch den Instandhaltungsbetrieb allein abgearbeitet werden können.

---

[16] Vgl. LufABw (2020c), DEMAR 145, 145.A.65 (b) 4.

[17] Das Bord- und Wartungsbuch *(Technical Logbook)* ist gem. M.A.306 vorgeschrieben. Hierin werden neben Fluginformationen (Flugzeit, Strecke, Flugnummer, Piloten) technische Auffälligkeiten, Störungen und Fehlermeldungen, die während des Flugs aufgetreten sind, dokumentiert, vgl. LufABw (2020b), DEMAR M, M.A.306.

[18] Vgl. LufABw (2020c), DEMAR 145, 145.A.50 (c) und (e).

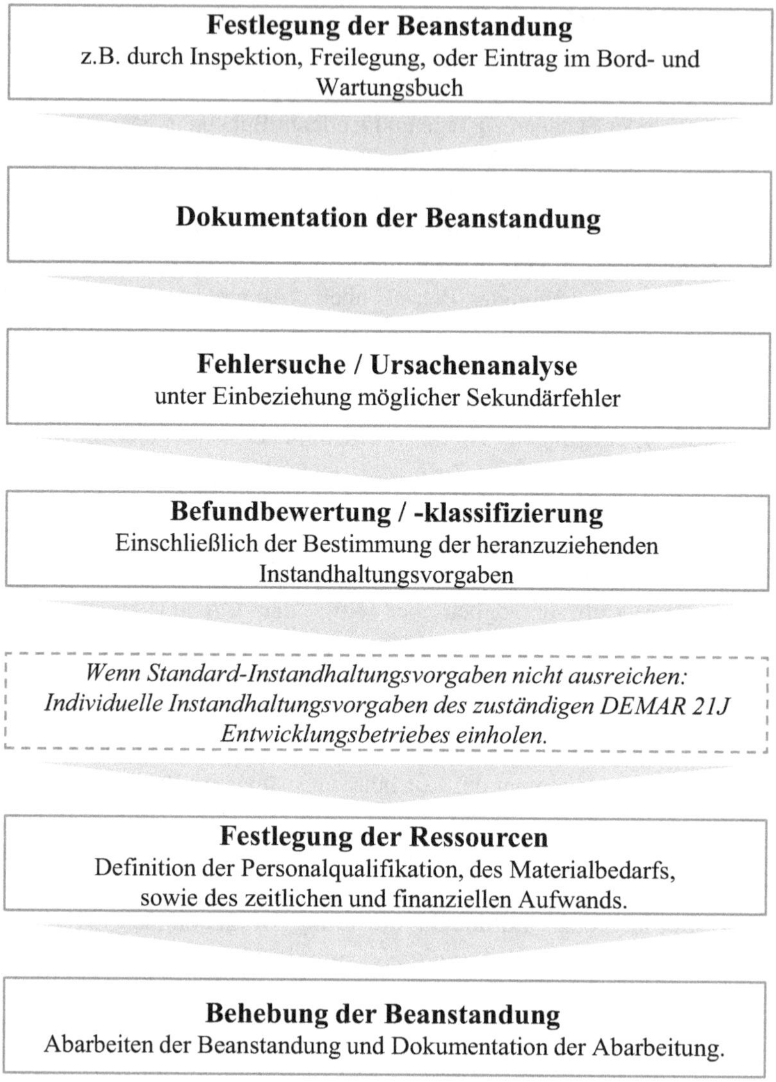

Festlegung der Beanstandung
z.B. durch Inspektion, Freilegung, oder Eintrag im Bord- und Wartungsbuch

Dokumentation der Beanstandung

Fehlersuche / Ursachenanalyse
unter Einbeziehung möglicher Sekundärfehler

Befundbewertung / -klassifizierung
Einschließlich der Bestimmung der heranzuziehenden Instandhaltungsvorgaben

Wenn Standard-Instandhaltungsvorgaben nicht ausreichen: Individuelle Instandhaltungsvorgaben des zuständigen DEMAR 21J Entwicklungsbetriebes einholen.

Festlegung der Ressourcen
Definition der Personalqualifikation, des Materialbedarfs, sowie des zeitlichen und finanziellen Aufwands.

Behebung der Beanstandung
Abarbeiten der Beanstandung und Dokumentation der Abarbeitung.

Abb. 8.3 Prozessschritte in der ungeplanten Instandhaltung

Größere Schäden indes können oftmals nicht über diese Standard-Instandhaltungshandbücher abgearbeitet werden. Dann ist die Hinzuziehung eines DEMAR 21J-Entwicklungsbetriebs notwendig, um Reparaturvorgaben zu entwickeln und so Vorgabedokumente (Approved Data) für den individuellen Schadensfall zu erhalten.

Nach erfolgreicher Behebung von Schäden ist deren Abarbeitung in den zugehörigen Instandhaltungsunterlagen zu bescheinigen.

Non-Routine Arbeiten lassen sich im Vorfeld einer Liegezeit nur bedingt planen. Denn eine umfassende Non-Routine Planung würde nicht nur die Vorhersage der Schadensquellen in Art und Umfang voraussetzen, sondern auch das Wissen um die Zeitbedarfe zur Behebung der Beanstandungen erfordern.

Erfolgt die Maintenance in einem Instandhaltungsbetrieb jedoch an einer größeren Zahl gleicher Flugzeugtypen, so werden bei langjähriger Betreuung teilweise Non-Routine Muster erkennbar. Solche Erfahrungen erleichtern die Vorhersage im Hinblick auf den zeitlichen und kapazitiven Gesamtumfang zukünftiger Liegezeiten und werden daher bei der Definition der Arbeitspakete berücksichtigt (Verhältnis Routine- zu Non-Routine Aufwand). Die damit verbundene Planungsstabilität ermöglicht einen wirtschaftlicheren Ressourceneinsatz, insbesondere bei Auslastung und Materialverfügbarkeit. Von einem solchen Know-how profitiert auch die Bundeswehr als Betreiber der Luftfahrzeuge z. B. in Form reduzierter Flugzeugbodenzeiten und schnellerer Verfügbarkeit der Luftfahrzeuge nach erfolgter Instandhaltung.

8.3 Komponenteninstandhaltung

Bei der Instandhaltung von Luftfahrzeugen, kommt der Instandhaltung von Luftfahrzeug-Komponenten eine besondere Bedeutung zu. Zwar gleichen sich die allgemeinen behördlichen Genehmigungsvoraussetzungen für eine Luftfahrzeug-Instandhaltungsbetrieb und einen Komponenten- Instandhaltungsbetrieb nach DEMAR 145, allerdings sind die individuellen Instandhaltungsmaßnahmen in der Instandhaltung von Komponenten deutlich komplexer und spezialisierter als die Instandhaltung auf Ebene eines Gesamtluftfahrzeugs.

8.3.1 Typische Struktur von Instandhaltungswerkstätten

Zwar findet ein bedeutender Teil der Instandhaltung unmittelbar am Luftfahrzeug statt, jedoch werden auch viele Bestandteile eines Flugzeugs ausgebaut und zur Überholung in Fachwerkstätten weitergeleitet. Diese DEMAR 145-genehmigten Betriebe verfügen dann über ein C-Rating und dürfen die Instandhaltung von Komponenten ausschließlich in ausgebautem Zustand durchführen. In den entsprechenden Fachwerkstätten stehen dann neben qualifiziertem Personal auch entsprechende Betriebsmittel, einschließlich spezieller Testgeräte und -bänke, zur Verfügung. Die in diesen Werkstätten durchgeführten Tätigkeiten reichen von der Reinigung, Adjustierung und Funktionsprüfung oder Rissprüfung bis hin zur kompletten Zerlegung, Instandhaltung und Modifikation von Komponenten und Systemen. Typische Beispiele für Ausbauteile sind Hydraulikpumpen, Fahrwerkskomponenten, Navigationsinstrumente oder Sitze.

Nachdem die betroffenen Komponenten am Flugzeug freigelegt oder ausgebaut wurden, sind etwaige Befundstellen zu markieren. Teile, die nicht sofort wieder in das Luftfahrzeug eingebaut werden, sind unmittelbar nach deren Ausbau mit einem ***unserviceable*** Anhänger *(Tag)* zu versehen und stets getrennt von verwendbaren Teilen zu lagern.[19] Auf diese Weise soll die Gefahr einer versehentlichen Wieder-in-Verkehr-Bringung nicht lufttüchtiger Komponenten vermieden werden. Nach entsprechender Kennzeichnung erfolgt die Übergabe an die zuständige Fachwerkstatt.

Die im Folgenden dargestellten Bereiche der Komponenteninstandhaltung bilden die klassische Unterscheidung im Rahmen der Luftfahrzeuginstandhaltung:

- Fachwerkstatt für Mechanik,
- Avionik Werkstatt,
- unterstützende Instandhaltungswerkstätten (Maintenance-Support-Shops),
- Bereiche für Überholung von Triebwerken und Propellern,
- zerstörungsfreie Materialprüfung.

In einer **Fachwerkstatt für Mechanik** werden neben mechanischen Bauteilen üblicherweise auch hydraulische und pneumatische Geräte, Baugruppen und Sauerstoffsysteme instandgehalten, repariert und modifiziert. Typische Beispiele sind Steuergeräte, Hydraulikpumpen und -motoren bzw. Flight Controls, Fahrwerkskomponenten, Hydraulik- oder Pneumatikventile oder Versorgungselemente für Heißluft- und Sauerstoffversorgung. Größere Instandhaltungsbetriebe zeichnen sich üblicherweise durch eine hohe Spezialisierung aus. Die Bereiche Hydraulik, Mechanik und Pneumatik unterteilen sich bei diesen unter Umständen in verschiedene Werkstätten. Dies gilt oftmals auch für Räder und Bremsen sowie für Rettungs- und Sicherheitsgerät.

In einer **Avionik Werkstatt** wird Instandhaltung an elektrischen bzw. elektronischen Luftfahrzeugbauteilen und -systemen durchgeführt. Typische Beispiele für Avionikkomponenten sind Anzeigegeräte und Überwachungsinstrumente, Kommunikationsanlagen, Navigationsinstrumente und -systeme, Flugrechner und Flugdatenrecorder, Bussysteme, Generatoren, Elektroantriebe, Batterien, Triebwerkregelinstrumente und -überwachungsgeräte. Die Verschiedenartigkeit und Komplexität des Instandhaltungsumfangs erfordern gerade in diesem Bereich ein hohes Maß an Spezialwissen.

Darüber hinaus gibt es in vielen Luftfahrzeug-Instandhaltungsbetrieben Werkstätten, die unmittelbar dem Hangar zugeordnet sind. Die Aktivitäten in **Maintenance-Support-Shops** sind breit gefächert und umfassen unter anderem Schweißarbeiten sowie Metall- und Oberflächenbearbeitung. Typischerweise fällt ebenfalls die Anfertigung von Teilen im Rahmen der Instandhaltung in das Aufgabengebiet der Maintenance-Support-Shops.[20]

[19] Vgl. LufABw (2020c), DEMAR 145, 145.A 42 (d) und entsprechende AMC.

[20] Neben der Instandhaltung sind Instandhaltungsbetriebe berechtigt, eine begrenzte Anzahl von Teilen, die im Rahmen der anstehenden Arbeiten verwendet werden, in den eigenen Werkstätten anzufertigen. Für eine Detaillierung sowie Einschränkungen, vgl. LufABw (2020c), DEMAR 145, 145.A 42 (c).

Charakteristisch für die Aktivitäten in Maintenance-Support-Shops ist ein fehlender Bezug zum Instandhaltungsprogramm. Oftmals basieren die dortigen Tätigkeiten auf Non-Routine Findings, Modifikationen sowie auf SBs und ADs.

Neben der Komponenteninstandhaltung verfügt ein Instandhaltungsbetrieb häufig auch über eine Werkstatt für **zerstörungsfreie Materialprüfungen** *(Non-Destructive Test – NDT).* Dessen Aufgabe ist es, mithilfe besonderer Prüfverfahren den Zustand bzw. die Qualität eines Werkstoffes zu bestimmen, ohne dabei das Material bzw. Bauteil selbst zu beschädigen. Typische Anwendungsfelder des NDT sind die Ermittlung der Fehlerfreiheit und Belastbarkeit von Schweißnähten oder mechanisch stark beanspruchter Strukturen. Ein klassisches Beispiel sind Rissprüfungen an Strukturteilen sowie insbesondere an Triebwerkteilen, die einer außerordentlichen Belastung ausgesetzt sind.

Im Rahmen der zerstörungsfreien Materialprüfung kommen primär die folgenden Verfahren zur Anwendung:

- Durchstrahlungsprüfung auf Basis von Röntgen- oder Gamma Bestrahlung (RT),
- Magnetpulverprüfung (MT),
- Wirbelstromprüfung (ET),
- Eindringverfahren (PT),
- Ultraschallprüfung (OT).

Oft ist das NDT den Maintenance Support Shops zugeordnet oder es ist Teil der Triebwerkinstandhaltung, da in diesen Werkstätten der größte Bedarf an zerstörungsfreier Materialprüfung besteht.

8.3.2 Ablauf der Komponenteninstandhaltung

Nach Ankunft der ausgebauten Komponente in der DEMAR 145 genehmigten Fachwerkstatt ist zunächst die beigefügte Dokumentation zu prüfen. Es folgt die Befundung auf Basis der Vorgabedokumente des Entwicklungsbetriebs, im Normalfall dem *Component Maintenance Manual* (CMM). Etwaige Befunde sind zu dokumentieren und zu beheben. Nach Abschluss der Instandhaltungsmaßnahme und Behebung der Beanstandungen ist üblicherweise ein Funktionstest durchzuführen.

Sind alle Prüfungen einwandfrei abgelaufen, ist die erfolgreiche Durchführung der Instandhaltung abschließend in der Arbeitskarte zu bestätigen. Soweit Zertifikate von eingebauten Materialien oder Sub-Assemblies vorliegen, sind diese beizufügen. Schließlich erfolgt die Freigabe über die Ausstellung der Freigabebescheinigung DEMAR Form 1 durch einen freigabeberechtigen Mitarbeiter.

Im Anschluss an die Instandhaltung wird die Rücklieferung der Komponente einschließlich der Freigabebescheinigung an das Dock angewiesen. Nach dem Wiedereinbau in das Luftfahrzeug wird die DEMAR Form 1 von der Komponente entfernt und zusammen mit der abgestempelten Einbauarbeitskarte an die CAMO zur Einarbeitung in die Lebenslaufakte des Luftfahrtzeuges übersendet.

8.4 Dokumentation und Bescheinigung der Instandhaltung

Während der Instandhaltung sind sämtliche durchgeführte Arbeiten zu dokumentieren, um eine eindeutige Rückverfolgbarkeit auf Personal, Material und Bearbeitungsparameter zu ermöglichen. Dies geschieht in der Praxis durch Abzeichnung nach Erledigung der einzelnen Arbeitsschritte auf den Arbeitskarten durch den durchführenden Mechaniker. Die abgezeichneten Arbeitskarten bilden neben weiteren Nachweisen wie Konformitätsbescheinigungen und Instandhaltungsreports die Grundlage für die Bescheinigung der Instandhaltung.

Spätestens vor Ausstellung des Freigabedokuments ist jedoch sicherzustellen, dass falls erforderlich, folgende Tätigkeiten durchgeführt wurden:[21]

- Durchführung einer unabhängigen Überprüfung, explizit anzuweisen bei kritischen Aufgaben, um das Risiko einer flugsicherheitsrelevanten Fehlfunktion zu minimieren.
- Fremdkörperkontrollen (FOD[22]), um sicherzustellen, dass kein Werkzeug oder sonstige Teile im Luftfahrzeug oder der Komponenten zurückbleiben und ggf. einen unsicheren Zustand hervorrufen. In diesem Zuge sind zudem die Verkleidungen, Handlochdeckel und Zugangsklappen auf ihre Wiederanbringung und den korrekten Verschluss zu prüfen oder an Bauteilen Schütteltests durchzuführen.

Wurden alle Arbeiten vorgabegemäß ausgeführt, darf die Lufttüchtigkeit bescheinigt werden:

- bei Luftfahrzeugen über das Certificate of Release to Service (CRS),
- bei Komponenten über die Freigabebescheinigung DEMAR Form 1.

Durch die Ausstellung der Freigabebescheinigung bestätigt der freigabeberechtigte Mitarbeiter, dass alle Instandhaltungsaktivitäten:[23]

- von einem DEMAR 145 Instandhaltungsbetrieb im Rahmen des Genehmigungsumfangs *und*
- vollständig entsprechend der angewiesenen Instandhaltungsdokumentation von dafür qualifiziertem und berechtige Personen *und*
- entsprechend den Vorgaben aus dem Betriebshandbuch und zugehöriger Verfahren
- durchgeführt wurden.

Details zu Ausstellung des CRS und der DEMAR Form 1 werden in Kap. 10 erläutert.

---

[21] Vgl. LufABw (2020c), DEMAR 145, 145.A.48.

[22] Foreign Object Damage/debris.

[23] Vgl. LufABw (2020c), 145.A.50 (a).

Literatur

Luftfahrtamt der Bundeswehr (LufABw 2022b): AMC und GM zur DEMAR 145, Nr. A1–275/3–8906, Version 2, 2022b

Luftfahrtamt der Bundeswehr (LufABw 2020b): Aufrechterhaltung der Lufttüchtigkeit DEMAR M, Nr. A1–275/3–8903, Version 2, 2020b

Luftfahrtamt der Bundeswehr (LufABw 2020c): Anforderungen an den Instandhaltungsbetrieb DEMAR 145, Nr. A1–275/3–8905, Version 2, 2020c

Luftfahrtamt der Bundeswehr (LufABw 2020d): Erteilung von Instandhaltungslizenzen DEMAR 66, Nr. A1–275/3–8907, Version 2, 2020d

9 Instandhaltungsmanagement (CAMO)

Das Instandhaltungsmanagement dient dem Zweck, mittels systematischer Instandhaltungsplanung die Lufttüchtigkeit während des Lebenszyklus eines Luftfahrzeugs sicherzustellen. Einen ersten Schwerpunkt legt dieses Kapitel auf die Aufgaben und Ziele des Instandhaltungsmanagements und der Organisation zur Aufrechterhaltung der Lufttüchtigkeit (CAMO) (Abschn. 9.1). Im Weiteren werden die Genehmigungsvoraussetzungen für eine CAMO beschreiben (Abschn. 9.2). Einen weiteren Fokus bilden die Luftfahrzeug-Instandhaltungsprogramme, die – basierend auf den Vorgaben des Entwicklungsbetriebs – für jedes einzelne Luftfahrzeug individuell erstellt werden und somit die korrekte und vollständige Instandhaltung für jedes Stück sicherstellen sollen (Abschn. 9.3). Im Anschluss richtet sich der Blickwinkel auf Zuverlässigkeitsprogramme, mit denen die Leistung von Luftfahrzeugen während des Betriebs überwacht und bewertet werden (Abschn. 9.4). Hieran anschließend wird auf Behörden- und Herstellerbekanntmachungen eingegangen. Den Schwerpunkt bilden dabei Service Bulletins (Abschn. 9.5). Abschließend erfolgt eine Darstellung zur periodischen Prüfung der Lufttüchtigkeit (Abschn. 9.6).

9.1 Aufgaben und Ziele des Instandhaltungsmanagements

Die Aufrechterhaltung der Lufttüchtigkeit während der gesamten Lebens- bzw. Betriebsdauer eines Luftfahrzeugs kann nur dann gewährleistet werden, wenn dieses einer ständigen Überwachung unterliegt. Aus diesem Grund hat das Luftfahrtamt der

Teile dieses Kapitels wurden ursprünglich veröffentlicht in: Hinsch, M. (2019): Industrielles Luftfahrmanagement. 4. Aufl. Berlin, Heidelberg. 2019.

M. Hinsch et al., *Einführung in die DEMAR*,
https://doi.org/10.1007/978-3-662-65676-1_9

Bundeswehr mit der DEMAR M eine Vorschrift erlassen, welche die zu ergreifenden Maßnahmen zur Sicherstellung der Lufttüchtigkeit enthält. Im Wesentlichen zählen hierzu:[1]

- die Durchführung sämtlicher Instandhaltungsmaßnahmen am Luftfahrzeug auf Basis eines durch das Luftfahrtamt der Bundeswehr (LufABw) genehmigten Luftfahrzeug-Instandhaltungsprogramms (IHP),
- die Behebung von Mängeln und Schäden, die den sicheren Betrieb des Luftfahrzeuges beeinflussen, d. h. Einsteuerung von Änderungen und Reparaturen am Luftfahrzeug, auf Basis genehmigter Instandhaltungsdokumentation und Reparaturvorgaben,
- ein System zur Bewertung der Wirksamkeit des IHP, sowie
- die Befolgung von Lufttüchtigkeitsanweisungen und allen sonstigen behördlich erlassenen Maßnahmen.

Darüber hinaus legt die DEMAR M im Unterabschnitt A fest, dass die betreibende Organisation des Luftfahrzeugs für dessen Lufttüchtigkeit verantwortlich ist. Hierfür muss dieser eine nach DEMAR M Unterabschnitt G genehmigte Organisation etablieren oder beauftragen. Diese wird als Continuing Airworthiness Management Organisation (CAMO)[2] bezeichnet. Die Vielzahl und die Komplexität der Aufgaben zur Aufrechterhaltung der Lufttüchtigkeit lassen sich nur dann bewältigen, wenn diese strukturiert geplant, gesteuert und überwacht werden. Dies muss ein Kernanliegen der CAMO sein. Zu den wesentlichen Tätigkeiten einer CAMO zählen dabei die:

- Entwicklung, Pflege und Umsetzungsüberwachung von IHP,
- Entwicklung und Betrieb von Zuverlässigkeits-/ Zustandsmonitoring-Systemen zur Sicherstellung der Wirksamkeit des IHP,
- Verfolgung, Beurteilung und Anweisung von Behördenforderungen und Empfehlungen des Halters der Musterzulassung sowie
- Jährliche Zustands- bzw. Lufttüchtigkeitsprüfung des Luftfahrzeugs und auf dieser Grundlage die Ausstellung des Military Airworthiness Review Certificates (MARC).

Einer CAMO fällt somit die Aufgabe zu, alle Instandhaltungsaktivitäten für ein Luftfahrzeug zu managen.

Daraus abgeleitet kann eine CAMO folgende betriebliche Privilegien mit Ausstellung der Genehmigungsurkunde erlangen:

[1] Vgl. LufABw (2020b), DEMAR M.

[2] Vgl. BMVg (2021c), Einleitungsvorschrift DEMAR, #401 (d).

- Das Management der Aufgaben zur Aufrechterhaltung der Lufttüchtigkeit für die im Genehmigungsumfang aufgeführten Luftfahrzeuge,
- Erstellung und Kontrolle von Luftfahrzeug-Instandhaltungsprogrammen inkl. zugehöriger Wirksamkeitsanalysen und Zuverlässigkeitsprogrammen,
- das Recht auf Untervergabe von Aufgaben für das Management der Aufrechterhaltung der Lufttüchtigkeit,
- Durchführung von Überprüfungen der Lufttüchtigkeit von Luftfahrzeugen und Ausstellung des MARC auf Grundlage des Genehmigungsumfangs.[3]

9.2 Genehmigungsvoraussetzungen an eine CAMO

Wie bereits der Entwicklungs-, Herstellungs-, und Instandhaltungsbetrieb, bedarf die CAMO einer entsprechenden Genehmigung durch das LufABw. Hierbei sind neben allgemeinen Genehmigungsvoraussetzungen, insbesondere die Anforderungen an das CAMO- Personal zu beachten.

9.2.1 Allgemeine Genehmigungsvoraussetzungen

Die allgemeinen Genehmigungsvoraussetzungen an eine CAMO ergeben sich aus Unterabschnitt G der DEMAR M:[4]

- Erstellen und Führen eines Betriebshandbuchs, des CAME *(Continuing Airworthiness Management Organisation Exposition),*
- Angemessen qualifiziertes Personal,
- Vorhandensein der Instandhaltungsdokumentation sowie
- ein Qualitätssystem.

Mithilfe des Qualitätssystems sind stabile Organisationsstrukturen zu schaffen, um ein systematisches Management der Instandhaltungsmaßnahmen zu gewährleisten und so letztlich die Lufttüchtigkeit der Luftfahrzeuge zu unterstützen.[5] Das Qualitätssystem der CAMO lässt sich übergeordnet in folgende Aufgabenbereiche unterteilen:

[3] Nicht jede CAMO hat das Privileg, eigenständig ein MARC auszustellen. Verfügt die CAMO nicht über dieses Recht, so kann sie eine Empfehlung an LufABw ausstellen, welches dann das MARC ausstellt, vgl. LufABw (2020b), DEMAR M, M.A.901 (c) und (d).

[4] Vgl. LufABw (2020b), DEMAR M, M.A.704, 705, 706, 707, 708, 709.

[5] Vgl. LufABw (2022a), AMC und GM zur DEMAR M, AMC M.A.712 (b).

- Überwachung aller CAMO Aufgaben in Übereinstimmung mit den durch LufABw genehmigten Verfahren im Hinblick auf die ständige Einhaltung der Vorgaben der DEMAR M,
- Überwachung der betrieblichen Planungs- und Steuerungsaktivitäten, sodass alle Instandhaltungsereignisse gemäß Vertrag/Beauftragung durchgeführt werden.

9.2.2 Anforderungen an das Personal

Eine CAMO muss einen verantwortlichen Betriebsleiter *(Accountable Manager)* ernennen, der die betriebliche Gesamtverantwortung trägt. Dieser muss sicherstellen, dass für die Aufgabendurchführung hinreichende Ressourcen zur Verfügung stehen und alle Arbeiten in Übereinstimmung mit dem DEMAR M durchgeführt werden. Der verantwortliche Betriebsleiter muss dabei über den notwendigen Gestaltungsspielraum verfügen, damit etwaige Mängel umgehend beseitigt werden können.[6]

Neben dem Accountable Manager müssen leitende Personen der zweiten Hierarchieebene benannt sein. Ihre Aufgabe ist es, die fachliche Umsetzung der DEMAR Anforderungen sicherzustellen. Je nach Größe der Organisation müssen mindestens zwei leitende Positionen, die des CAMO-Leiters und des Leiters Qualitätsmanagement, besetzt werden.[7]

Während der CAMO-Leiter für die betrieblichen Kernaufgaben zuständig ist, nämlich das Management der Tätigkeiten zur Überwachung der Aufrechterhaltung der Lufttüchtigkeit, verantwortet der Leiter Qualitätsmanagement die unabhängige Überwachung des Qualitätssystems. Die Manager der zweiten Ebene, die auch als Form-4 Halter bezeichnet werden, müssen direkten Zugang zum Accountable Manager haben.[8]

Sowohl der verantwortliche Betriebsleiter als auch die Form-4 Halter müssen vom LufABw akzeptiert sein.

Sofern eine CAMO berechtigt ist, die Lufttüchtigkeitsprüfungen von Luftfahrzeugen *(Airworthiness Reviews)* durchzuführen, muss dafür qualifiziertes Personal für die Ausstellung von Bescheinigungen über die Prüfung der Lufttüchtigkeit *(Airworthiness Review Staff)* vorgehalten werden. Diese Mitarbeiter, die das Luftfahrzeug und dessen Dokumentation periodisch prüfen, benötigt eine besondere Qualifikation. Auch dieses Prüfpersonal wird nach einer erfolgreichen Prüfung der Lufttüchtigkeit unter Aufsicht (Praxistest) vom LufABw anerkannt.[9]

In Abb. 9.1 wird die genehmigungsrelevante Struktur einer CAMO dargestellt.

---

[6] Vgl. LufABw (2020b), DEMAR M, M.A.706 (a).

[7] Vgl. LufABw (2020b), DEMAR M, M.A.706 (c).

[8] Vgl. LufABw (2020b), DEMAR M, M.A.706 (c).

[9] Vgl. LufABw (2020b), DEMAR M, M.A.707 (b).

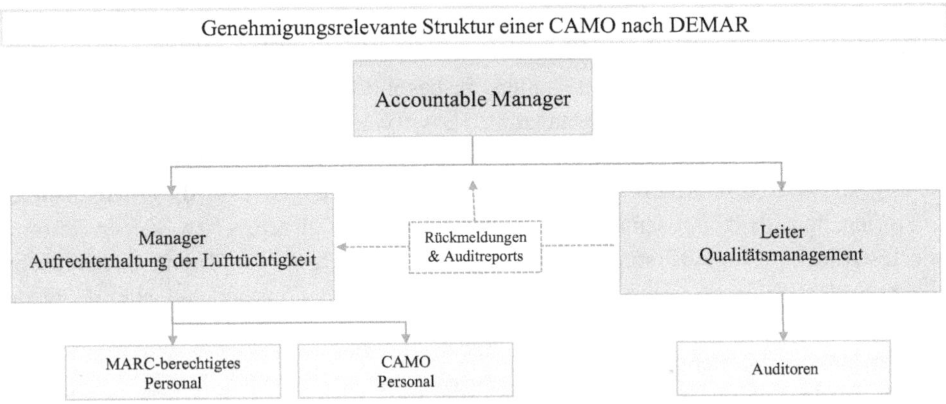

Abb. 9.1 Struktur einer genehmigten CAMO (vereinfachte Darstellung)

9.3 Luftfahrzeug-Instandhaltungsprogramm (IHP)

Das ist IHP ist das zentrale Dokument für die Instandhaltung von Luftfahrzeugen und Komponenten. Neben den planmäßigen Instandhaltungsaufgaben und deren Häufigkeit der Durchführung spezifiziert es die zugehörigen Instandhaltungsverfahren und Standardinstandhaltungspraktiken. Das IHP wird durch die CAMO für jedes Luftfahrzeug stückbezogen erstellt und durch das LufABw freigegeben.

9.3.1 Notwendigkeit von IHP

Viele Bestandteile eines Luftfahrzeugs sind in ihrer Nutzungsdauer begrenzt, sodass diese periodisch ausgetauscht oder instandgehalten werden müssen. Typische Parameter, die die Einsatzfähigkeit von Luftfahrzeugen und Komponenten beeinflussen, sind:

- die Zeit seit der Inbetriebnahme,
- die Flugstunden (Flight Hours),
- die Anzahl der Starts und Landungen (Flight Cycles),
- das Einsatzgebiet des Luftfahrzeugs. So reduzieren neben sehr hohen oder niedrigen Außentemperaturen auch Luftfeuchtigkeit und Staub- oder Salzgehalt in der Luft die Leistungsfähigkeit und Einsatzdauer von luftfahrttechnischem Gerät (z. B. Triebwerke, APU, Klimaanlage),
- der Einsatzzweck. So sind beispielsweise bei einem eingeschifften Marinehubschrauber die Instandhaltungsintervalle so zu wählen, dass diese an Bord einer Fregatte durchgeführt werden können.

Da also Abnutzung und Verschleiß vor Luftfahrzeugen kontinuierlich fortschreiten, sind für eine nachhaltige Aufrechterhaltung der Lufttüchtigkeit umfassende Instandhaltungsaktivitäten erforderlich. Dadurch sollen insbesondere Ermüdungsschäden (Fatigue Damages), umgebungsbedingte Abnutzung (Environmental Deterioration) und Unfallschäden (Accidental Damages) rechtzeitig entdeckt bzw. verhindert werden.

Aufgrund der technischen Komplexität von Luftfahrzeugen sind diese Maßnahmen strukturiert und für den gesamten Lebenszyklus des Luftfahrzeugs bzw. seiner Bestandteile festzulegen. Die Auflistung aller Instandhaltungsaufgaben während des Betriebslebenszyklus erfolgt in einem IHP. Darin sind im Detail Umfang und Häufigkeit der geplanten Instandhaltungsereignisse an Flugzeugstruktur, Systemen, Triebwerken, Komponenten und Teilen aufgeführt.

Für die Erstellung des IHP werden auf Basis des geplanten Flugstundenaufkommen (FH) und der entsprechenden Starts/Landungen (FC) in der Regel Blöcke von größeren und kleineren Instandhaltungsereignissen (Checks) gebildet. Dabei sind auch kalendarische anfallende Inspektionen bzw. Teilewechsel von lebenszeitbegrenzten Teilen *(TCI)* zu berücksichtigen.

Insoweit wird auf individueller Luftfahrzeugebene kein generischer IHP angewendet. Jedes Luftahrfahrzeug enthält ein eigenes IHP, das an die jeweilige Flugzeugkonfiguration und die individuellen Betriebsanforderungen angepasst ist. Daher unterscheiden sich in der betrieblichen Praxis nicht nur die IHP der verschiedenen Flugzeugmuster; auch bei gleichen Mustern variiert die Ausgestaltung des IHP in Abhängigkeit des Einsatzgebiets und der Nutzung bzw. den individuellen Betriebserfahrungen (z. B. Schwerpunkt auf Prävention oder maximale Ausnutzung der zulässigen Grenzen). Die Durchführung dieser individuellen Anpassungen unterliegt einer behördlichen Überwachung. Darüber hinaus bedürfen sowohl Erstausgabe als auch Änderungen (Revisionen) an IHP stets der Genehmigung durch die zuständige Behörde.[10]

Während DEMAR M.A.708 vorschreibt, dass das IHP von einer CAMO geführt und dem LufABw genehmigt werden muss, können CAMOs gewisse Aufgaben an einen DEMAR 145-genehmigten Betrieb übertragen. Dies kann sinnvoll sein, weil die DEMAR 145-Betriebe im Rahmen der Instandhaltung viele erforderlichen Daten ohnehin bereits erfassen und üblicherweise über ein umfassendes technisches Know-how in der Instandhaltung verfügen.

Typische Aufgaben, die CAMOs an einen Instandhaltungsbetrieb übertragen, sind z.B.:[11]

- Erstellung der Instandhaltungs- und Zuverlässigkeitsprogramme,
- Erfassung und Analyse der Zuverlässigkeitsdaten und Bereitstellung von Zuverlässigkeitsberichten.

---

[10] LufABw (2020b), DEMAR M, M.A. 302 (b).

[11] LufABw (2022a), AMC und GM zur DEMAR M, Anhang 1.

9.3.2 Struktur und Inhalt von IHP

Auf Grundlage eines allgemeinen, musterbezogenen Instandhaltungsprogramms wird für jedes einzelne Luftfahrzeug ein eigenes IHP abgeleitet. Dieses berücksichtigt dann individuell dessen:

- Bauzustand,
- Instandhaltungsphilosophie,
- Betriebsanforderungen,
- tatsächliche Einsatzbedingungen.

In der DEMAR M sind grundlegende Anforderungen an die Pflege und Überprüfung sowie an Änderungen von Instandhaltungsprogrammen festgelegt. Hinsichtlich des Inhalts muss ein IHP mindestens folgende Bestandteile aufweisen:[12]

- Angaben zu allen auszuführenden Instandhaltungsarbeiten und Instandhaltungsintervallen, einschließlich etwaiger Sondermaßnahmen,
- Berücksichtigung von allen Anweisungen zur Aufrechterhaltung der Lufttüchtigkeit, unabhängig davon, ob diese von der Luftfahrtbehörde oder vom Hersteller herausgegeben wurden (z. B. Lebenszeitbegrenzungen von Teilen, Lufttüchtigkeitsanweisungen),
- ein Zuverlässigkeitsprogramm.

Neben den Vorgaben aus der DEMAR M enthalten die AMC & GM weitere Angaben zum Aufbau von Instandhaltungsprogrammen. Danach soll ein einleitender Teil des IHP folgende Informationen enthalten:[13]

- Angaben zum Luftfahrzeug, u. a. Registrierung, Flugzeug-Triebwerk-Konstellation sowie Angaben zur APU,
- Detaillierte Angaben zum Eigentümer bzw. Halter des Luftfahrzeugs sowie ggf. zusätzliche Angaben zur verantwortlichen CAMO,
- Ausgabedatum und Ausgabenummer des IHP,
- Inhaltsverzeichnis und Informationen zu Revisionsstatus sowie Ergänzungen und Korrekturen *(Amendments)*,

[12] Vgl. LufABw (2020b), DEMAR M – M.A.302.

[13] Vgl. LufABw (2022a), AMC und GM zur DEMAR M, Anlage I zu DEMAR AMC M.A.302 und DEMAR AMC M.B.301 (b).

- Beschreibung der Verfahren zur Änderung von Instandhaltungszyklen, Erklärungen des Eigentümers, Betreibers bzw. der verantwortlichen CAMO, dass:
  - das IHP regelmäßig überprüft und soweit erforderlich aktualisiert wird und die Instandhaltung des entsprechenden Luftfahrzeugs auf Grundlage der IHP-Vorgaben erfolgt,
  - die Instandhaltungsanweisungen und -verfahren den Standards der Vorgabedokumente des Entwicklungsbetriebs entsprechen. Sollte von diesen abgewichen werden, muss dies aus der Erklärung deutlich hervorgehen.

Den Kernbestandteil eines IHP bildet dann die Auflistung der eigentlichen Instandhaltungsmaßnahmen mit den zugehörigen Instandhaltungsintervallen.

Neben Angaben zu Systemen, Komponenten und Triebwerken muss das IHP einen weiteren Fokus auf die Strukturelemente nehmen und dabei auch spezifische Instandhaltungsmaßnahmen berücksichtigen.

Nicht zuletzt muss ein Instandhaltungsprogramm Informationen und Referenzen zum zugehörigen Zuverlässigkeitsprogramm beinhalten.

Kernbestandteile eines IHP
Ein Instandhaltungsprogramm setzt sich aus folgenden Kernelementen zusammen:[14]

- Art und Umfang von Pre-Flight Maintenance, die durch Instandhaltungspersonal durchgeführt wird,
- Instandhaltungsaufgaben und Periodizitäten für alle Bestandteile des Luftfahrzeugs einschließlich der Triebwerke bzw. Propeller, der APU sowie der Systeme,
- Instandhaltungs-, Prüf- und Austauschintervalle für Komponenten,
- Sondermaßnahmen der Strukturinstandhaltung (d. h. ggf. ein Struktur-Wartungsprogramm),
- Angaben zu strukturbezogenen Nutzungsgrenzen (Starts/Landungen, Flugstunden, kalendarische Begrenzungen),
- Detaillierte Angaben zum oder Verweise auf eingesetzte Reliability Programme, Stichproben insbesondere zur Bestimmung des Strukturzustands, Condition-Monitoring-Aktivitäten oder sonstige statistische Methoden zur Überwachung der Lufttüchtigkeit,
- Verweise auf Dokumente, die weiterführende Informationen zur Durchführung verpflichtender Behördenanweisungen (z. B. lebenszeitbegrenzte Teile oder Lufttüchtigkeitsanweisungen) enthalten.

[14] in Anlehnung an LufABw (2022a), AMC und GM zur DEMAR M, Anlage I zu DEMAR AMC M.A.302 und DEMAR AMC M.B.301 (b).

Das IHP ist mindestens einmal jährlich durch qualifiziertes und dazu berechtigtes Personal der CAMO auf Aktualität und Angemessenheit zu prüfen.

Im Zuge regulärer periodischer Überprüfungen ist dabei mindestens zu untersuchen, ob neue Herstellerbekanntmachungen herausgegeben wurden, die einer Einarbeitung in das IHP bedürfen. Darüber hinaus ist eine periodische Bewertung der eigenen Betriebs- und Instandhaltungserfahrungen vorzunehmen. Eine besondere Rolle spielt hier stets die individuelle Nutzung (Flugstunden, Starts und Landungen, Einsatzgebiet) des jeweiligen Luftfahrzeuges.

Änderungen am IHP bedürfen grundsätzlich der Zustimmung durch die zuständige Luftfahrtbehörde.

Für die Migration der Altwaffensysteme sind individuelle Lösungsansätze für die Überführung in eine CAMO zu finden. Über das Vorgehen wird in einzelnen Projekten im BAAINBw mit Unterstützung des LufABw und des Stabes LT im BAAINBw entschieden.

9.3.3 Zeit- und Intervallverfolgung

Die vorgeschriebene Lebens- oder Einsatzdauer bzw. die Anzahl der Cycles sämtlicher Bestandteile eines Luftfahrzeugs darf ohne behördliche Zustimmung unter keinen Umständen überschritten werden. Daher reicht es nicht aus, die Elemente des IHP vor der Inbetriebnahme des Luftfahrzeugs festzulegen und im betrieblichen Alltag auf die rechtzeitige Umsetzung zu hoffen. Es muss mit System und Struktur sichergestellt werden, dass im Betrieb alle vorgeschriebenen Instandhaltungsaufgaben fristgerecht durchgeführt werden. Dies ist nur möglich, wenn die betroffenen Teile in ihrer Lauf- bzw. Lebenszeit kontinuierlich verfolgt und überwacht werden.

Die zugehörigen Instandhaltungsmaßnahmen werden dann rechtzeitig auch inhaltlich passend eingeplant, d. h. einzelnen Instandhaltungsereignissen zugeordnet und nach erfolgter Durchführung an die CAMO zurückgemeldet. Nach Verarbeitung der Daten in den IT-Tools des Maintenance Managements werden dort die nächsten Fälligkeiten ermittelt und im System vorgemerkt.

9.4 Zuverlässigkeitsmanagement

Die betreibende Organisation eines Luftfahrzeuges muss sicherstellen, dass sie über ein Analysesystem zur Beurteilung der Zuverlässigkeit seiner Luftfahrzeuge verfügt. Dies erfolgt mithilfe des Zuverlässigkeitsmanagements *(Reliability Management)*. Dieses hat das Ziel, betriebstechnische und instandhaltungsbedingte Gefährdungen der Lufttüchtigkeit frühzeitig zu identifizieren und zu minimieren.

Ausgangspunkt bildet ein **Zuverlässigkeitsprogramm,** in dem die Überwachungsobjekte und die zugehörige Überwachungsintensität aufgeführt sind. Die wichtigsten Elemente eines Zuverlässigkeitsprogramms sind:

- Bestandteile (z. B. Systeme, Bauteile, Triebwerke),
- Parameter (z. B. Verbräuche, Temperaturen, Fehlermeldungen, Findings, Ausfälle),
- Häufigkeiten (z. B. permanent, wöchentlich, monatlich, nur bei Vorkommnissen),
- Anforderungen an die Auswertung (Analyseumfänge, Maßnahmen, Kommunikationsstrukturen und Meldeverfahren).

Die DEMAR schreibt grundsätzlich ein Zuverlässigkeitsprogramm als Bestandteil eines jeden IHP vor. Jedoch hat das LufABw die Möglichkeit geschaffen, hiervon abzuweichen und eigene Anforderungen festzulegen.[15]

Vorgehen bei der Zuverlässigkeitsüberwachung
Am Beginn des Reliability Managements steht einmalig die grundlegende Zieldefinition und die Festlegung, welche Bestandteile mit dem Reliability Program überwacht werden sollen. Ist hierüber Klarheit geschaffen, gilt es, Kenngrößen zu bestimmen, die überwachungstauglich sind. Entsprechende Informationen sind unter angemessenem Aufwand zu erheben, um Rückschlüsse auf die gewünschten Ursache-Wirkungszusammenhänge zuzulassen. So macht es, vereinfacht gesprochen, wenig Sinn, die Menge der transportierten Fracht zu verfolgen, wenn die Ölverbräuche der Triebwerke im Fokus einer Überwachung stehen sollen.

Neben einer Festlegung der einzelnen Überwachungsobjekte und zugehörigen Bewertungsparameter, müssen zudem Strukturen und Prozesse etabliert werden, um die Funktionsfähigkeit des Reliability Managements im betrieblichen Alltag zu gewährleisten. Die dabei notwendigen Kernbestandteile umfassen die:

1. Datensammlung,
2. Festlegung und Identifizierung von Schwellwerten,
3. Datenauswertung und -analyse,
4. Datenaufbereitung,
5. Entwicklung und Überwachung von Korrekturmaßna hmen.

[15] Vgl. LufABw (2020b), DEMAR M, M.A.302 (f).

9.5 Behördliche Anweisungen und Vorgabedokumente des Entwicklungsbetriebs

Zu den bedeutendsten behördlichen Anweisungen gehört die Lufttüchtigkeitsanweisung (LTA/*Airworthiness Directive – AD*). Die Prüfung der durch das LufABw herausgegebenen LTA und die Bewertung der Auswirkungen auf die entsprechenden Luftfahrzeuge ist eine wesentliche Aufgabe der CAMO. Weitere Informationen zu den Lufttüchtigkeitsanweisungen werden in Abschn. 5.2.1 beschrieben.

Neben verpflichtend umzusetzenden Lufttüchtigkeitsanweisungen, die durch das LufABw publiziert werden, geben Hersteller von Luftfahrzeugen und Triebwerken bzw. die Inhaber der Musterzulassung regelmäßig unverbindliche Service Bulletins (**SBs**) heraus. Üblicherweise beinhalten Service Bulletins technische Maßnahmen (z. B. Modifikationen), die der Optimierung dienen.

Service Bulletins stellen nicht notwendigerweise einen Qualitätsmangel dar, sodass die Veröffentlichung eines SBs auch nicht mit einem Rückruf vergleichbar ist. Die Umsetzung von SBs ist freiwillig, da deren Inhalt im Normalfall keine oder nur geringe Sicherheitsrelevanz aufweist. So ist der Hersteller weder verpflichtet, SBs zu veröffentlichen, noch SBs für den Kunden durchzuführen oder die Kosten für deren Umsetzung zu übernehmen.

Vielfach basieren SBs auf neuen Erkenntnissen im Rahmen aktueller Entwicklungsaktivitäten. SBs finden ihren Ursprung jedoch ebenso im Erfahrungsaustausch zwischen Herstellern und Betreiber oder Instandhaltungsbetrieben bzw. CAMOs. Das so gewonnene Wissen greifen die Hersteller auf, entwickeln es ggf. weiter und geben es in Form von SBs weiter.

Mit dem SB stellt der Hersteller detaillierte Informationen für deren Umsetzung bereit (z. B. zu Ausführung, Material und Betriebsmittel). Die zugehörige Dokumentation hat im Normalfall bereits den Charakter von genehmigten Instandhaltungsvorgaben, die durch einen Entwicklungsbetrieb erstellt werden.

Da Service Bulletins meist freiwilligen Charakter haben,[16] entscheidet der Projektleiter im BAAINBw unter Einbindung des HMilMz im Rahmen einer SB-Analyse für jeden Einzelfall über eine Umsetzung. Hersteller klassifizieren ihre SBs üblicherweise, um den Betreibern die Entscheidungsfindung zu erleichtern.

Ist die Entscheidung zugunsten einer SB-Umsetzung gefallen, muss diese individuell durch jeden Instandhaltungsbetrieb geplant und umgesetzt werden. Hierzu verfasst der Projektleiter im BAAINBw eine Technische Änderung Wehrmaterial, die durch den

[16] Klassifizierungsoptionen z. B. wertig (*desireable*), empfohlen *(recommended)*, dringend empfohlen. *(alert)*, verpflichtend *(mandatory)*.

HMilMz schlussgezeichnet wird. Die Umsetzung stößt der Leiter CAMO durch Verfassen einer Technische Anweisung Betrieb an. Entweder erfolgt die Umsetzung im fliegenden Verband oder durch einen industriellen Instandhaltungsbetrieb, je nach Materialerhaltungsstufe.

9.6 Prüfung der Lufttüchtigkeit (Airworthiness Review)

Luftfahrzeuge müssen in einer kontrollierten Umgebung betrieben werden, d. h. sie müssen:

- durch eine CAMO überwacht und
- von einem DEMAR 145-Betrieb instandgehalten werden.

Darüber hinaus muss für jedes Luftfahrzeug jährlich eine Prüfung der Lufttüchtigkeit erfolgen. Dabei wird der Zustand des Luftfahrzeugs auf der Basis von Instandhaltungsaufzeichnungen untersucht und bewertet (Dokumentenprüfung). Diese Prüfung wird von einer CAMO durchgeführt und als Airworthiness Review bezeichnet. Nur mit dem Nachweis eines bestandenen Reviews wird das Lufttüchtigkeitszeugnis des Luftfahrzeugs verlängert.

Neben der jährlichen Dokumentenprüfung muss jedes Luftfahrzeug alle drei Jahre einer physischen Inspektion unterzogen werden. Dabei wird der Allgemeinzustand des Luftfahrzeugs durch entsprechend qualifiziertes und autorisiertes Personal geprüft und bewertet, z. B. das Vorhandensein offensichtlicher Mängel, die ordnungsgemäße Anbringung aller erforderlichen Markierungen und Hinweisschilder, die Übereinstimmung der Lfz-Konfiguration mit den Aufzeichnungen und genehmigten Bauunterlagen.[17]

Die Prüfung der Lufttüchtigkeit schließt mit der Ausstellung einer militärischen Bescheinigung über die Prüfung der Lufttüchtigkeit ab *(Military Airworthiness Review Certificate – MARC).*[18] Hat die CAMO das Privileg, eigenständig MARCs auszustellen, darf sie das MARC zweimal verlängern. Im dritten Jahr wird durch die CAMO ein neues MARC ausgestellt. Die CAMO verwendet für die Bescheinigung über die Prüfung der Lufttüchtigkeit das DEMAR Form 15b[19] (siehe Abb. 9.2). Verfügt die CAMO nicht über das o.g. Privileg, wird das MARC durch die CAMO beantragt und durch das LufABw ausgestellt. In diesem Fall wird das DEMAR Form 15a[20] verwendet.

[17] Vgl. LufABw (2020b), DEMAR M, M.A.710 (c).

[18] Bei Indienststellung wird dies initial durch die zuständige LufABw ausgestellt und hat eine Gültigkeit von einem Jahr.

[19] Vgl. LufABw (2020b), DEMAR M, Anlage IV.

[20] Vgl. LufABw (2020b), DEMAR M, Anlage III.

MILITÄRISCHE BESCHEINIGUNG ÜBER DIE PRÜFUNG DER LUFTTÜCHTIGKEIT
MILITARY AIRWORTHINESS REVIEW CERTIFICATE (MARC)

MARC Referenznummer: ...
MARC reference...

Gemäß DEMAR M hat die nachfolgende CAMO, die gemäß Abschnitt A, Unterabschnitt G der DEMAR M genehmigt ist,
Pursuant to DEMAR M, the following CAMO, approved in accordance with Section A, Subpart G of DEMAR M,

[NAME DER CAMO UND ANSCHRIFT]
[NAME OF CAMO AND ADDRESS]

Aktenzeichen der Genehmigung: ....
Approval reference: ....

an dem nachfolgend aufgeführten Luftfahrzeug eine Prüfung der Lufttüchtigkeit gemäß DEMAR M.A.710 vorgenommen:
has performed an airworthiness review in accordance with DEMAR M.A.710 on the following aircraft:

Hersteller des Luftfahrzeugs: ....
Aircraft manufacturer:

Herstellerbezeichnung des Luftfahrzeugs: ....
Manufacturer's designation:

Kennzeichen des Luftfahrzeugs: ....
Aircraft registration:

Werknummer des Luftfahrzeugs: ....
Aircraft serial number:

und dieses Luftfahrzeug ist zum Zeitpunkt der Überprüfung für lufttüchtig befunden worden.
and this aircraft is considered to be airworthy at the time of the review.

Ausstellungsdatum: .... *Date of issue:*	Datum des Ablaufs der Gültigkeit: .... *Date of expiry:*
Unterschrift:.................................. *Signed:*	Berechtigungsnummer: .... *Authorisation No:*

☐ 1. Ausfertigung für Bordbuch (grau)
Version 1 for aircraft log book (grey)

☐ 2. Ausfertigung für L-Akte (weiß)
Version 2 for aircraft record (white)

☐ 3. Ausfertigung für LufABw Verkehrszulassung (weiß)
Version 3 for NMAA record (white)

Abb. 9.2 DEMAR Form 15b

1. Verlängerung: Das Luftfahrzeug ist zum Zeitpunkt der Ausstellung der Bescheinigung für lufttüchtig befunden worden.
1st Extension: The aircraft is considered to be airworthy at the time of the issue.

Ausstellungsdatum: .... *Date of issue:*	Datum des Ablaufs der Gültigkeit: .... *Date of expiry:*
Unterschrift:................................... *Signed:*	Berechtigungsnummer: .... *Authorisation No:*
Name der CAMO: .... *CAMO Name:*	Referenznummer der Genehmigung: .... *Approval Reference:*

2. Verlängerung: Das Luftfahrzeug ist zum Zeitpunkt der Ausstellung der Bescheinigung für lufttüchtig befunden worden.
2nd Extension: The aircraft is considered to be airworthy at the time of the issue.

Ausstellungsdatum: .... *Date of issue:*	Datum des Ablaufs der Gültigkeit: .... *Date of expiry:*
Unterschrift:................................... *Signed:*	Berechtigungsnummer: .... *Authorisation No:*
Name der CAMO: .... *CAMO Name:*	Referenznummer der Genehmigung: .... *Approval Reference:*

Abb. 9.2 (Fortsetzung)

Literatur

Bundesministerium der Verteidigung (BMVg, 2021c): Einleitung des Regelungsraums DEMAR (Einleitungsvorschrift DEMAR), Nr. A-275/3, Version 1, 2021c

Hinsch, M.: Industrielles Luftfahrt Management. 4. Aufl. Berlin, Heidelberg. 2019

Luftfahrtamt der Bundeswehr (LufABw, 2022a): AMC und GM zur DEMAR M, Nr. A1–275/3–8904, Version 2, 2022a

Luftfahrtamt der Bundeswehr (LufABw, 2020b): Aufrechterhaltung der Lufttüchtigkeit DEMAR M, Zentralvorschrift Nr. A1–275/3–8903, Version 2, 2020

10 Konformitäts- und Freigabebescheinigungen

Nach Abschluss der Herstellung, Instandhaltung oder Prüfung der Lufttüchtigkeit kann ein Luftfahrzeug (wieder) am Luftverkehr teilnehmen. Dies erfordert jedoch im Vorfeld eine Bescheinigung über die durchgeführten Arbeiten, die zudem eine Bestätigung über den Zustand des Luftfahrzeugs oder der Komponente enthält. In diesem Kapitel wird zunächst der grundsätzliche Zweck von Freigabedokumenten erläutert (Abschn. 10.1). Hieran schließt sich eine Darstellung wesentlicher Freigabedokumente an (Abschn. 10.2). Dabei erfolgt zunächst die Beschreibung der Konformitätserklärung nach der Herstellung eines Luftfahrzeugs, gefolgt von den unterschiedlichen Freigabebescheinigungen für Luftfahrzeuge und Komponenten. Im Anschluss wir in diesem Unterkapitel auf das Certificate of Conformity, sowie auf weitere Prüfbescheinigungen eingegangen. Das Kapitel schließt mit einer Darstellung zur Anerkennung anderer Freigabedokumente (Abschn. 10.3), sowie einer Ausfüllanleitung für eine DEMAR Form 1 (Abschn. 10.4).

10.1 Zweck von Freigabe- und Konformitätsbescheinigungen

Um ein hohes Sicherheitsniveau aufrechterhalten zu können, sind im militärischen Zulassungswesen alle wesentlichen Arbeiten aus Gründen der Nachvollziehbarkeit vom Ausführenden oder einem unmittelbar Verantwortlichen abzuzeichnen. Hierzu wird die Durchführung angewiesener Arbeiten auf einer Arbeitskarte oder der zugehörigen Dokumentation bescheinigt. Nach Abschluss aller Arbeiten erhalten Luftfahrzeuge oder

Teile dieses Kapitels wurden ursprünglich veröffentlicht in: Hinsch, M. (2019): Industrielles Luftfahrmanagement. 4. Aufl. Berlin, Heidelberg. 2019.

M. Hinsch et al., *Einführung in die DEMAR*,
https://doi.org/10.1007/978-3-662-65676-1_10

Komponenten ein Freigabedokument, mit dem ihre Lufttüchtigkeit bzw. die Konformität bestätigt wird.

Übergeordnet werden in diesem Kapitel alle Arten von Erklärungen und Bescheinigungen als *Freigabedokumente* bezeichnet.

Der *Prozess einer Freigabe* untergliedert sich in zwei Prüfbestandteile:

- Einerseits ist das Erzeugnis, also die ausgeführte Arbeit, zu inspizieren,
- andererseits ist die beigefügte bzw. die während der Arbeitsdurchführung erstellte Dokumentation zu prüfen.

Diese Tätigkeiten laufen dem Ausstellen des Freigabedokuments zeitlich unmittelbar voraus. Das Freigabedokument muss *vor* dem Einbau (Komponente) bzw. *vor* dem Flugbetrieb (Luftfahrzeug), jedoch erst *nach* ordnungsgemäßer und vollständiger Vollendung aller Arbeiten ausgestellt werden.[1]

In einem Freigabedokument sind wesentliche Angaben zur durchgeführten Arbeit enthalten. Hierzu zählen u. a. eine eindeutige Kurzbeschreibung des freizugebenden Luftfahrzeugs oder der Komponente, der Revisionsstand der verwendeten Dokumentation, Datum der Ausstellung, Unterschrift des freigebenden Mitarbeiters oder ggf. (elektronischer) Stempel sowie die Nennung des Betriebs, in dessen Namen die Freigabe (Release) erfolgt. Für die Bescheinigung kann entweder ein Papiervordruck oder ein elektronisch generiertes Freigabedokument herangezogen werden.

Ein behördlich anerkanntes Freigabedokument darf ausschließlich durch entsprechend qualifiziertes und berechtigtes Freigabepersonal *(Certifying Staff)* ausgestellt werden. Dabei handelt das freigabeberechtigte Personal zwar hinsichtlich der Freigabeentscheidung unabhängig von Weisungen der Vorgesetzten, spricht die Freigabe aber nicht im eigenen Namen aus, sondern in dem des behördlich genehmigten Betriebs. Der freigebende Mitarbeiter bestätigt im Namen des genehmigten luftfahrttechnischen Betriebs, dass die Herstellungs- oder Instandhaltungsarbeiten:

1. durch einen behördlich anerkannten Herstellungs- oder Instandhaltungsbetrieb[2] im Rahmen des erteilten Genehmigungsumfangs *und*
2. entsprechend den genehmigten betrieblichen Verfahren *und*
3. gemäß den gültigen Instandhaltungsvorgaben bzw. den zugelassenen Konstruktionsdaten des Entwicklungsbetriebs (Approved Data) *und*
4. vollständig und ordnungsgemäß entsprechend des verlangten Arbeitsumfangs

[1] vgl. LufABw (2020a) DEMAR 21, 21.A.165 (c) (1) für die Herstellung sowie LufABw (2020c), DEMAR 145, 145.A.50 (a), (b) und 145.A.75 (e) für die Instandhaltung.

[2] Bzw. der CAMO im Rahmen der Bescheinigung über die Prüfung der Lufttüchtigkeit mittels Military Airworthiness Review Certificate (MARC).

durchgeführt wurden und sich das freigegebene Luftfahrzeug bzw. die Komponente in einem betriebssicheren Zustand befindet. Ein Freigabedokument darf nicht ausgestellt werden, wenn Tatbestände bekannt sind, die eine Flugsicherheit ernsthaft beeinträchtigen.[3] Insoweit darf ein Luftfahrzeug nur dann (wieder) in Betrieb genommen werden, wenn für dieses selbst sowie für die darin verbauten Komponenten eine gültige Freigabe- oder Konformitätsbescheinigung vorliegt.

Nach Ausstellung werden Freigabedokumente für Luftfahrzeuge direkt dem Kunden übergeben. Anders ist dies im Rahmen von Komponentenfreigaben, bei denen das Originalzertifikat nach Vollendung der Herstellungs- bzw. Instandhaltungsarbeiten so lange an der Komponente verbleibt, bis diese im Luftfahrzeug eingebaut ist. Erst nach dem Einbau wird das Freigabedokument der Luftfahrzeugdokumentation zugeführt und nach Abschluss aller Arbeiten dem Halter des Luftfahrzeugs übergeben. Unabhängig von der Art des Freigabedokuments muss der Herstellungs- oder Instandhaltungsbetrieb eine Kopie des Freigabedokuments aufbewahren.

10.2 Arten der Freigabedokumente

Herstellungs- und Instandhaltungsbetriebe sowie CAMOs verwenden verschiedene, teils mittels Formblatts fest vorgegebene Freigabearten (Tab. 10.1).

Abb. 10.1 stellt die wesentlichen Freigabe-, Konformitäts- und Prüfbescheinigungen dar.

10.2.1 Konformitätserklärung nach Herstellung eines Luftfahrzeugs

Nach Abschluss der Herstellung bzw. vor Indienststellung eines Luftfahrzeugs bestätigt der Herstellungsbetrieb mit Ausstellung einer Konformitätserklärung (Aircraft Statement of Conformity) dessen Lufttüchtigkeit und Übereinstimmung mit dem Muster. Diese DEMAR Form 52 ist in Abb. 10.2 dargestellt.

Eine solche Konformitätserklärung ist keine Freigabe für den Flugbetrieb, denn diese kann nur durch die zuständige Luftfahrtbehörde durch Ausstellung eines Lufttüchtigkeitszeugnisses erteilt werden. Die Konformitätserklärung entsprechend DEMAR Form 52 bildet somit nur eine notwendige, aber keine hinreichende Voraussetzung für die Erlangung eines Lufttüchtigkeitszeugnisses.[4]

[3] vgl. LufABw (2020a) DEMAR 21, 21.A.165 (c) (1) für die Herstellung sowie LufABw (2020c), DEMAR 145, 145.A.50 (a), (b) i.V.m. 145.A.75 (e) für die Instandhaltung.

[4] zur Beantragung von Lufttüchtigkeitszeugnissen vgl. LufABw (2020a), DEMAR 21, 21.A.174.

Tab. 10.1 Übersicht über wichtige Freigabe- und Konformitätsbescheinigungen

Bezeichnung	Anwendungsfall	Form Nummer	Anwendbar für		
			21G	145	M
Konformitätserklärung	Nach Herstellung eines Luftfahrzeugs (Aircraft Statement of Conformity)	DEMAR Form 52	X		
Konformitätsbescheinigung	Nach Herstellung einer Komponente auf Basis non approved design data (Prototyp)	DEMAR Form 1	X		
Freigabebescheinigung für Komponenten	Nach Herstellung einer Komponente auf Basis approved design data oder deren Instandhaltung	DEMAR Form 1	X	X	
Freigabebescheinigung nach Herstellung	Bescheinigt die Instandhaltung nach Herstellung vor Auslieferung eines Luftfahrzeugs	DEMAR Form 53	X		
Freigabebescheinigung nach Instandhaltung	Bescheinigt die ordnungsgemäße Durchführung der Instandhaltung eines Luftfahrzeugs (Certificate of Release to Service)	CRS		X	
Bescheinigung über die Prüfung der Lufttüchtigkeit	Nach Prüfung der Lufttüchtigkeit eines Luftfahrzeugs in einer CAMO	DEMAR Form 15 (MARC)			X

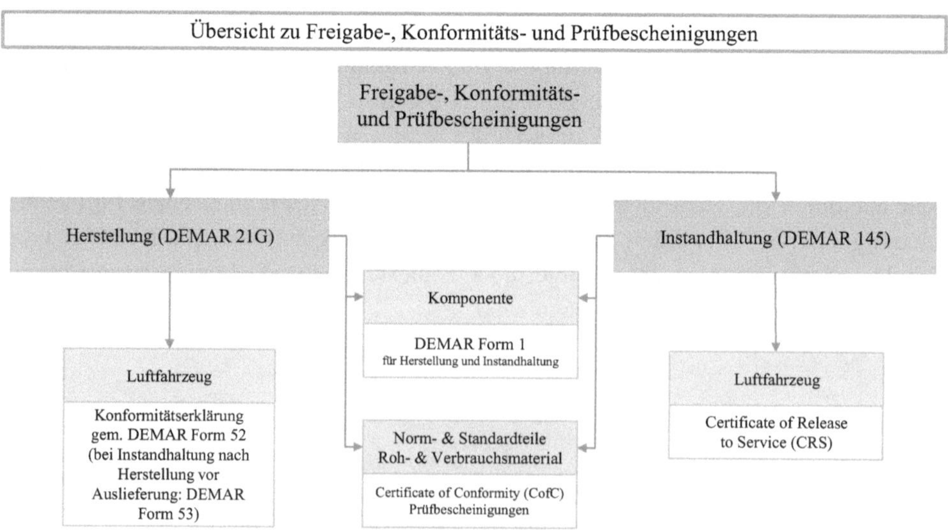

Abb. 10.1 Übersicht zu den Freigabedokumenten (vereinfachte Darstellung)

<table>
<tr><td colspan="6">Konformitätserklärung für ein Luftfahrzeug/Aircraft Statement of Conformity</td></tr>
<tr><td colspan="2">1. Herstellerstaat State of manufacture</td><td colspan="2">2. Luftfahrtamt der Bundeswehr
Flughafenstraße
51147 Köln - Wahn</td><td colspan="2">3. Nr. der Erklärung Statement Ref No:</td></tr>
<tr><td colspan="6">4. Organisation Organisation</td></tr>
<tr><td colspan="3">5. Luftfahrzeugmuster
Aircraft Type</td><td colspan="3">6. Aktenzeichen der Musterzulassung Type Certificate Refs</td></tr>
<tr><td colspan="3">7. Taktisches oder sonstiges Kennzeichen Aircraft Registration or Mark</td><td colspan="3">8. Kennnummer des Herstellers Manufacturer's Identification No</td></tr>
<tr><td colspan="6">9. Angaben zum Triebwerk/Propeller Engine/Propeller Details (1)</td></tr>
<tr><td colspan="6">10. Änderungen und/oder Servicevorschriften (oder nationale Entsprechungen) Modifications and/or Service Bulletins (or national equivalents) (1)</td></tr>
<tr><td colspan="6">11. Lufttüchtigkeitsanweisungen Airworthiness Directives</td></tr>
<tr><td colspan="6">12. Konzessionen Concessions (2)</td></tr>
<tr><td colspan="6">13. Befreiungen, Ausnahmen oder Abweichungen Exemptions, Waivers or Derogations (3)</td></tr>
<tr><td colspan="6">14. Bemerkungen Remarks</td></tr>
<tr><td colspan="6">15. Lufttüchtigkeitszeugnis Certificate of Airworthiness</td></tr>
<tr><td colspan="6">16. Zusätzliche Anforderungen Additional Requirements</td></tr>
<tr><td colspan="6">17. Konformitätserklärung Statement of Conformity

Hiermit wird bescheinigt, dass dieses Luftfahrzeug vollständig der als Muster zugelassenen Konstruktion und den in den Feldern 9, 10, 11, 12 und 13 angegebenen Daten entspricht.
Das Luftfahrzeug befindet sich im betriebssicheren Zustand.
Das Luftfahrzeug hat eine Flugerprobung erfolgreich durchlaufen.

It is hereby certified that this aircraft confirms fully to the Military Type Certificated design and to the items above in boxes 9, 10, 11, 12 and 13.
The aircraft is in a condition for safe operation.
The aircraft has been satisfactorily tested in flight.</td></tr>
<tr><td colspan="2">18. Unterschrift Signed</td><td colspan="2">19. Name Name</td><td colspan="2">20. Datum (TT/MM/JJJJ) Date (dd/mm/yyyy)</td></tr>
<tr><td colspan="6">21. Aktenzeichen der Genehmigung als Herstellungsbetrieb Production Organisation Approval Reference</td></tr>
<tr><td colspan="6">(1) Nichtzutreffendes streichen. Delete as applicable
(2) Genehmigung zur Nutzung oder Freigabe eines Produktes, welches nicht mit vorgegebenen Spezifikationen übereinstimmt. Diese Genehmigung ist grundsätzlich für die Lieferung eines Produktes, welches eine Nichtkonformität aufweist hinsichtlich eines vereinbarten Zeitraums oder eines Nutzungsumfangs zu begrenzen.
Authorisation to use or release a product that does not conform to specified requirements. A concession is generally limited to the delivery of a product that has nonconforming characteristics within specified limits for an agreed time or quantity of that product.
(3) Genehmigung zur Abweichung von ursprünglich festgelegten Spezifikationen im Vorfeld der Realisierung. Eine entsprechende Abweichungsgenehmigung ist grundsätzlich für eine begrenzte Anzahl an Produkten oder eine begrenzte Zeitspanne sowie für einen spezifischen Verwendungszweck festzulegen.
Authorisation to depart from the originally specified requirements of a product prior to realization. A deviation permit is generally given for a limited quantity of product or period of time, and for a specific use.</td></tr>
</table>

Abb. 10.2 DEMAR Form 52 – Konformitätserklärung nach Herstellung[5]

[5] Vgl. LufABw (2020a), DEMAR 21, Anlage VII.

Sollten die Luftfahrzeuge außerhalb des DEMAR Regelungsraums hergestellt worden sein, kann ein alternativer vom LufABw akzeptierter Nachweis erbracht werden.[6]

10.2.2 Freigabe nach Instandhaltung eines Luftfahrzeugs

Das Freigabedokument nach Instandhaltung von Luftfahrzeugen wird in der DEMAR 145 als *Certificate of Release to Service* (CRS) bezeichnet.[7]

Das Format für die Bescheinigung der Luftfahrzeug-Instandhaltung ist nicht in der DEMAR 145 festgelegt, jedoch sind die Inhalte in den Vorschriftentexten vorgegeben.[8]

Das CRS beinhaltet u. a. die nachfolgenden Informationen:

- Erklärung, dass die im CRS aufgeführten Arbeiten gemäß DEMAR 145 und der Beauftragung durchgeführt wurden.
- Bescheinigung, dass das Luftfahrzeug hinsichtlich dieser Arbeiten für den Betrieb freigegeben werden kann.
- Genehmigungsnummer des Instandhaltungsbetriebs, der die Arbeiten durchgeführt hat.
- Bezug auf die durchgeführten Instandhaltungstätigkeiten (z. B. IETD/IHP Referenz).
- Bezug auf lebensdauer- oder überholungsspezifische Grenzen.
- Datum, an dem die Instandhaltungsarbeiten durchgeführt wurde.
- Unterschrift des freigabeberechtigten Personals gem. DEMAR 66.

Ein Beispiel eines CRS ist in Abb. 10.3 dargestellt.

10.2.3 Freigabe nach Instandhaltung in der Luftfahrzeug-Herstellung

In dem Fall, dass nach Abschluss der Luftfahrzeug-Herstellung bzw. Ausstellen der DEMAR Form 52 Instandhaltungsmaßnahmen oder Mängelbeseitigungen erforderlich werden, erfolgt dies nicht über eine Neuausstellung der DEMAR Form 52. Dies geschieht über das D1 Rating eines Herstellungsbetriebes und durch Freigabe mittels DEMAR Form 53 (Abb. 10.4).[9]

---

[6] vgl. Abschn. 3.10 sowie LufABw (2020a), DEMAR 21, 21.A.174 (b) 2 iii.

[7] Auch ein Instandhaltungsbetrieb darf unter bestimmten Voraussetzungen Instandhaltung nach Herstellung vor Auslieferung durchführen, siehe Abschn. 10.2.3.

[8] Vgl. LufABw (2022b), AMC und GM zur DEMAR 145, AMC 145.A.50 (b).

[9] Vgl. Abschn. 4.4.2.

Reg-Nr. des Lfz *Aircraft Registration No*	**AIRCRAFT CERTIFICATE OF RELEASE TO SERVICE**				Name und Genehmigungsnummer des DEMAR 145-Betriebs *DEMAR 145 Organisation Name and Approval Number*	
Datum *Date:*	Lfz-Daten *Aircraft Data:*	Seriennummern: *Serial Numbers:*	Gesamtbetriebszeit *TSN:*	Landungen/Zyklen *LDG/CSN:*	**Verwendete Instandhaltungsunterlagen** ***Maintenance Data used:***	
	Lfz-Typ *Type of Aircraft:*				Dok. Nr. /*Doc-Nr:*	Revision / *Revision:*
Arbeitsauftrag Nr. *Work Order No.:*	Triebwerk links *Engine L/H:*					
	Triebwerk rechts: *Engine R/H:*					
	Hilfsgasturbine *APU:*					

DURCHGEFÜHRTE GEPLANTE INSTANDHALTUNGSMASSNAHMEN / *SCHEDULED M AINTENANCE COMPLETED:*

DIE FOLGENDEN ARBEITEN WURDEN IN ÜBEREINSTIMMUNG MIT DEM LFZ-IHP [Nr.], REV. [Nr.] SOWIE DEN OBEN AUFGEFÜHRTEN INSTANDHALTUNGSUNTERLAGEN DURCHGEFÜHRT.
THE FOLLOWING WORK HAS BEEN PERFORMED IN ACCORDANCE WITH AMP [No.], REV. [No.] AND THE ABOVE-MENTIONED MAINTENANCE DATA

ATA-Kapitel *ATA-Chapter:*	Arbeitsauftrag/Inspektion *Task/Inspection:*	Beschreibung *Description:*

DURCHGEFÜHRTE UNGEPLANTE INSTANDHALTUNGSMASSNAHMEN / *UNSCHEDULED M AINTENANCE COMPLETED:*

ATA-Kapitel *ATA-Chapter:*	Arbeitsauftrag/Inspektion *Task/Inspection:*	Beschreibung *Description:*

DURCHGEFÜHRTE AD/SB/MOD / *AD/SB/MOD COMPLETED:*

Nummer *Number:*	Beschreibung *Description:*	Status *Status:*

FOLGENDE KOMPONENTEN WURDEN ERSETZT/ÜBERHOLT/MODIFIZIERT / *FOLLOWING PARTS HAVE BEEN REPLACED/OVERHAULIED/MODIFIED:*

Komponentenbezeichnung *Part Name:*	Teilenummer der ausgebauten Komponente / *PN OFF*	Serienummer der ausgebauten Komponente / *SN OFF*	Teilenummer der eingebauten Komponente / *PN ON*	Serienummer der eingebauten Komponente / *SN ON*

Es wird bescheinigt, dass die aufgeführten Arbeiten, sofern nicht anders angegeben, gemäß DEMAR 145 durchgeführt wurden und dass das Luftfahrzeug/die Luftfahrzeugkomponente hinsichtlich dieser Arbeiten für den Betrieb freigegeben werden kann. ***Certifies that the work specified except as otherwise specified was carried out i.a.w. DEMAR 145 and in respect to that work the aircraft/aircraft component is considered ready for release to service.***	Ort der Instandhaltung / *Location where check was completed:* Name und Unterschrift des freigabeberechtigten Personals:*Name and Signature of Certifying Staff*

Abb. 10.3 Beispiel eines CRS

Freigabebescheinigung nach DEMAR 21
Certificate of Release to Service

Bezeichnung des genehmigten Herstellungsbetriebes *Production organisation approval Reference:*

RefNr. der Genehmigung als Herstellungsbetrieb *Production organisation approval Reference:*

Freigabebescheinigung gemäß DEMAR 21.A.163(d) *Certificate of Release to Service in accordance with DEMAR 21.A.163 (d).*

Luftfahrzeug *Aircraft:* .... Muster *Type:*..........................

RegNr. Hersteller *Registration No Constructor:*...

wurde instand gehalten gemäß Arbeitsauftrag *has been maintained as specified in work order:*

....

Kurze Angaben zu den durchgeführten Arbeiten *Brief description of work performed:*

Es wird bestätigt, dass die angegebenen Arbeiten gemäß 21.A.163(d) ausgeführt wurden und für das Luftfahrzeug bezüglich dieser Arbeiten die Freigabe erteilt werden kann. Das Luftfahrzeug ist für den sicheren Betrieb geeignet.
It is certified that the work specified was carried out in accordance with 21.A.163(d) and with respect to that work the aircraft is considered ready for release to service and therefore is in a condition for safe operation.

Freigabeberechtigtes Personal (Name) *Certifying Staff (Name):*

Unterschrift *Signature*:

Ort *Location*:

Datum (TT/MM/JJJJ) *Date*: *(DD/MM/YYYY):*

Abb. 10.4 DEMAR Form 53 – Freigabebescheinigung für Instandhaltungsarbeiten nach Herstellung vor Auslieferung des Luftfahrzeugs[10]

[10] Vgl. LufABw (2020a), DEMAR 21, Anlage VIII.

10.2.4 Freigabe einer Komponente nach Herstellung oder Instandhaltung

Die Freigabebescheinigung für Luftfahrzeugkomponenten ist die DEMAR Form 1 (vgl. Abschn. 10.4). Es handelt sich bei ihr um eine Urkunde (Abb. 10.5) mit der bestätigt wird, dass entsprechende Komponenten nach Vorgabedokumenten des Entwicklungsbetriebs hergestellt bzw. instandgehalten wurden. Eine DEMAR Form 1 dürfen nur Herstellungs- bzw. Instandhaltungsbetriebe im Rahmen ihres Genehmigungsumfangs ausstellen.

Im Rahmen der Komponentenfreigabe gibt es insoweit eine Besonderheit, als dass hier unterschieden werden muss zwischen einer:

- DEMAR (Herstellungs-) Form 1 aus der Herstellung nach DEMAR 21G für (neue) Komponenten oder Prototypen und
- DEMAR (Instandhaltungs-) Form 1für instandgehaltene Komponenten nach DEMAR 145.

Die DEMAR Form 1 ist insoweit für mehrere Anwendungsfälle konzipiert. Alle Anwendungsfälle der DEMAR Form 1 für Komponenten nach Herstellung und Instandhaltung sind in Abschn. 10.4 detailliert beschrieben.

Neben der DEMAR Form 1 werden auch andere Freigabedokumente durch das LufABw anerkannt, sodass damit versehene Komponenten ebenfalls für den Einbau in Luftfahrzeuge zugelassen sind. Hierunter fällt unter anderem die zivile EASA Form 1, die von einem Instandhaltungsbetrieb nach VO (EU) Nr. 1321/2014 ausgestellt wird.[11] In der Praxis dürfte diese Möglichkeit jedoch nur wenige Waffensysteme betreffen, weil einer zivilen EASA Form 1 immer zivile Approved Design Data zugrunde liegen müssen. Somit kommen für diesen Anwendungsfall einer zivilen EASA Form 1 nur Luftfahrzeuge wie der A400M, die Flotte der Flugbereitschaft BMVg oder LUH SOF/SAR[12] in Frage.

10.2.5 Bescheinigung über die Prüfung der Lufttüchtigkeit

Betreiber müssen in regelmäßigen Abständen die Lufttüchtigkeit des eigenen Luftfahrzeugs feststellen. Hierfür bedarf es alle 12 Monate einer Prüfung der zugehörigen Aufzeichnungen über die durchgeführte Instandhaltung sowie alle 3 Jahre einer physischen Inspektion des Luftfahrzeugs.[13] Diese Prüfung wird durch eine CAMO durchgeführt

[11] Vgl. LufABw (2022), AMC und GM zur DEMAR 145, AMC 145.A.42 (a) (1) (f).

[12] LUH SOF/SAR: **L**eichter **U**nterstützungs**h**ubschrauber **S**pecial **O**peration **F**orces/**S**earch **and** **R**escue.

[13] Vgl. LufABw (2020b), DEMAR M, M.A.710 (c).

1. Genehmigende NMAA (LufABw) / Approving NMAA (LufABw)					3. Laufende Nummer des Forms/Form Tracking Number
4. Name und Anschrift des genehmigten Betriebs/Approved Organisation Name and Address					5. Arbeitsauftrag/Vertrag/Rechnung/ Work Order/Contract/Invoice:
6. Artikel Item:	7. Beschreibung / Description:	8. Teilekennzeichen / Part No:	9. Anzahl / Qty.:	10. Serialnummer / Serial Number:	11. Status/Arbeiten / Work / Status:
12. Bemerkungen / Remarks:					

13a. Es wird bescheinigt, dass die oben genannten Artikel in Überstimmung mit/ Certifies that the items identified above were manufactured in conformity to: ☐ den genehmigten Konstruktionsdaten hergestellt wurden und sich in einem betriebssicheren Zustand befinden. / approved design data and are in condition for safe operation ☐ mit in Feld 12 angegebenen nicht genehmigten Konstruktionsdaten hergestellt wurden. / non-approved design data specified in block 12		14a. ☐ DEMAR 145.A.50 Freigabe zum Betrieb/Release to Service ☐ Andere Regelungen wie in Feld 12 angegeben/ Other regulation specified inBlock 12 Es wird bescheinigt, dass, wenn in Feld 12 nichts anderes angegeben ist, die in Feld 11 genannten und in Feld 12 beschriebenen Arbeiten gemäß DEMAR 145 durchgeführt wurden und dass die Artikel hinsichtlich dieser Arbeiten für den Betrieb freigegeben werden können. Certifies that unless otherwise specified in Block 12, the work identified in Block 11 and described in Block 12, was accomplished in accordance with DEMAR 145 and in respect to that work the items are considered ready for release to service.	
13b. Rechtsgültige Unterschrift / Authorised Signature	13c. Genehmigungs-/Berechtigungsnummer / Approval / Authorisation Number	14b. Rechtsgültige Unterschrift / Authorised Signature	14c. Genehmigungs-/Berechtigungsnummer / Approval / Authorisation Number
13d. Name / Name	13e. Datum (TT/MM/JJJJ)/ Date (dd/mm/yyyy)	14d. Name, Name	14e. Datum (TT/MM/JJJJ)/ Date (dd/mm/yyyy)

VERANTWORTLICHKEITEN DES NUTZERS/EINBAUENDEN
DIESE BESCHEINIGUNG VERLEIHT NICHT AUTOMATISCH DIE BERECHTIGUNG ZUM EINBAU.
FÜHREN NUTZENDE / EINBAUENDE ARBEITEN IN ÜBEREINSTIMMUNG MIT DEN VORSCHRIFTEN EINER ANDEREN NMAA ALS DIE IN FELD 1 ANGEGEBENE NMAA DURCH, MÜSSEN NUTZENDE/ EINBAUENDE SICHERSTELLEN, DASS LUFABW DEN/DIE ARTIKEL DER IN FELD 1 ANGEGEBENEN NMAA AKZEPTIERT. ERKLÄRUNGEN IN DEN FELDERN 13A UND 14A STELLEN KEINE EINBAUBESCHEINIGUNG DAR. IN JEDEM FALL MÜSSEN DIE INSTANDHALTUNGSAUFZEICHNUNGEN DES LUFTFAHRZEUGS EINE DURCH DEN NUTZER/ EINBAUENDEN GEMÄSS DER NATIONALEN REGELUNGEN ERSTELLTE EINBAUBESCHEINIGUNG ENTHALTEN, BEVOR DAS LUFTFAHRZEUG GEFLOGEN WERDEN DARF.
USER/INSTALLER RESPONSIBILITIES
THIS CERTIFICATE DOES NOT AUTOMATICALLY CONSTITUTE AUTHORITY TO INSTALL.
WHERE THE USER/INSTALLER PERFORMS WORK IN ACCORDANCE WITH REGULATIONS OF AN NMAA DIFFERENT THAN THE NMAA SPECIFIED IN BLOCK 1, IT IS ESSENTIAL THAT THE USER/INSTALLER ENSURES THAT HIS/HER NMAA ACCEPTS ITEMS FROM THE NMAA SPECIFIED IN BLOCK 1. STATEMENTS IN BLOCKS 13A AND 14A DO NOT CONSTITUTE INSTALLATION CERTIFICATION. IN ALL CASES AIRCRAFT MAINTENANCE RECORDS MUST CONTAIN AN INSTALLATION CERTIFICATION ISSUED IN ACCORDANCE WITH THE NATIONAL REGULATIONS BY THE USER/INSTALLER BEFORE THE AIRCRAFT MAY BE FLOWN.

Abb. 10.5 DEMAR Form 1 für Herstellung und Instandhaltung[14]

[14] Vgl. LufABw (2020c), DEMAR 145, Anlage I.

und als *Military Airworthiness Review* bezeichnet. Im Anschluss an die Prüfung erfolgt die Bestätigung mittels eines Military Airworthiness Review Certificate (MARC). Dies erfolgt durch dafür qualifiziertes freigabeberechtigtes Personal, dem *Airworthiness Review Staff* (ARS) der CAMO oder durch die zuständige Luftfahrtbehörde.

Ein MARC wird mittels der DEMAR Form 15a (durch die zuständige Behörde) oder 15b (durch eine CAMO) nach Abschluss einer zufriedenstellenden Prüfung der Lufttüchtigkeit ausgestellt.[15]

10.2.6 Certificate of Conformity

Neben den behördlich definierten Freigabedokumenten wird sehr häufig ein Certificate of Conformity (CoC) genutzt. Hierbei handelt es sich um eine Konformitätserklärung ohne expliziten luftfahrttechnischen Bezug. Mit einem CoC bestätigt der Ausführende, dass

1. ein Teil, Betriebsstoff oder Material entsprechend der beauftragten Spezifikation erstellt *oder*
2. eine ausgeführte Arbeit durch Unterauftragnehmer entsprechend der Beauftragung (Arbeitspaket) ausgeführt wurde.

Bezugnehmend auf den ersten Anwendungsfall werden CoC also als Konformitätsnachweis von Standard- oder Normteilen[16] bzw. Roh- und Verbrauchsmaterial verwendet. Diese können dann sogar in der Instandhaltung ohne DEMAR Form 1 in einem Luftfahrzeug verbaut werden.[17] Voraussetzung ist aber, dass diese Normteile bzw. Materialien als solche in den Herstellungs- bzw. Instandhaltungsvorgaben vorgegeben sind und exakt der darin ausgewiesenen Spezifikation entsprechen.

Im zweiten Fall legt der Auftraggeber seine Zertifikatsanforderungen fest und übermittelt diese an den Unterauftragnehmer. Mit dem CoC bestätigt der Unterauftragnehmer, dass die zugelieferten Teile exakt der Spezifikation aus der Beauftragung entsprechen. Werden Prozesse bzw. Prozessschritte wie z. B. Oberflächenbehandlungen fremdvergeben, bestätigt der Unterauftragnehmer mit dem CoC, dass dieser die Tätigkeiten entsprechend der Prozessvorgaben aus der Bestellung ausgeführt hat. Nicht selten wird jedoch bei der Ausführung von Prozessschritten auf ein CoC zugunsten einer Bescheinigung auf der Arbeitskarte verzichtet.

---

[15] Vgl. Abschn. 9.5.

[16] Norm- und Standardteile müssen dabei stets einem allgemein anerkannten Standard entsprechen, wie etwa ISO oder DIN.

[17] In der Luftfahrzeugherstellung gelten ohnehin großzügigere Ausnahmen. Hier können auch Bauteile mit CoC verbaut werden, deren Freigabe später mit dem Ausstellen der DEMAR Form 52 erfolgt.

10.2.7 Weitere Prüfbescheinigungen

Gelegentlich senden Zulieferer statt eines CoC's alternativ eine Prüfbescheinigung **nach DIN EN 10204.** Bei diesen werden grundsätzlich zwei Arten der Bescheinigung mit jeweils zwei Sub-Ausprägungen unterschieden:

- Bei **nichtspezifischen Prüfbescheinigungen** vom Typ 2 wird bestätigt, dass die Erzeugnisse entsprechend den Kundenvorgaben gefertigt, aber nicht speziell für den betreffenden Auftrag (d. h. unspezifisch) durch den Hersteller überprüft wurden. Die Prüfbescheinigung vom **Typ 2.1** (Werksbescheinigung) ist dadurch gekennzeichnet, dass die Prüfung allgemein durch den Hersteller stattfindet und keine Prüfergebnisse auf dem Zertifikat angegeben werden. Bei der Prüfbescheinigung vom **Typ 2.2** (Werkszeugnis) sind indes Prüfungsergebnisse angegeben, wobei aber auch diesen unspezifische, d. h. in der Vergangenheit durchgeführte und somit keine auftrags- oder bestellungsspezifischen Chargen-Prüfungen zugrunde liegen.
- Bei **spezifischen Prüfbescheinigungen** vom Typ 3 wird bestätigt, dass die Erzeugnisse entsprechend den Kundenvorgaben gefertigt und in angemessener Weise durch den Hersteller und für das spezifische Erzeugnis überprüft wurden. Bei der Prüfbescheinigung vom **Typ 3.1** (Abnahmeprüfzeugnis) findet die Prüfung durch einen Prüfer des Herstellers statt, der aber nicht der Produktionsabteilung zugeordnet sein darf. Beim **Typ 3.2** (Abnahmeprüfprotokoll) handelt es sich um einen vom Kunden bestimmten oder vom Hersteller unabhängigen und amtlich anerkannten Prüfer.

10.3 Anerkennung anderer Freigabedokumente

Obwohl sich der DEMAR Regelungsraum seit einigen Jahren in der Umsetzung befindet, wird für den Großteil der Waffensysteme weiterhin das Altverfahren angewendet. Zudem ist auch eine hybride Anwendung der Regelungsräume gestattet, sodass sich ein Waffensystem gleichzeitig in mehreren Regelungsräumen bewegen kann.[18] Somit ist es erforderlich, den Wechsel von Luftfahrzeugen und Komponenten zwischen den Regelungsräumen handlungssicher und bruchfrei zu ermöglichen. Die dafür erforderlichen Handlungsoptionen und Anforderungen sind in der Schnittstellenvorschrift dargestellt. Unter Bezugnahme auf verschiedene Anwendungsfälle wird dort dargestellt, welche Freigabedokumente aus dem Altverfahren bzw. von ausländischen Behörden im Rahmen der Recognition einem nationalen militärischen Freigabedokument gleichzusetzen sind (siehe Abb. 10.6).

[18] Vgl. BMVg (2021), Dachvorschrift A-275/1, #3006.

		Anwendungsfall 1	Anwendungsfall 2		Anwendungsfall 3
	Regelverfahren nach A1-1525	Uneingeschränkte Austauschbarkeit von Bescheinigungen	Austauschbarkeit von Bescheinigungen nach Vorliegen von Voraussetzungen		Austauschbarkeit von Bescheinigungen nach Genehmigung durch LufABw
		Regelungsraum DEMAR/EASA	Regelungsraum EMAR	Regelungsraum zivil	Unabhängig vom Regelungsraum
	Sämtliche Bescheinigungen, die durch amtliches Prüfpersonal ausgestellt werden	Sämtliche Bescheinigungen, die durch berechtigtes Personal der entsprechend genehmigten Betriebe ausgestellt werden	Sämtliche Bescheinigungen anderer EMAR-NMAA, die im Bereich Herstellung/Instandhaltung durch das LufABw anerkannt wurden.	Sämtliche Bescheinigungen ziviler Luftfahrtbehörden, die im Bereich Herstellung/Instandhaltung durch das LufABw anerkannt wurden.	Sämtliche internationale Bescheinigungen, die nicht unter Anwendungsfall 1 und 2 fallen und durch LufABw genehmigt sind
Herstellung	Stückprüfschein Materialanhänger SASPF ZK A	DEMAR Form 1 EASA Form 1	z.B. EMAR (FRA) Form 1 z.B. EMAR (ITA) Form 1	z.B. FAA Form 8110-3 z.B. Transport Canada	z.B. CoC DAIN
	Stückprüfschein	DEMAR Form 52 EASA Form 52	z.B. EMAR (FRA) Form 52 z.B. EMAR (ITA) Form 52		z.B. CoA for Export
Instandhaltung	Materialanhänger SASPF ZK A Nachprüfschein	DEMAR Form 1	z.B. EMAR (FRA) Form 1 z.B. EMAR (ITA) Form 1	z.B. FAA Form 8130-3 z.B. Transport Canada	Entsprechende (Projekt)spezifische Bescheinigungen, die vertraglich vereinbart wurden und durch MatVER dem LufABw zur Genehmigung vorgelegt wurden.
	Durchgeführte Nachprüfung aller nachprüfpflichtigen Arbeiten	CRS (DEMAR)	z.B. CRS (FRA) z.B. CRS (ITA)	z.B. FAA Form 8130-3 Maintenance Release z.B. Transport Canada Form 1 Maintenance	

Abb. 10.6 Auszug aus dem Anhang zur Schnittstellenvorschrift C1-275/3-8912

10.4 Ausfüllanweisung DEMAR Form 1

Der Hauptzweck der Freigabebescheinigung DEMAR Form 1 besteht in der Erklärung der Lufttüchtigkeit

- von neu gefertigten Bau- und Ausrüstungsteilen in der Herstellung (Form 1 nach DEMAR 21G) oder
- von Komponenten nach Instandhaltung (Form 1 nach DEMAR 145).

Es gelten folgende generelle Grundregeln:[19]

Vordruck der DEMAR Form 1 und Eintragungen

- Die DEMAR Form 1 gilt als offizielle Freigabebescheinigung und wird in ihrer durch das LufABw veröffentlichten Form sowohl für die Herstellung als auch für die Instandhaltung genutzt.
- Die Freigabebescheinigung soll der Vorgabe der durch LufABw veröffentlichten Form entsprechen. Diese findet sich im Anhang 1 zur DEMAR 145 und gilt sowohl für die Herstellung als auch für die Instandhaltung.
- Der Vordruck der Freigabebescheinigung (Template) kann als Vordruck oder per Computer in englischer und deutscher Sprache erstellt werden. Es muss auf eine gute Lesbarkeit geachtet werden.
- Die Eintragungen auf der Freigabebescheinigung können mit Schreibmaschine, Computer oder handschriftlich vorgenommen werden.
- Es ist zulässig, die Rückseite für weitergehende Informationen zu nutzen, sofern der Platz auf der Vorderseite nicht reicht. In diesem Fall ist ein entsprechender Verweis auf der Vorderseite zu platzieren.

Original und Kopien der DEMAR Form 1

- Das Original der DEMAR Form 1 muss bis zum Einbau bei der Komponente verbleiben und aus Gründen der Haltbarkeit geschützt, etwa in einen Umschlag gesteckt werden.
- Der freigebende Betrieb hat eine Kopie der DEMAR Form 1 gemäß der geltenden Archivierungsfristen (vgl. Abschn. 5.5) aufzubewahren. Sofern das LufABw zugestimmt hat, kann die Aufbewahrung in elektronischer Form erfolgen.

Korrektur der DEMAR Form 1

[19] Vgl. LufABw (2020c), DEMAR 145, Anlage 1.

Generell ist es möglich, Fehler auf einer DEMAR Form 1 zu korrigieren. Dabei sind folgende Voraussetzungen zu beachten:

- Die neue Freigabebescheinigung muss eine neue laufende Nummer aufweisen sowie mit dem Datum der Neuausstellung und Unterschrift durch einen freigabeberechtigen Mitarbeiter versehen werden.
- Eine neue Freigabebescheinigung kann ausgestellt werden, ohne dass der Zustand der freigegebenen Komponente neu geprüft werden muss. In Feld 12 der neu ausgestellten DEMAR Form 1 muss auf die vorherige DEMAR Form 1 Bezug genommen werden. Dies geschieht durch die folgende Erklärung: *„Diese Bescheinigung*[20] *berichtigt den/die Fehler in Feld/in den Feldern [Angabe des berichtigten Feldes/der berichtigten Felder] der Bescheinigung [Angabe der ursprünglichen laufenden Nummer] vom [Angabe des ursprünglichen Ausstellungsdatums] und beinhaltet nicht die Übereinstimmung/Zustand/Freigabe zum Betrieb"*.[21]
- Beide Freigabebescheinigungen sind gemäß der üblichen Archivierungsfristen aufzubewahren (vgl. Kap. 5 Archivierung).

Im Folgenden wird die Ausfüllanweisung für Herstellung und Instandhaltung gleichermaßen beschrieben. Die DEMAR Form 1 darf jeweils nur für einen der beiden Anwendungsfälle ausgestellt werden. Fest vorgegebene Bestandteile sind in **fetter Schrift** hervorgehoben.[22]

Es ist zu beachten, dass dies lediglich Leitlinien für die Ausstellung der DEMAR Form 1 sind. Jeder genehmigte Herstellungs- und Instandhaltungsbetrieb muss über eine eigene Verfahrensanweisung verfügen, in der betriebsbezogenen Ausfüllvorgaben festgeschrieben sind. Die Darstellung der Ausfüllanleitung erfolgt in Abb. 10.7.

Die DEMAR Form 1 muss eine Erklärung enthalten, die den Nutzer darauf hinweist, dass dieser die Verantwortung für den Einbau und die Verwendung von den freigegebenen Komponenten trägt. Diese lautet:

> *„Diese Bescheinigung verleiht nicht automatisch die Berechtigung zum Einbau. Führen Nutzende/Einbauende Arbeiten in Übereinstimmung mit den Vorschriften einer anderen NMAA als die in Feld 1 angegebene NMAA durch, müssen Nutzende/Einbauende sicherstellen, dass LufABw den/die Artikel der in Feld 1 angegebenen NMAA akzeptiert.*

---

[20] Der Vorschriftentext verwendet den Begriff „Bescheinigung", womit auf eine Freigabebescheinigung gemäß DEMAR Form 1 verwiesen wird.

[21] Vgl. LufABw (2020c), DEMAR 145, Anlage 1, 4.4

[22] Die folgenden Ausfüllanweisungen gelten für genehmigte Instandhaltungsbetriebe nach DEMAR 145 und Herstellungsbetriebe nach DEMAR 21G. Eine Herstellungsbetriebsgenehmigung kann ebenfalls nach DEMAR 21F erwirkt werden, jedoch ist hier die DEMAR Form 1 durch die zuständige Behörde freizugeben.

Feld Nr.	Herstellung	Instandhaltung
1	**Luftfahrtamt der Bundeswehr** Name und Staat der NMAA, in Deutschland das LufABw, mit deren Genehmigung die Freigabebescheinigung ausgestellt wurde.	
2	**Freigabebescheinigung DEMAR Form 1** Dieses Feld ist unveränderbar. Kopfzeile der DEMAR-Form 1	
3	Laufende Nummer des Formblattes Es ist eine einmalige Nummer zu vergeben. Wie sich diese Nummer zusammensetzt, ist dem jeweiligen genehmigten Betrieb überlassen, solange sichergestellt ist, dass sie nur einmalig verwendet wird.	
4	Name und Anschrift der genehmigten Organisation Der vollständige Name und Anschrift der genehmigten Organisation, wie sie auf der Genehmigungsurkunde erscheint. Logos sind zulässig.	
5	Arbeitsauftrag/Vertrag/Rechnung Hier ist eine Referenznummer des Auftraggebers anzugeben, um die Rückverfolgbarkeit der Komponente durch den Auftraggeber zu gewährleisten.	
6	Artikel Hier wird die freizugebene Komponente eingetragen. Besteht diese aus mehreren Bestandteilen, dient dieses Feld dazu, präzise Bezug auf die einzelnen Positionen zu nehmen. Dies ist dann der Fall, wenn z.B. ein Kit aus mehreren Bestandteilen mit einer DEMAR Form 1 freigegeben wird. Möglich ist auch, wenn die Freigabe für mehrere Komponenten mit demselben Teilekennzeichen, aber verschiedenen Los- oder Serialnummern erfolgt.	
7	Beschreibung In diesem Feld ist die Bezeichnung bzw. Beschreibung der Komponente einzutragen. Es sollten die Begriffe genutzt werden, die der Entwicklungsbetrieb in seinen Vorgabedaten (CMM, IPC, etc.) verwendet.	

Abb. 10.7 Ausfüllanleitung DEMAR Form 1

<table>
<tr><td>8</td><td colspan="2">Teilekennzeichen

Die Part Nummer / das Teilekennzeichen der Komponente ist in diesem Feld einzutragen. Die Part Nummer ist i.d.R. den Vorgabedaten des Entwicklungsbetriebs zu entnehmen. Diese Vorgabedaten sind in Feld 12 einzutragen.</td></tr>
<tr><td>9</td><td colspan="2">Menge

Angabe der Menge der Komponenten pro Positionsnummer.</td></tr>
<tr><td>10</td><td colspan="2">Serialnummer

Sofern die freizugebende Komponente über eine Serialnummer verfügt, ist diese hier einzutragen. Ist dies nicht der Fall, ist N/A (not applicable – nicht zutreffend) einzutragen.</td></tr>
<tr><td>11</td><td>Status/Arbeiten

Für die Herstellung (DEMAR 21G)

Für die Herstellung existieren zwei zulässige Eintragungen. Es ist nur einer dieser Begriffe einzutragen.

PROTOTYP ist einzutragen für

• die Herstellung einer neuen Komponente in Übereinstimmung mit nicht genehmigten Konstruktionsdaten, während der Entwicklungsphase. Dieser Prototyp wird i.d.R. zu Testzwecken verwendet.
• die Wiederbescheinigung nach Abänderung oder Nachbesserungsmaßnahmen an einem Prototypen vor Inbetriebnahme (z.B. nach Einarbeitung einer Konstruktionsänderung, Abstellung eines Mangels, Verlängerung der Lagerzeit). Diese Bescheinigung darf nur durch denjenigen Betrieb ausgestellt werden, der die ursprüngliche Freigabebescheinigung erstellt hat.

NEU ist einzutragen für</td><td>Status/Arbeiten.

Für die Instandhaltung (DEMAR 145)

Für die Instandhaltung existieren vier zulässige Eintragungen. Es ist nur einer dieser Begriffe einzutragen. Falls mehr als einer der folgenden Begriffe zutreffen ist, ist der Begriff zu verwenden, der den Großteil der durchgeführten Arbeiten am genauesten beschreibt.

ÜBERHOLT (overhauled) ist einzutragen für eine Instandhaltung, durch die sichergestellt wird, dass die Komponente vollständig mit allen geltenden Betriebstoleranzen übereinstimmt, die durch die Vorgabedokumentation des Entwicklungsbetriebs festgelegt und durch das LufABw genehmigt sind. Dies ist z.B. der Fall, wenn ein Motor die zulässigen Betriebsstunden erreicht hat und nach einer Komplettüberholung mit dem Austausch der lebenszeitbegrenzten Teile wiederverwendbar ist.</td></tr>
</table>

Abb. 10.7 (Fortsetzung)

	• die Herstellung einer neuen Komponente in Übereinstimmung mit den genehmigten Konstruktionsdaten, also während der Serienfertigung. • die Wiederbescheinigung nach Abänderung oder Nachbesserungsmaßnahmen an einer Komponente vor Inbetriebnahme (z.B. nach Einarbeitung einer Konstruktionsänderung, Abstellung eines Mangels, Verlängerung der Lagerzeit). Diese Bescheinigung darf nur durch denjenigen Betrieb ausgestellt werden, der die ursprüngliche Freigabebescheinigung erstellt hat. • Wiederbescheinigung einer Komponente, die bereits mit *Prototyp* über eine DEMAR Form 1 freigegeben wurde und nun die Voraussetzungen für eine Freigabe als *Neu* geschaffen wurden. Dies ist dann der Fall, wenn die Konstruktionsdaten nun als *genehmigt* gelten und seit Ausstellung des Prototypen-Form 1 nicht geändert wurden. Folgender Text ist zu verwenden: *Wiederbescheinigung von „Prototyp“ hin zu „Neu“. Dieses Dokument bescheinigt die Genehmigung der Konstruktionsdaten [Eintragung der Nummer der (ergänzenden) Musterzulassung, Revisionsstand, Datum], nach denen dieser Artikel (diese Artikel) hergestellt wurde (wurden).* • die Prüfung einer vorab freigegebenen neuen Komponente vor Inbetriebnahme gemäß einem festgelegten Standard oder um die Lufttüchtigkeit zu erlangen.	**REPARIERT** (*repaired*) wird dann eingetragen, wenn ein Mangel unter Verwendung der Vorgabedokumente des Entwicklungsbetriebs[269] beseitigt wurde. **INSPIZIERT/GETESTET** (*inspected/tested*) ist einzutragen, wenn eine Sichtprüfung, eine Funktionsprüfung oder ein Prüfstandversuch an einer Komponente durchgeführt wurde, um ihre Funktionstüchtigkeit festzustellen. **GEÄNDERT** (*modified*) wird als Status angegeben, wenn eine Komponente in Übereinstimmung mit den Vorgabedokumenten des Entwicklungsbetriebs geändert wird, etwa durch ein Softwareupdate. Die Komponente wird sozusagen modifiziert.

Abb. 10.7 (Fortsetzung)

<table>
<tr><td>12</td><td colspan="2">Bemerkungen

Die im Feld 11 durchgeführten Arbeiten sind in Feld 12 näher zu beschreiben. So ist hier die zugrundeliegende Vorgabedokumentation des Entwicklungsbetriebs, mit Revision und ggf. Ausgabedatum anzuführen.</td></tr>
<tr><td></td><td>Beispiele für die Herstellung:

• Im Falle von Prototypen ist die Begründung für die Freigabe nach nicht genehmigten Konstruktionsdaten (z.B. ausstehende Musterzulassung/ nur für Testzwecke, etc.) darzulegen. In diesem Falle ist anzugeben, dass die Komponente nicht für den Einbau in Militärluftfahrzeuge im regulären Flugbetrieb zulässig ist.
• Einhaltung oder Nichteinhaltung / Referenz auf Lufttüchtigkeitsanweisungen oder Service Bulletins.
• Lagerzeitdaten oder das Herstellungsdatum der Komponente.</td><td>Beispiele für die Instandhaltung:

• Verwendete Instandhaltungsunterlagen, einschließlich Revisionsstatus.
• Einhaltung von Lufttüchtigkeitsanweisungen.
• Durchgeführte Reparaturen oder Änderungen.
• Eingebaute Austausch- oder Ersatzteile.
• Status von lebenszeitbegrenzten Teilen.
• Abweichungen von Arbeitsaufträgen des Auftraggebers.</td></tr>
<tr><td>13/14</td><td>Die Felder 13 a-e sind ausschließlich für die Herstellung bestimmt.</td><td>Die Felder 14 a-e sind ausschließlich für die Instandhaltung bestimmt.</td></tr>
<tr><td>13a/14a</td><td>Nur eines der beiden Kästchen ist anzukreuzen.

Das Kästchen „den genehmigten Konstruktionsdaten hergestellt wurden und sich in einem betriebssicheren Zustand befinden.“ ist anzukreuzen, wenn die Vorgabedokumente des Entwicklungsbetrieb bereits genehmigt sind und der betriebssichere Zustand festgestellt wurde. Wird dieses Feld angekreuzt, so ist im Status in Feld 11 „NEU“ einzutragen. Dies ist dann der Fall, wenn die Komponente seriengefertigt wird.

Das Kästchen „mit in Feld 12 angegebenen nicht genehmigten Konstruktionsdaten hergestellt wurden.“ ist</td><td>Freigabeerklärung.

Es stehen zwei Kästchen zur Auswahl, die – je nach Anwendungsfall – wobei hier auch beide angekreuzt werden können.

Das erste Kästchen „DEMAR 145.A.50 Freigabe zum Betrieb“ wird angekreuzt, wenn eine Freigabe erfolgt, die auf Grundlage der Vorgabedokumente eines deutschen, unter DEMAR genehmigten Entwicklungsbetriebs, erfolgt. Auf diese muss dann in Feld 12 Bezug hinterlegt sein.</td></tr>
</table>

Abb. 10.7 (Fortsetzung)

	anzukreuzen, wenn die Komponente als Prototyp freigegeben wird und die zugrundeliegenden Vorgabedokumente des Entwicklungsbetriebs noch nicht genehmigt sind, etwa zu Testzwecken. In diesem Fall ist der Status *Prototyp* in Feld 11 einzutragen. Es kann jeweils nur ein Zustand freigegeben werden. Eine gemischte Freigabe von *approved* und *non approved* data ist nicht zulässig.	Das zweite Kästchen **„Andere Regelungen wie in Feld 12 angegeben“** ist dann anwendbar, wenn die Vorgabedokumente von einer anderen Luftfahrtbehörde in Feld 12 angegeben werden. Für folgende Fälle ist die Freigabeerklärung, wenn in Feld 12 nichts anderes angegeben ist vorgesehen: • Fälle, in denen die Instandhaltung nicht abgeschlossen werden konnte. • Fälle, in denen die Instandhaltung abweichend von dem gemäß DEMAR 145 geforderten Standards durchgeführt wurde. • Fälle, in denen die Instandhaltung nicht nach DEMAR-Vorgaben durchgeführt wurde, sondern durch freigegebene Dokumente anderer Nationen. In diesem Fall muss in Feld 12 diese Dokumentation eingetragen werden.
13b/14b	Rechtsgültige Unterschrift. Dieses Feld ist für die Unterschrift des freigabeberechtigten Personals vorgegeben. Um das freigabeberechtigte Personal eindeutig zu identifizieren, kann hier eine eindeutige Identifikationsnummer, z.B. mittels eines internen Prüfstempels eingefügt werden. Die Unterschrift kann computergeneriert sein, sofern der genehmigte Betrieb dem LufABw in zufriedenstellender Weise nachgewiesen hat, dass ausschließlich der Unterzeichner Zugriff auf diesen Computer hat und dass eine Unterschrift auf einem computergenerierten Blankoformular nicht möglich ist.	
13c/14c	Nummer der Genehmigung. Hier ist die eindeutige Nummer des genehmigten Betriebs einzutragen.	

Abb. 10.7 (Fortsetzung)

13d/14d	Name. Der Vor- und Zuname des Freigabeberechtigten ist hier in lesbarer Form einzutragen.
13e/14e	Datum. Das Freigabedatum ist hier einzutragen. Dabei ist auf die korrekte Form des Datums zu achten: TT-MM-JJJJ (TT = 2-stellig Tag, MM = 2-stellig Monat, JJJJ = 4-stellig Jahr).

Abb. 10.7 (Fortsetzung)

Erklärungen in den Feldern 13a und 14a stellen keine Einbaubescheinigung dar. In jedem Fall müssen die Instandhaltungsaufzeichnungen des Luftfahrzeugs eine durch den Nutzer/Einbauenden gemäß den nationalen Regelungen erstellte Einbaubescheinigung enthalten, bevor das Luftfahrzeug geflogen werden darf."

Zusätzlich gilt ausschließlich für Herstellungszwecke:[23]

- Die Freigabebescheinigung kann für mehr als eine NMAA gelten, sofern zwischen den Behörden ein bilaterales Abkommen besteht. Die genehmigten Konstruktionsdaten sind durch die NMAA des Landes genehmigt, unter dessen Genehmigung die Freigabebescheinigung erstellt wurde.
- Die Freigabebescheinigung muss sowohl für Importzwecke genutzt werden, als auch für inländische und innergemeinschaftliche Zwecke, und dient als offizielle Freigabebescheinigung für die Auslieferung von Komponenten vom Hersteller zu den Nutzern. Sie ist kein Liefer- oder Versandschein.

Eine Mischung von Komponenten, die mit genehmigten und nicht genehmigten Konstruktionsdaten freigegeben werden, ist nicht zulässig.

Literatur

Bundesministerium der Verteidigung (BMVg, 2021): Grundsätze der Zulassung von Luftfahrzeugen (Dachvorschrift), Nr. A-275/1, Version 1, 2021

Hinsch, M.: Industrielles Luftfahrt Management. 4. Aufl. Berlin, Heidelberg. 2019

Luftfahrtamt der Bundeswehr (LufABw, 2020a): Zulassung von Produkten, Bau- und Ausrüstungsteilen sowie Genehmigung von Entwicklern und Herstellern DEMAR 21, Nr. A1-275/3-8901, Version 2, 2020

Luftfahrtamt der Bundeswehr (LufABw, 2020b): Aufrechterhaltung der Lufttüchtigkeit DEMAR M, Zentralvorschrift Nr. A1-275/3-8903, Version 2, 2020

Luftfahrtamt der Bundeswehr (LufABw, 2020c): Anforderungen an den Instandhaltungsbetrieb DEMAR 145, Nr. A1-275/3-8905, Version 2, 2020

Luftfahrtamt der Bundeswehr (LufABw, 2022): AMC und GM zur DEMAR 145, Nr. A1-275/3-8906, Version 2, 2022

[23] Vgl. LufABw (2020c), DEMAR 145, Anhang 1, 1.3.

11 Personal

Die Leistungserbringung sowie die durch das LufABw formulierten Anforderungen an die Lufttüchtigkeit und Flugsicherheit militärischer Luftfahrzeuge führen genehmigte DEMAR-Betriebe unweigerlich zu einer detaillierten Auseinandersetzung mit der Qualifikation ihres Personals.

In diesem Kapitel wird nach Erläuterung allgemeiner Anforderungen (Abschn. 11.1) zunächst detailliert auf die Qualifikation des freigabeberechtigten Personals eingegangen. Dabei erfolgt eine getrennte Darstellung für Personal in der Herstellung und in der Instandhaltung (Abschn. 11.2). Im Anschluss werden die Anforderungen an die Qualifikation administrativer Mitarbeiter aufgezeigt, wobei hier eine Unterscheidung in Führungskräfte und ausführendes Personal vorgenommen wird (Abschn. 11.3). Ein gesondertes Unterkapitel widmet sich im Anschluss den Besonderheiten bei der Qualifizierung von entwicklungsbetrieblichem Personal (Abschn. 11.4).

Den Abschluss des Kapitels bildet neben einer Einführung in weitere Typen der Personalqualifizierung (Abschn. 11.5) auch eine kurze Darstellung der Continuation Trainings (Abschn. 11.6).

Teile dieses Kapitels wurden ursprünglich veröffentlicht in: Hinsch, M. (2019): Industrielles Luftfahrtmanagement. 4. Aufl. Berlin, Heidelberg. 2019.

M. Hinsch et al., *Einführung in die DEMAR*,
https://doi.org/10.1007/978-3-662-65676-1_11

11.1 Allgemeine Anforderungen an die Personalqualifizierung

Systematische Personalqualifizierung ist eine wesentliche Voraussetzung, damit sich militärische Luftfahrzeuge und Komponenten kontinuierlich in einem betriebssicheren Zustand befinden. Die Notwendigkeit für umfassende Personalkompetenz ergibt sich dabei aus verschiedenen Perspektiven:

- Luftrechtlich: Der Mitarbeiter muss hinreichend qualifiziert sein, um einerseits die Anforderungen bzw. die gültige Vorgabedokumentation zu erfüllen sowie andererseits eine unkorrekte Arbeitsausführung beurteilen zu können. Der Qualifikationsumfang muss derart ausgestaltet sein, dass eine Gefährdung der Lufttüchtigkeit oder Flugsicherheit durch das Handeln des Mitarbeiters nach Möglichkeit ausgeschlossen werden kann.
- Arbeitsrechtlich: Die Qualifizierung des Mitarbeiters dient einerseits zu deren eigenem Schutz zwecks gefahrenfreier Ausführung der übertragenen Aufgabe (Arbeitssicherheit), andererseits kann sie den Arbeitgeber bei der arbeitsrechtlichen Enthaftung unterstützen.
- Ökonomisch: Minimierung der Arbeitsfehler und damit der Fehlerkosten aufgrund unsachgemäßer Arbeitsdurchführung.

Dies gilt grundsätzlich auch für die DEMAR, wobei die Vorgaben Spielraum für den Qualifikationsumfang lassen. In jedem Fall müssen genehmigte Betriebe einen Rahmen schaffen, der über ein Qualifikationssystem gesteuert wird. Ob dieses den Anforderungen aus dem militärischen Zulassungswesen gerecht wird, bestimmt das LufABw. Grundlegende Aufgaben und Ziele eines luftfahrtfahrttechnischen Qualifikationssystems sind in jedem Fall:

- die bestehenden und beabsichtigten Fähigkeiten des Personals zu ermitteln (Personalbedarfsanalyse). Auf dieser Basis ist ein individueller Ausbildungsplan zu erstellen und die Mitarbeiter entsprechend den Anforderungen zu qualifizieren,
- die Sicherstellung der Durchführung von Erstschulungen gemäß dem Ausbildungsplan sowie kontinuierlicher Weiterbildungen. Dabei ist den Besonderheiten der betrieblichen Verfahren und den menschlichen Faktoren hinreichend Rechnung zu tragen,
- die Wirksamkeitskontrolle von Schulungsmaßnahmen,
- die Schaffung eines Bewusstseins für Qualität sowie für die Bedeutung der eigenen Tätigkeit für die gesamte Leistungserbringung einschließlich der Folgen fehlerhafter Arbeitsausführung,
- die Dokumentation der durchgeführten Maßnahmen sowie
- die Gewährleistung, dass das Personal hinreichend berechtigt ist und sich dem eigenen Berechtigungsumfang bewusst ist.

Diese Aufgaben sind in einem dokumentierten Prozess darzustellen. Zudem ist es für eine transparente und nachvollziehbare Personalqualifizierung notwendig und vorgeschrieben, zu den verschiedenen Tätigkeiten bzw. Stellenprofilen, entsprechende Qualifizierungs- und. Einarbeitungspläne vorzuhalten.

Dabei besteht der Qualifikationsbedarf aus theoretischem Wissen und praktischer Erfahrung auf Basis folgender Aus- und Weiterbildungskategorien:

- (theoretische) Grundausbildung:
  - die Fachkenntnisse zu den relevanten Luftfahrzeugen und Komponenten sowie
  - das Wissen über betriebsinterne Abläufe, Prozesse, Betriebshandbücher und über Grundlagen der DEMAR-Vorschriften,
- On-the-Job-Training (praktische Erfahrung an Luftfahrzeugen und Komponenten),
- ergänzende Qualifikationsmaßnahmen (z. B. Herstellerschulungen vor Ort beim Luftfahrzeug-Hersteller im Rahmen eines sog. „Type Trainings") sowie
- Wiederholungs-/Continuation Trainings zur Sicherstellung der Aufrechterhaltung und Weiterentwicklung der Kenntnisse.

Berechtigungen

Neben der Qualifikation, also dem Können, müssen die Mitarbeiter ihre Aufgaben auch durchführen *dürfen.* Ergänzend zur Kompetenzvermittlung erfolgt also eine individuelle **Berechtigung.** Während die Qualifizierung auf das *Können* abzielt, beschreibt die Berechtigung das *Dürfen* und stellt damit die innerbetriebliche Erlaubnis dar, bestimmte Tätigkeiten und übertragene Pflichten wahrzunehmen. Eine Berechtigung wird auf Grundlage einer nachgewiesenen Qualifikation erteilt. Einfache Basisberechtigungen werden üblicherweise mittels Stellenbeschreibungen erteilt und so dem Mitarbeiter oft eher beiläufig oder sehr allgemein gehalten übertragen. Luftfahrttechnische Berechtigungen, die eine formale Ernennung erfordern (z. B. für freigabeberechtigtes Personal oder Entwicklungsingenieure), werden spezifisch für ein Flugzeug- bzw. Triebwerksmuster oder eine Komponente ausgesprochen. In diesem Rahmen wird ein firmeninterner Berechtigungsumfang *(Scope of Authorization)* ausgesprochen. Wechselt das Personal den Arbeitgeber, so ist dort eine neue Berechtigung zu erteilen.

11.2 Qualifikation von Herstellungs- und Instandhaltungspersonal

Im Rahmen der Mitarbeiterqualifikation ist vor allem Personal *mit* und Personal *ohne* Freigabeberechtigung zu unterscheiden. Dies ist notwendig, weil für freigabeberechtigtes Personal, über betriebsinterne Berechtigungen hinaus, zusätzliche Anforderungen gelten und vertiefte Kenntnisse erforderlich sind. Der Blickwinkel richtet sich zunächst auf Personal *ohne* Freigabeberechtigung in Herstellung und Instandhaltung.

11.2.1 Herstellungs- und Instandhaltungspersonal ohne Freigabeberechtigung

Die Vorgaben zu Art und Umfang der Qualifizierung sowie zur Berechtigung von nicht freigabeberechtigtem Personal sind weder in der DEMAR 21 für die Herstellung noch in der DEMAR 145 für die Instandhaltung detailliert geregelt. Dies bedeutet jedoch nicht, dass genehmigte Betriebe hier gänzlich freie Hand haben.[1] Das Personal in Herstellung und Instandhaltung muss grundsätzlich befähigt sein, die zugewiesenen Aufgaben selbständig und in einer angemessenen Qualität verrichten zu können. Dafür müssen Einarbeitungspläne vorliegen, welche erkennen lassen, dass auch nicht freigabeberechtigtes Personal angemessen theoretisch und praktisch aus- und weitergebildet wird.

In einem Qualifikations- oder Einarbeitungsplan werden dabei grundlegende, verpflichtende Einweisungen und Qualifikationsmaßnahmen definiert, wie z. B.:

- Einweisung in die QM-Dokumentation (Handbuch, Verfahren-/Prozessanweisungen),
- Einweisung in die durchzuführenden Tätigkeiten,
- Einweisungen in die technische Dokumentation,
- On-the-Job Trainings für die Durchführung von Herstellungs- bzw. Instandhaltungsverfahren,
- Produktschulungen,
- Training hinsichtlich der anzuwendenden DEMAR,
- Schulung betrieblicher Software-Systeme.

Die Qualifikation muss umfassender sein, wenn Mitarbeiter für Aufgaben berechtigt werden sollen, die besondere Fähigkeiten erfordern, beispielsweise Inspektionen, Boroskopien, Zweitkontrollen, sowie Gabelstapler- oder Schlepperfahrten, die Bedienung von Maschinen, Kränen oder Dockanlagen.

Da eine sichere und vorgabekonforme Arbeitsdurchführung im Vordergrund steht, müssen sich DEMAR-Betriebe aus vertrags-[2] und arbeitsrechtlichen Gründen in angemessener Weise davon überzeugen, dass ihre Mitarbeiter für eine unbeaufsichtigte Arbeitsdurchführung geeignet sind.[3] Das ausführende Personal muss dabei nachweisen, dass es im Rahmen des vorgesehenen Berechtigungsumfangs in der Lage ist, Herstellungs- bzw. Instandhaltungsarbeiten auf Basis technischer und QM-seitiger Vorgaben selbständig auszuführen. Hierzu sind im Nachgang zu den Qualifikationsmaßnahmen Wirksamkeitskontrollen durchzuführen, die mit Namen des Kontrollierenden sowie Datum und Objekt der Kontrolle zu dokumentieren sind.

[1] Vgl. z. B. LufABw (2017), AMC und GM zur DEMAR 21, GM 21A.145(a) oder LufABw (2022a), AMC und GM zur DEMAR 145, AMC 145.A.30(e).

[2] Die DEMAR werden für die Industrie ausschließlich per Vertrag gültig.

[3] Vgl. LufABw (2022a), AMC und GM zur DEMAR 145, AMC 145.A.30(e).

Zu sämtlichen Qualifikationsmaßnahmen eines Mitarbeiters sind schriftliche Nachweise anzufertigen und üblicherweise in der Personalakte zu archivieren.[4]

11.2.2 Freigabeberechtigtes Personal in der Herstellung nach DEMAR 21G

Freigabeberechtigtes Personal trägt innerhalb des Herstellungsbetriebs eine besondere Verantwortung. Schließlich bestätigt es nach Abschluss aller Herstellungsschritte die ordnungsgemäße Durchführung der Arbeiten auf Basis gültiger Herstellungsunterlagen.

Für die Kompetenzvermittlung des freigabeberechtigten Personals ist der DEMAR 21G Herstellungsbetrieb selbst verantwortlich. Art und Umfang der Qualifikationsmaßnahmen orientieren sich an der Komplexität der Komponente bzw. des Luftfahrzeugs, den Fertigungsverfahren und nicht zuletzt dem betrieblichen Genehmigungsumfang. Die Qualifikationsanforderungen für freigabeberechtigtes Personal in der Herstellung sind somit nicht eindeutig spezifiziert. Als Orientierungshilfe kann ein vom BMVg erstellter Leitfaden für die Qualifizierung von freigabeberechtigtem Personal für Komponenten in der Instandhaltung dienen. Dessen Inhalt wird im folgenden Kapitel erläutert.

Zur Sicherstellung einer gleichbleibenden Personalqualität und -quantität ist das Qualifizierungskonzept Bestandteil des betrieblichen QM-Systems und unterliegt als solches der Überwachung durch die zuständigen Luftfahrtbehörde.[5]

11.2.3 Freigabeberechtigtes Personal in der Instandhaltung nach DEMAR 145

Der Instandhaltungsbetrieb nach DEMAR 145 kennt in seinem Genehmigungsumfang drei grundlegende Berechtigungsarten für Prüfpersonal:

- Freigabeberechtigtes Personal für Gesamtluftfahrzeuge (A-Rating),
- Freigabeberechtigtes Personal für Triebwerke (B-Rating) sowie
- Freigabeberechtigtes Personal für Komponenten (C-Rating).

Deren Qualifikationsanforderungen sind dabei in der DEMAR 145 geregelt. Für freigabeberechtigtes Personal auf Triebwerk- und Gesamtluftfahrzeugebene werden zusätzlich sehr detaillierte Vorgaben an die Ausbildung über die DEMAR 66 Vorschrift

[4] Vgl. Abschn. 5.5.

[5] Vgl. LufABw (2017), AMC und GM zur DEMAR 21, AMC 21.A.145(d).

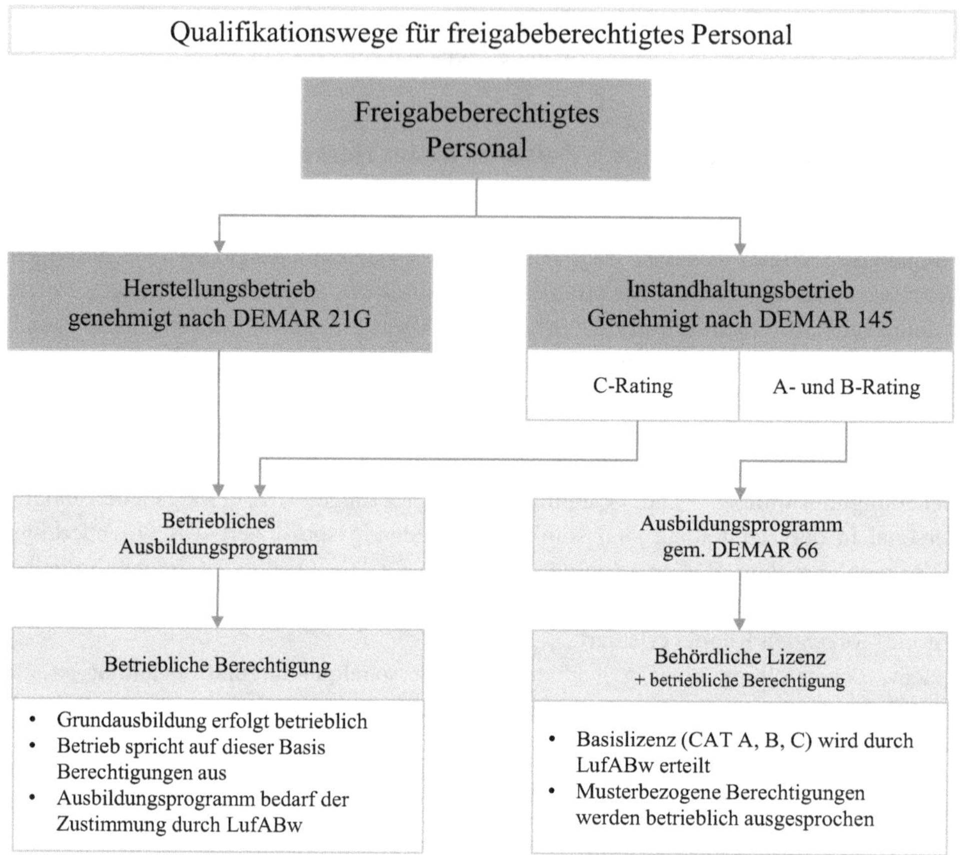

Abb. 11.1 Ausbildungsanforderungen an Certifying Staff – Herstellung vs. Instandhaltung

gemacht. Im Gegensatz dazu sind für freigabeberechtigtes Personal für Komponenten nur rudimentäre Vorgaben formuliert.[6]

Auch im Bereich der Berechtigung, also der Lizenzierung, unterscheidet sich freigabeberechtigtes Personal für Luftfahrzeuge gegenüber freigabeberechtigtem Personal für Komponenten und gegenüber dem aus der Herstellung (Abb. 11.1). Während im Herstellungsbetrieb und bei freigabeberechtigtem Personal in der Komponenteninstandhaltung eine betriebsinterne Berechtigung erteilt wird, erfolgt die Erteilung einer Freigabeberechtigung für Gesamtluftfahrzeuge durch das LufABw. Diese behördliche Lizenz wird als *Military Aircraft Maintenance Licence* (kurz: MAML) bezeichnet und bezieht sich immer auf ein bestimmtes Waffensystem.

Abb. 11.1 veranschaulicht die Ausbildungsanforderungen an freigabeberechtigtes Personal.

[6] Vgl. LufABw (2020c), DEMAR 145, 145.A.35.

Freigabeberechtigtes Personal nach DEMAR 145 für Luftfahrzeuge (A-Rating)
Die Freigabeumfänge, die auf Grundlage einer MAML ausgesprochen werden, teilen sich gemäß DEMAR 66.A.3 in die folgenden Kategorien (CAT):[7]

Category A: Line Maintenance Certifying Mechanic
Freigabeberechtigtes Personal der Kategorie A ist berechtigt, Freigabebescheinigungen nach einfacher Line Maintenance auszustellen. Mitarbeiter mit einer CAT A Berechtigung dürfen ausschließlich persönlich durchgeführte Instandhaltungsarbeiten freigeben. Der Berechtigungsumfang der CAT A Lizenz ist dabei Aufgaben *(Task)* orientiert. Dies bedeutet, dass der Freigabeberechtigte ausschließlich Instandhaltungsarbeiten (Luftfahrzeug-) musterbezogen ausführen darf, die in seiner individuellen Task-Liste aufgeführt sind. Diese Liste wird durch den Instandhaltungsbetrieb für jeden CAT A-Lizenzinhaber definiert.[8]

Category B1: Maintenance Certifying Technician – mechanical
Eine B1-Lizenz berechtigt den Inhaber zur Freigabe von Instandhaltungsarbeiten an der Luftfahrzeugstruktur, den Triebwerken sowie an mechanischen und elektrischen Systemen. Die Berechtigung umschließt zudem Arbeiten an Avionik Systemen. Dies gilt jedoch nur soweit es sich um einfache Prüfungen ohne Fehlersuche handelt, z. B. Freigabe nach Wechsel einfacher Avionik-Austauschteile. Die B1-Lizenz gilt dabei sowohl für selbst ausgeführte Arbeiten wie auch für solche, die ein anderer Berechtigter vorgenommen hat. Eine CAT B1 Lizenz umschließt immer auch die entsprechende Unterkategorie CAT A. Die MAML CAT B1 wird musterbezogen durch das LufABw erteilt.

Category B2: Maintenance Certifying Technician – Avionic
Freiegabeberechtigtes Personal der Klasse B2 sind zur Freigabe von Instandhaltungsarbeiten an der Avionik und an elektrischen Systemen berechtigt, die durch den MAML-Inhaber selbst oder durch einen anderen Berechtigten ausgeführt wurden. Die B2-Lizenz beinhaltet im Gegensatz zur B1-Lizenz nicht automatisch die CAT A-Berechtigung. Auch die CAT B2 Lizenz wird nur musterbezogen durch das LufABw erteilt.

Category C: Base Maintenance Certifying Engineer
Eine Lizenz der Kategorie C berechtigt den Inhaber zur Ausstellung von Freigabebescheinigungen nach Base Maintenance Ereignissen. Diese gilt dann musterbezogen für Luftfahrzeuge in ihrer Gesamtheit für alle Gewerke und Systeme. Die Funktion

---

[7] Zur Spezifikation des grundsätzlichen Berechtigungsumfangs der MAML vgl. LufABw (2020d), DEMAR 66, 66.A.20 sowie LufABw (2022b), AMC und GM zur DEMAR 66, GM 66.A.20(a).

[8] Vgl. LufABw (2020d), DEMAR 66, 66.A.20 (a).

des Base Maintenance Certifying Engineers besteht primär darin, zu überwachen und zu überprüfen, dass alle erforderlichen Instandhaltungsarbeiten sowie die zugehörige Dokumentation durchgeführt und durch entsprechend autorisiertes Unterstützungspersonal (mit einer B1- oder B2-Lizenz) begleitet wurden. Erst dann darf Kategorie C-Personal Base Maintenance-Ereignisse freigeben. Die eigentliche Flugzeugfreigabe, die Ausstellung des Certificate of Release to Service (CRS) bildet dann nur den formalen Abschluss des Instandhaltungsereignisses.

Ein Kategorie C-Berechtigter darf zudem Unterstützungsaufgaben und die Luftfahrzeugfreigabe in Personalunion bei entsprechend vorliegender Kategorie B-Lizenz wahrnehmen.

Anrechenbare Erfahrungszeiten von Personal der Bundeswehr bei Beantragung einer zivilen Part-66-Lizenz[9]

Im März 2019 wurde zwischen dem Luftfahrt-Bundesamt (LBA) und dem LufABw eine Vereinbarung über die Anrechenbarkeit praktischer Instandhaltungstätigkeiten an Luftfahrtgerät der Bundeswehr geschlossen.

Darin erkennt das LBA die praktischen Erfahrungszeiten des luftfahrtechnischen Personals der Bundeswehr teilweise an. Dies erleichtert ehemaligem Bundeswehrpersonal, nach Ausscheiden aus dem militärischen Dienst, die Beantragung einer zivilen Part 66-Lizenz.

Die Abstufung der anrechenbaren Anerkennungszeiten erfolgt dabei in folgenden Stufen:

- 100 %: nahezu alle Luftfahrzeuge der Flugbereitschaft (z. B. A330, A340) für zivile CAT A und CAT B-Lizenzen.
- 75 %: militärische Luftfahrzeugmuster, z. B. C-130J, H-145M, AS 532. Hier ist i. d. R. ein Zeitraum von mindestens 6 Monaten Erfahrung an zivilen Luftfahrzeugen für die Beantragung der CAT-A-Lizenz und 12 Monate für eine CAT B-Lizenz gefordert.
- 50 %: z. B. P3-C, E 3A, BO105. Auch hier gilt der zusätzliche Zeitraum von 6 Monaten (CAT A) und 12 Monaten (CAT B1/B2/B3), der an zivilen Luftfahrzeugen nachzuweisen ist.
- 25 %: z. B. EF2000, PA200, CH-53G, C-160, NH90 TTH, UH Tiger mit zivilem Nachweis von 6 bzw. 12 Monaten, je nach CAT.

Kategorie C Lizenzen werden nicht angerechnet.

[9] LufABw (2019).

Tab. 11.1 Fachmodule zur Erlangung einer MAML

1	Mathematik	12	Aerodynamik, Strukturen und Systeme von Hubschraubern
2	Physik		
3	Grundlagen der Elektrik	13	Aerodynamik, Strukturen und Systeme von Luftfahrzeugen
4	Grundlagen der Elektronik		
5	Digitaltechniken/Elektronische Instrumentensysteme	14	Antrieb
		15	Gasturbinentriebwerk
6	Werkstoffe und Komponenten	16	Kolbentriebwerk
7	Instandhaltung	17	Propeller
8	Grundlagen der Aerodynamik	*50*	*Grundlagen von Bewaffnung*
9	Menschliche Faktoren	*51*	*Bewaffnungssysteme*
10	Luftfahrtgesetzgebung	*52*	*Operationelle Kampfsysteme*
11a	Aerodynamik, Strukturen und Systeme von Flugzeugen mit Turbinentriebwerk	*53*	*Aufklärung und Elektronischer Kampf*
		54	*Rettungs- und Sicherheitssysteme*
11b	Aerodynamik, Strukturen und Systeme von Flugzeugen mit Kolbentriebwerk	*55*	*Militärische Kommunikationssysteme*

MAML Qualifikationsanforderungen
Die **Qualifikationsvoraussetzungen für die** Beantragung einer MAML nach DEMAR bei LufABw werden unterteilt in:

- eine theoretische Ausbildung in einem DEMAR 147-Betrieb und
- in praktische Instandhaltungstätigkeiten in einem DEMAR 145-Betrieb.

Art und Umfang der erforderlichen Qualifikation hängen von den Vorkenntnissen und der angestrebten Freigabekategorie ab.

Für die Erlangung des geforderten theoretischen Wissens sind bis zu 24 Fachmodule zu durchlaufen (vgl. Tab. 11.1). Das Wissen aus den einzelnen Fachmodulen ist durch Prüfungen bei einem genehmigten DEMAR 147-Ausbildungsbetrieb nachzuweisen.

Die Module 1 bis 17 in der Tab. 11.1 orientieren sich an den Vorgaben des zivilen Part-66. Bei den *kursiv gedruckten Bestandteilen* handelt es sich um rein militärische Ausbildungsbestandteile.

Neben dem Fachwissen muss freigabeberechtigtes Instandhaltungspersonal die englische Sprache soweit beherrschen, um Verfahren und technische Dokumentation in Wort und Schrift zu verstehen.[10]

[10] Vgl. LufABw (2020d), DEMAR 66, 66.A.20 (b) 4.

Die für eine MAML nachzuweisende **praktische Instandhaltungserfahrung** ist in der DEMAR 66–66.A.30 geregelt und variiert in Abhängigkeit der Vorkenntnisse zwischen einem und fünf Jahren. Kriterien für die Anrechnung vorhandener Erfahrungen sind z. B. eine frühere technische Ausbildung, frühere Instandhaltungstätigkeiten an Luftfahrzeugen, oder bisherige Aktivitäten in niedrigeren Freigabe-Kategorien.

Eine Kategorie C-Lizenz ist als einzige MAML auch mit einem technischen Hochschulabschluss zu erlangen, sofern der Antragsteller eine „repräsentative Auswahl aus Arbeiten“[11] im Rahmen der Luftfahrzeuginstandhaltung nachweisen kann.

Die Dokumentationsanforderungen an die Mitarbeiterqualifikationen für freigabeberechtigtes sowie unterstützendes Personal sind weitestgehend mit denen aus der Herstellung identisch und finden sich in Abschn. 5.5.[12]

Freigabeberechtigtes Instandhaltungspersonal für Komponenten

Während freigabeberechtigtes Personal für Gesamtluftfahrzeuge in der DEMAR 66 detaillierte Qualifikationsanforderungen für ihre Ausbildung finden, ist die Ausbildung von freigabeberechtigtem Personal für Komponenten weit weniger detailliert beschrieben. Grundlegende Anforderungen hat das BMVg in einem Leitfaden für die Qualifizierung von freigabeberechtigtem Personal für Komponenten in der Instandhaltung zusammengefasst[13], der sich stark an den zivilen Vorgaben orientiert[14]. Zum Großteil besteht der Leitfaden aus allgemeinen Vorgaben, die der Betrieb in seine internen Verfahren integrieren und an dem genehmigten Komponentenportfolio auszurichten hat.

Konkrete Anforderungen sind z. B.:

- Mindestalter für freigabeberechtigtes Personal von 21 Jahren,
- erforderliche Sprachkenntnisse,
- Angemessene praktische Grundausbildung (z. B. abgeschlossene Berufsausbildung in einem der Freigabetätigkeit förderlichen Fachgebiet),
- Kenntnisse der Instandhaltungsvorgaben,
- Praktische Erfahrung an den zu prüfenden Komponenten.

Re-Evaluierung der Kenntnisse

Neben der Erstqualifikation und Ausbildung seiner Mitarbeiter muss der Instandhaltungsbetrieb ein Vorgehen festlegen, wie die Personalkompetenz kontinuierlich

---

[11] Vgl. LufABw (2020d), DEMAR 66, 66.A.30 (5).

[12] Vgl. LufABw (2022a), AMC und GM zur DEMAR 145, AMC 145.A.35 (j).

[13] Ein entsprechendes Papier wurde in einer ministeriellen Arbeitsgruppe erarbeitet. Der Handlungsleitfaden soll zeitnah durch das LufABw veröffentlicht werden. (Papier AG4 – Lizenzierung Personal, Anlage zu Kap. 3).

[14] LBA (2021).

	Führungspersonal	Instandhaltungsplaner	Aufsichtsführende (Supervisor)	Freigabeberechtigtes- /Unterstützungspersonal	Mechaniker	Personal für spezialisierte Leistungen	Qualitätsauditpersonal
Befähigung zum Identifizieren und ordnungsgemäßen Planen der Durchführung von kritischen Instandhaltungsaufgaben		X	X	X			
Befähigung zum Priorisieren von Aufgaben und zum Melden von Unstimmigkeiten		X	X	X	X		
Befähigung zum Abwickeln der durch die betreibende Organisation geforderten Arbeiten		X	X	X			
Befähigung zum Fördern der Sicherheits- und Qualitätsstrategie	X		X				
Befähigung zum ordnungsgemäßen Umgang mit abgebauten, ausgebauten und abgelehnten Teilen			X	X	X	X	
Befähigung zum ordnungsgemäßen Auf- und Unterzeichnen der durchgeführten Arbeit			X	X	X	X	
Befähigung zum Erkennen der Abnahmefähigkeit von einzubauenden Teilen vor dem Einbau				X	X		
Befähigung zum Aufteilen komplexer Instandhaltungsaufgaben in eindeutige Schritte		X					
Befähigung zum Verstehen von Arbeitsaufträgen, Arbeitskarten und zum Beziehen auf und Nutzen von anzuwendenden Instandhaltungsunterlagen		X	X	X	X	X	X
Befähigung zum Nutzen von IT-Systemen	X	X	X	X	X	X	X
Befähigung zum Nutzen, Kontrollieren und vertraut sein mit den erforderlichen Werkzeugausstattungen und/oder Ausrüstung			X	X	X	X	
Angemessene Fertigkeiten im Gebrauch von Wort und Schrift	X	X	X	X	X	X	X
Analytische und nachgewiesene Auditierungsfertigkeiten (z. B. Objektivität, Fairness, Unvoreingenommenheit, Bestimmtheit)							X
Fertigkeiten zur Untersuchung von Fehlern in der Instandhaltung							X
Fertigkeiten zum Ressourcenmanagement und zur Instandhaltungsplanung	X	X	X				
Fertigkeiten zum Teamwork, Entscheidungsfindung und Menschenführung	X		X				

Abb. 11.2 Beispielhafte Darstellung einer übergeordneten Kompetenzmatrix gemäß GM 2 145.A.30 (e) – E

aufrechterhalten wird. Dafür ist die Kompetenz der Mitarbeiter in fest definierten Zeiträumen wiederholt zu überprüfen und zu bewerten. Hierzu empfiehlt sich in der Praxis die Erstellung einer Kompetenzmatrix und die regelmäßige Prüfung der darin enthaltenen Ausbildungsanforderungen, mindestens innerhalb eines Zeitraums von zwei Jahren. Das Beispiel einer solchen Kompetenzmatrix zeigt Abb. 11.2.

11.3 Qualifikation von weiterem DEMAR-relevanten Personal

Zwar steht das ausführende technische Personal im Fokus der Leistungserbringung bei der Herstellung und Instandhaltung von Luftfahrzeugen und Komponenten, allerdings ergeben sich aus den DEMAR auch gesonderte Qualifikationsanforderungen an das leitende und das administrative Personal genehmigter Luftfahrtbetriebe.

11.3.1 Qualifikationsanforderungen an das leitende Personal („Form 4-Personal")

Führungskräfte in der Luftfahrt tragen eine besondere betriebliche Verantwortung. Dies liegt daran, dass sich ihr Handeln nicht nur auf ihr unmittelbares Arbeitsumfeld auswirkt, sie üben mit ihren Entscheidungen nicht selten auch Einfluss auf einen großen Mitarbeiterkreis, oftmals über mehrere Hierarchieebenen, aus. Die DEMAR fordert daher von bestimmten Führungskräften behördlich genehmigter Betriebe eine fundierte Ausbildung sowie Kenntnisse und Kompetenzen im Hinblick auf die DEMAR-Vorschriften und deren Umsetzung im Betrieb.[15] Diese Führungskräfte werden in den DEMAR-Vorschriften als *leitendes Personal* bezeichnet.

Um als leitendes Personal in einem genehmigten DEMAR-Betrieb tätig sein zu dürfen, ist es erforderlich, dass dieses Personal durch den Betrieb ernannt wird und im Anschluss mittels eines durch das LufABw vorgegebenen Formblatts angezeigt wird. Dies erfolgt über die DEMAR Form 4, sodass beim leitenden Personal im betrieblichen Alltag oft von *Form-4-Personal* oder *Form-4-Haltern* gesprochen wird.

Um zu zeigen, dass das leitende Personal in der Lage ist, seiner Verantwortung innerhalb eines genehmigten luftfahrttechnischen Betriebs gerecht zu werden, muss es sein Wissen nach Einreichung der Form 4 persönlich gegenüber dem LufABw unter Beweis stellen. Es wird also nicht nur nach Aktenlage entschieden, sondern üblicherweise auch auf Basis eines persönlichen Anerkennungsgesprächs.

Zum leitenden Personal zählen fest definierte Rollen:

Accountable Manager

Der Accountable Manager oder *verantwortliche Betriebsleiter* ist der Gesamtverantwortliche gegenüber der zuständigen Behörde. Der verantwortliche Betriebsleiter muss nicht zwangsläufig der Geschäftsführer sein. Dennoch benötigt er den notwendigen Gestaltungsspielraum und das nicht nur auf dem Papier, sondern tatsächlich und nach-

[15] Vgl. LufABw (2020c), DEMAR 145, 145.A.30 sowie LufABw (2020a), DEMAR 21, 21A.145 (c).

weislich. Obwohl der Accountable Manager zum leitenden Personal gehört, ist er nicht mit DEMAR Form 4 an die Behörde zu melden.

Ein Accountable Manager ist für alle Betriebsarten in der DEMAR erforderlich. Dies gilt auch für den Entwicklungsbetrieb, wenngleich dessen Rolle in der DEMAR 21J als *Leiter Entwicklungsbetrieb* bezeichnet wird.

Leitendes technisches Personal in DEMAR-Betrieben
Neben dem Accountable Manager müssen auch einige Führungskräfte der zweiten Ebene behördlich akzeptiert sein. Die Eignung des jeweiligen Kandidaten wird nach Einreichung der DEMAR Form 4 durch LufABw mittels eines Anerkennungsgesprächs überprüft. Zu den geforderten Kenntnissen gehören u. a.:

- fundiertes fachliches Wissen im eigenen Aufgabenfeld,
- betriebliche Strukturen sowie Kommunikations- und Reporting-Wege,
- das DEMAR Regelwerk und die Verknüpfung mit dem Betriebshandbuch und der betrieblichen Praxis.

Folgende Positionen müssen in DEMAR-Betrieben mindestens besetzt sein:

- Im Herstellungsbetrieb ist dies der *Leiter Produktion,* der operativ sicherstellt, dass die Herstellung entsprechend den geforderten Standards erfolgt.[16]
- Im Instandhaltungsbetrieb ist ein *Leiter Instandhaltung* zu benennen. Bei größeren Organisationen kann sich diese Position in den Leiter Line Maintenance, Base Maintenance oder Leiter Komponenteninstandhaltung unterteilen.[17]
- In CAMOs ist der *Leiter CAMO* verantwortlich für die operative Steuerung aller Tätigkeiten zur Aufrechterhaltung der Lufttüchtigkeit.[18]
- Bei größeren Ausbildungsorganisation ist ein *Ausbildungsleiter* zu benennen, der für die tägliche Leitung des DEMAR 147-Betriebs zuständig ist.[19]
- Im Entwicklungsbetrieb ist mindestens die Rolle des *Leiters der Musterprüfleitstelle* zu besetzen. Dieser ist für die Koordination, vorschriftengerechte Abarbeitung und Durchführung aller Entwicklungsprojekte verantwortlich.[20]

---

[16]Vgl. LufABw (2020a), DEMAR 21, 21.A.145 (c) 1.

[17]Vgl. LufABw (2020c), DEMAR 145, 145.A.30 (b).

[18]Vgl. LufABw (2020b), DEMAR M, M.A.706 (d).

[19]Vgl. LufABw (2022c), AMC 1 zu 147.A.105 (1): Dies gilt für Organisationen, die Lehrgänge für 50 Auszubildende oder mehr anbieten.

[20]Vgl. LufABw (2017), AMC und GM zur DEMAR 21, GM 1 zu 21.A.239 (a) 3.1.4

Leiter Qualitätsmanagement
Jeder genehmigte DEMAR-Betrieb muss einen behördlich anerkannten Qualitätsmanager benennen. Dieser hat die Aufgabe, dafür Sorge zu tragen, dass die Vorgaben aus dem Betriebshandbuch von allen Mitarbeitern praktisch angewendet werden. Der Qualitätsmanager muss zur objektiven Beurteilung stets unabhängig von der Durchführung der Arbeiten, Zugang zu allen Betriebsteilen und Dokumenten haben.[21]

Im Entwicklungsbetrieb wird die Position des Qualitätsleiters als „Chief of Independent System Monitoring" bezeichnet. Darüber hinaus berichtet der Leiter Qualitätsmanagement *immer* direkt dem Accountable Manger.

Airworthiness Review Staff
Sofern eine CAMO das Privileg durch das LufABw erhalten hat, Airworthines Reviews durchzuführen, ist auch das dafür notwendige Personal über die DEMAR Form 4 formal durch das LufABw anzuerkennen. Die Qualifikationsanforderungen an dieses Prüfpersonal (Airworthiness Review Staff, kurz: ARS) umfasst:[22]

- mindestens 5 Jahre Erfahrung in der Aufrechterhaltung der Lufttüchtigkeit *und*
- eine DEMAR 66 Militärluftfahrzeug-Instandhaltungslizenz (MAML) oder den Nachweis eines luftfahrttechnischen Hochschulabschlusses oder eine vom LufABw als gleichwertig anerkannte Qualifikation *und*
- eine Ausbildung in der luftfahrttechnischen Instandhaltung *und*
- die Einnahme einer Position innerhalb der CAMO mit entsprechenden Verantwortlichkeiten *und*
- Kenntnisse der Inhalte des CAMO-Handbuchs, einschließlich aller Spezifika des Betriebs und der betroffenen Luftfahrzeugmuster.

11.3.2 Qualifikationsanforderungen an ausführendes Administrativpersonal in der Herstellung und Instandhaltung

Neben dem Herstellungs- und Instandhaltungspersonal, dem freigabeberechtigten sowie dem leitenden Personal führen auch Mitarbeiter in der Administration Tätigkeiten aus, die unmittelbaren Einfluss auf die Lufttüchtigkeit von Luftfahrzeugen und Komponenten haben.

Aus luftrechtlicher Sicht ist der zu qualifizierende Personenkreis in der Herstellung und Instandhaltung vergleichsweise eng gehalten. Der Fokus liegt hier auf

[21] Vgl. z. B. LufABw (2020a), DEMAR 21, 21.A.145 (c) (2).

[22] Vgl. LufABw (2020b), DEMAR M, M.A.707, AMC M.A.707 (a).

Mitarbeiter mit Planungsverantwortung, z. B. Produktions-, Arbeits- oder Materialplaner und Personaldisponenten sowie Produktions- oder Planungsingenieure. Die Planungsfunktionen bilden das Bindeglied zwischen Entwicklung und Herstellung bzw. Instandhaltung und regeln damit mehr den organisatorischen als den technischen Produktionsablauf. Meist nehmen sie mit ihrem Handeln nur mittelbaren Einfluss auf die Lufttüchtigkeit.

Art und Umfang der administrativen Personalqualifizierung wird stets von Genehmigungsart und -umfang sowie von der Betriebsgröße bestimmt. Grundsätzlich jedoch müssen administrative Mitarbeiter in Entwicklung, Herstellung und Instandhaltung sowie der CAMO in der Lage sein, die DEMAR-Vorgaben und technischen Vorgaben (z. B. Approved Data, technische Normen) zu verstehen und in der Praxis richtig anzuwenden.[23]

Administrative Mitarbeiter, die mit ihrem Handeln mittelbar oder unmittelbar Einfluss auf die Lufttüchtigkeit nehmen, müssen mindestens Kenntnisse auf den folgenden Gebieten nachweisen:

- betriebliche Vorgabedokumentation (Betriebshandbuch, Verfahrensanweisungen oder Prozessdarstellungen),
- betriebliche Strukturen und Abläufe,
- betriebsrelevante DEMAR-Vorschriften,
- Human Factors (nur in der Instandhaltung explizit vorgeschrieben).

Das LufABw erwartet für die o. g. administrativen Mitarbeitergruppen Nachweise, aus denen hervorgeht, dass dieses Personal sowohl über hinreichend theoretische Kenntnisse wie auch über ausreichend praktische Erfahrungen verfügt.

11.4 Besonderheiten entwicklungsbetrieblicher Personalqualifikation nach DEMAR 21J

Mitarbeiter im Entwicklungsbetrieb sind oft mit Entscheidungen konfrontiert, die unmittelbaren Einfluss auf die Lufttüchtigkeit der entwickelten Produkte haben.

[23] Die relevanten Textteile der DEMAR sind eher vage formuliert, z. B. LufABw (2020c), DEMAR 145, 145.30 (e): „Der Betrieb muss die Befähigung des mit Instandhaltungsarbeiten, Verwaltungsaufgaben und/oder Qualitätskontrollen befassten Personals in Übereinstimmung mit einem Verfahren und Bestimmungen festlegen und überwachen, die von der zuständigen Behörde genehmigt sind.“ und dass „… die Mitarbeiter aller Ebenen ausreichende Befugnisse erhalten haben, um die ihnen übertragenen Pflichten wahrnehmen zu können …“ vgl. auch LufABw (2020a), DEMAR 21, 21A.145 (c).

Zur Sicherstellung, dass diese Mitarbeiter im DEMAR 21J-Entwicklungsbetrieb ausreichend qualifiziert und ausgebildet sind, fordert das LufABw ein dokumentiertes Aus- und Weiterbildungskonzept, dem ein strukturiertes Qualifizierungsverfahren zugrunde liegt. Um die Qualifikation auf hohem Niveau auch über den Zeitablauf sicherzustellen, muss es sich um ein „lebendes" Schulungs- und Ausbildungskonzept handeln, das in der Lage ist, sich den aktuellen Bedürfnissen und Veränderungen von Betrieb und technisch-organisatorischem Fortschritt anzupassen.

Vergleichsweise präzise formuliert das Guidance Material der DEMAR 21J den Personenkreis, der einer strukturierten Auswahl, Aus- und Weiterbildung unterliegen muss. Dies umfasst sämtliches Personal, das im Betrieb Entscheidungen mit Auswirkungen auf die Lufttüchtigkeit und den Umweltschutz zu treffen hat. Neben der Geschäftsleitung und den technischen Führungskräften werden hierunter jene Mitarbeiter subsummiert, die:

- Klassifizierungsentscheidungen (major/minor) treffen,
- Zweitkontrollaktivitäten (Verifizierungen) durchführen,
- kleine Entwicklungen oder Reparaturen genehmigen oder
- für die Erstellung bzw. Herausgabe von entwicklungsbetrieblichen Dokumenten und Informationen verantwortlich sind.

Um diese Aufgaben vollumfänglich erfüllen zu können, müssen die handelnden Personen üblicherweise über ein ingenieurswissenschaftliches Studium oder eine vergleichbare Ausbildung verfügen. Diese hohe Eingangsvoraussetzungen werden gefordert, um zu gewährleisten, dass Berechtigte die Zusammenhänge, Wechselwirkungen und Folgen ihres Handelns fachgerecht einschätzen können. Zudem sind Erfahrungen in den spezifischen technischen Feldern gefordert, die für die Entwicklung benötigt werden.

Auf Basis des Qualifizierungsprozesses wird den betroffenen Mitarbeitern am Ende ihrer Qualifikation ein individueller Berechtigungsumfang *(Scope of Authorization)* zugewiesen und entsprechend in der Personalakte dokumentiert. So hat in der Regel jeder Entwicklungs- bzw. Musterprüfingenieur fachspezifische Berechtigungen, z. B. für die Bereiche:

- Avionik,
- Struktur oder
- Elektronische Systeme.

11.5 Spezielle Personalqualifikation und -berechtigung

Neben den bisher dargestellten Qualifikationen und Berechtigungen muss betriebliches Personal in der Luftfahrt vielfach ergänzend für besondere Aufgaben ausgebildet werden.

Typische Tätigkeitsfelder, die im luftfahrttechnischen Bereich ergänzende Personalqualifizierungen und -berechtigungen erfordern, sind z. B. Doppelkontrollen, Support Staff Aufgaben, Flugzeugschleppen, Tankbegehungen, Arbeiten an Tanks (Fuel Tank Safety), Boroskopien, Engine Run-Up's oder diverse Ground-Handling-Tätigkeiten.

Die Notwendigkeit einer vollumfänglichen Personalqualifizierung gilt nicht nur für Herstellungs- und Instandhaltungspersonal. Auch administrative Mitarbeiter müssen neben ihrer Basisausbildung unter Umständen in speziellen Fachgebieten tiefergehend qualifiziert und berechtigt werden. Betroffen sind hiervon z. B. Lehr- oder Audittätigkeiten sowie Doppelkontroll-/Verifizierungsaufgaben. Darüber hinaus benötigen luftfahrttechnische Betriebe in besonderer Weise qualifizierte und berechtigte Führungskräfte, wie z. B. Strahlenschutz- oder Umweltverantwortliche (für die Überwachung von NDT- bzw. Lackier- oder Galvanikarbeiten).

Nun mag es befremdlich anmuten, wenn Mitarbeiter für offensichtlich einfache Aufgaben (z. B. Flugzeugschleppen oder Kranbewegungen) qualifiziert und berechtigt werden müssen. Die Erfahrung lehrt jedoch, dass alle Fehler, die im Bereich der menschlichen Vorstellungskraft liegen, auch geschehen. Daher lässt sich eine nachhaltige Fehlerminimierung nur dann erreichen, wenn die Mitarbeiter grundsätzlich und vollumfänglich in ihrem gesamten Aufgabengebiet qualifiziert wurden und sich so den Risiken in ihrem Tätigkeitsspektrum bewusst sind.

Human Factors Schulungen

Der Terminus *Human Factors* ist ein Sammelbegriff für psychische, kognitive und soziale Einflussfaktoren, die zwischen menschlichen und technischen Systembestandteilen wirken. Im Fokus steht dabei das menschliche Leistungsvermögen mit allen Fähigkeiten und Grenzen, die Auswirkungen auf das Handeln im Verhältnis Mensch-Mensch und Mensch-Maschine haben. Human Factors Ausbildungen zielen dabei auf eine Schärfung des Mitarbeiterbewusstseins hinsichtlich der Grenzen menschlicher Leistungsfähigkeit.

Die DEMAR verlangt eine Auseinandersetzung mit den Belangen der Human Factors explizit nur im Rahmen der Aufrechterhaltung der Lufttüchtigkeit.[24] Ziel ist es dabei, dass eine Betriebsorganisation existiert, die:[25]

- dem menschlichen Leistungsvermögen, den Fähigkeiten und Grenzen Rechnung trägt,
- über Strukturen im Rahmen der Arbeitsausführung verfügt, die in der Lage sind, menschliches Fehlverhalten (Human Errors) zu minimieren und

[24] In den zivilen Regularien gilt dies nicht (mehr). Mit Einführung des Safety Management sind Human Factors Kenntnisse auch in der Entwicklung und Herstellung vorgeschrieben.

[25] Vgl. LufABw, (2020c), DEMAR 145, 145.A.30(e), 145.A.65 (b).

- Trainings- bzw. Weiterbildungsstrukturen umfassen, die das Bewusstsein für das Themenfeld der Human Factors regelmäßig schärfen und so auch etwaige Schwächen in den zuvor genannten Mechanismen sichtbar machen.

Parallel zur Wissensvermittlung und dem Schaffen eines Bewusstseins soll auch die Erfahrung der Teilnehmer aus der beruflichen Praxis gesammelt und zur Weiterentwicklung der betrieblichen Prozesse und Verfahren herangezogen werden.[26]

Einen wichtigen Bestandteil in der Auseinandersetzung mit Human Factors spielt die betriebliche Fehlerkultur. Gerade in Unternehmen der Luftfahrtbranche muss ein Betriebsklima herrschen, dass es erlaubt, Fehler offen anzusprechen und zu thematisieren, ohne dass Personen, die sich unabsichtlich fehlerhaft verhalten haben, bestraft werden.[27]

Eine strafende Fehlerkultur beinhaltet demgegenüber das Risiko, dass Fehler verschwiegen und vertuscht, schlimmstenfalls wegen mangelnder Kommunikation sogar wiederholt werden.

Im Hinblick auf die Schulungshäufigkeit setzt die DEMAR für die Wiederholung von Human Factors Ausbildungen regelmäßig einen Zeitraum von zwei Jahren an, soweit nicht besondere betriebliche oder außerbetriebliche Ereignisse oder Vorkommnisse eine höhere Trainingsintensität erfordern.

11.6 Continuation Training

Beim Continuation Training[28] handelt es sich um allgemeine zunächst nicht spezifizierte Folgeschulungen in einem luftfahrttechnischen Themenfeld. Diese Trainings sind für behördlich genehmigte Betriebe in der Entwicklung, Herstellung und Instandhaltung verpflichtend und sollen dazu dienen, die Kompetenzen der Mitarbeiter in Hinblick auf neue betriebs- oder produktrelevante Erkenntnisse und Trends weiterzuentwickeln.[29] Continuation Trainings umfassen typischerweise:

[26] Vgl. LufABw, (2022a), AMC und GM zur DEMAR 145, AMC 145.A.30(e).

[27] Vgl. LufABw, (2022a), AMC und GM zur DEMAR 145, AMC 145.A.60 (b) 2.

[28] In der betrieblichen Praxis oftmals auch kurz als „Conti“-Training bezeichnet.

[29] Vgl. LufABw (2020c), DEMAR 145, 145.A.35(d).

- Neuerungen in den Vorschriften,
- Änderungen und Weiterentwicklungen in den betrieblichen Strukturen, Arbeitsabläufen oder Vorgaben,
- Information über Produktentwicklungen und Innovationen im Zuge der angewandten Technologien,
- Thematisierung von besonderen Prozess- und Verfahrensvorkommnissen, die Verbesserungspotenziale in sich bergen.

Der genaue Inhalt derartiger Folgeschulungen sollte sich an den individuellen Bedürfnissen und Notwendigkeiten der zu schulenden Mitarbeiter, sowie an den konkreten Aufgabenstellungen des genehmigten Luftfahrtbetriebes orientieren. Der zeitliche Umfang, sowie die Wiederholungsintervalle der Continuation Trainings richten sich ebenfalls an den betrieblichen Erfordernissen aus. Im Normalfall wird pro Mitarbeiter mit einem bis drei Tagen innerhalb eines Zwei-Jahreszeitraum kalkuliert.

In der Ausgestaltung der Trainings ist zu beachten, dass diese nicht nur die Weiterentwicklung des Personals zum Ziel haben. Continuation Schulungen sollen immer auch dazu dienen, Rückmeldungen der Mitarbeiter während der Veranstaltungen aufzunehmen und aus ihnen Verbesserungen der Betriebsorganisation anzustoßen.

Literatur

Hinsch, M. (2019): Industrielles Luftfahrt Management. 4. Aufl. Berlin, Heidelberg. 2019

Luftfahrtamt der Bundeswehr (LufABw, 2017): AMC und GM zur DEMAR 21 – Militärische Zulassung von Luftfahrzeugen und zugehöriger Produkte, Bau- und Ausrüstungsteile sowie Genehmigung von Entwicklungs- und Herstellungsbetrieben, Nr. A1-275/3-8902, Version 1, 2017

Luftfahrtamt der Bundeswehr (LufABw, 2019): Vereinbarung zwischen dem Luftfahrt-Bundesamt und der Bundeswehr, vertreten durch das Luftfahrtamt der Bundeswehr, über die Anrechnung praktischer Instandhaltungstätigkeiten des luftfahrzeugtechnischen Personals der Bundeswehr an Luftfahrzeugen und Luftfahrtgerät der Bundeswehr vom 27. März 2019, abgerufen am 30.4.2022 über https://www.lba.de/SharedDocs/Downloads/DE/T/T2/T22/66/Informationsmaterial/T2_Rahmenvereinbarung_BW-LBA.pdf?__blob=publicationFile&v=3

Luftfahrtamt der Bundeswehr (LufABw, 2020a): Zulassung von Produkten. Bau- und Ausrüstungsteilen sowie Genehmigung von Entwicklern und Herstellern DEMAR 21, Nr. A1-275/3-8901, Version 2, 2020

Luftfahrtamt der Bundeswehr (LufABw, 2020b): Aufrechterhaltung der Lufttüchtigkeit DEMAR M, Nr. A1-275/3-8903, Version 2, 2020

Luftfahrtamt der Bundeswehr (LufABw, 2020c): Anforderungen an den Instandhaltungsbetrieb DEMAR 145, Nr. A1-275/3-8905, Version 2, 2020

Luftfahrtamt der Bundeswehr (LufABw, 2020d): Erteilung von Instandhaltungslizenzen DEMAR 66, Nr. A1-275/3-8909, Version 2, 2020

Luftfahrtamt der Bundeswehr (LufABw, 2022a): AMC und GM zur DEMAR 145, Nr. A1-275/3-8906, Version 2, 2022

Luftfahrtamt der Bundeswehr (LufABw, 2022b): AMC und GM zur DEMAR 66, Nr. A1-275/3-8908, Version 3, 2022

Luftfahrtamt der Bundeswehr (LufABw, 2022c): AMC und GM zur DEMAR 147, Nr. A1-275/3-8910, Version 2, 2022

Luftfahrt-Bundesamt: Merkblatt zum Thema freigabeberechtigtes Personal für Teile von Luftfahrtgerät/Komponenten – Component Certifying Staff (CC/S). Braunschweig 10.5.2021

12 Zusammenarbeit mit der gewerblichen Wirtschaft

Im nationalen militärischen Zulassungswesen leisten gewerbliche Luftfahrtbetriebe einen wesentlichen Beitrag zur Erlangung und Aufrechterhaltung der Lufttüchtigkeit von Luftfahrzeugen und Komponenten der Bundeswehr. Im vorliegenden Kapitel wird zunächst die Entwicklungsgeschichte der gewerblichen Leistungserbringung für die Bundeswehr im Bereich der Luftfahrt beschrieben (Abschn. 12.1). Im Anschluss wird dargelegt, wie und auf welcher Grundlage die Einbindung gewerblicher Leistungen in das militärische Zulassungswesen erfolgt (Abschn. 12.2). Weiter führt dieses Kapitel aus, wie interne zulassungsrelevante Anforderungen der Bundeswehr für die gewerbliche Wirtschaft Gültigkeit erlangen und welche Aufgaben im Standardverfahren DEMAR durch diese übernommen werden können (Abschn. 12.3). Im Folgenden wird zu dem Vorgehen zur Erlangung betrieblicher DEMAR-Betriebsgenehmigungen ausgeführt (Abschn. 12.4), bevor abschließend das Werkzeug der „Beleihung" der gewerblichen Wirtschaft vorgestellt wird (Abschn. 12.5).

12.1 Entwicklungsgeschichte der Einbindung gewerblicher Leistungen

Mit Aufstellung der Luftwaffe 1956 übernahm die Bundeswehr ihre ersten Luftfahrzeuge zunächst überwiegend aus amerikanischer und französischer Produktion. In diesem Zuge wurde erstmals eine Regelung für das Prüf- und Zulassungswesen für Luftfahrzeuge der Bundeswehr, die sogenannte ZDv 19/1[1], erlassen. In ihr wurden, auf Basis der

[1] ZDv: Zentrale Dienstvorschrift der Bundeswehr.

M. Hinsch et al., *Einführung in die DEMAR*,
https://doi.org/10.1007/978-3-662-65676-1_12

Anforderungen aus der nationalen zivilen Luftverkehrsgesetzgebung, die Anforderungen an Luftfahrzeuge und Komponenten definiert, um eine nationale militärische Musterzulassung erhalten zu können.

Der militärische Zulassungsprozess sah damals noch vor, dass alle zulassungsrelevanten Aufgaben durch die Bundeswehr selbst durchzuführen sind. Damit verbunden war somit eine eigene umfassende technische Produktkompetenz der Bundeswehr im Bereich der Musterprüfung und damit der Erteilung von Muster- und Verkehrszulassungen. Die Abnahme und Freigabe von Luftfahrzeugen und Komponenten erfolgten dabei über ein bundeswehrinternes Verfahren der Stück- und Nachprüfung durch behördliches Prüfpersonal.

Über die Jahre veränderte sich die Aufgabenverteilung im nationalen militärischen Zulassungswesen. Im Bereich der Musterprüfung mussten in multinationalen Programmen zunehmend die Entwicklungsergebnisse anderer Nationen für eine nationale Muster- und Verkehrszulassung nutzbar gemacht werden. Durch den großen Umfang und die steigende Komplexität war es dabei oft nur dem Entwicklungsbetrieb selbst möglich, die entsprechenden zulassungsrelevanten Nachweise zu führen. Hierfür wurden nach zivilem Vorbild auch im militärischen Zulassungswesen entsprechende Musterprüfleitstellen in der gewerblichen Wirtschaft eingerichtet.

Auch die Abnahme in der Produktion musste dieser technologischen Entwicklung angepasst werden. Der hierfür zuständige Güteprüfdienst der Bundeswehr musste sich einerseits immer mehr auf die Partner in Europa abzustützen und hatte andererseits bei Prüfungen nur noch die Möglichkeit der Begleitung. Die bundeswehreigene Prüfung wurde aufgrund der eingesetzten Technologien in der Nachweisführung immer seltener. Das vormalige Messen mit Messschieber, Fühlerlehre und Oszilloskop wurde durch Build in Tests ersetzt. Dies erforderte auf diesem Gebiet der Abnahme ein inhaltliches und organisatorisches Umdenken. Zudem wurde der Personalkörper der Bundeswehr über die Jahre im kleiner, sodass bei Fokussierung auf den Kernauftrag immer weniger Personal für die Musterprüfung, Stück- und Nachprüfung zur Verfügung stand.

All dies führte schließlich zur Einführung eines „Anerkannten Prüfdienstes“ und einer aktiven Einbindung der gewerblichen Wirtschaft in zulassungsrelevante Aufgabenstellungen der Bundeswehr. Das Ziel der Bundeswehr war es dabei, einzelfallbezogen fehlende eigene Kapazitäten im Bereich der Stück- und Nachprüfung durch einen externen Freigabeprozess zu ersetzen und so den Bestand einsatzbereiter Luftfahrzeuge zu erhöhen.

Mit Einführung der DEMAR wurde diesem Trend der Übertragung umfassender Freigabeberechtigung an die gewerbliche Wirtschaft weiterer Vorschub geleistet. Basierend auf den Prinzipien des europäischen Zivilluftfahrtrechts tritt in der DEMAR die bundeswehrinterne Stück- und Nachprüfung zugunsten einer behördlichen Betriebsgenehmigung und deren konsequenter Überwachung in den Hintergrund. Somit werden Freigabetätigkeiten hinsichtlich der Lufttüchtigkeit seitens der Bundeswehr reduziert und an genehmigte Betriebe übertragen. Man spricht in diesem Zusammenhang von der Überleitung einer produktorientierten Überwachung im Altverfahren, hin zu einer prozessorientierten Überwachung im Standardverfahren DEMAR.

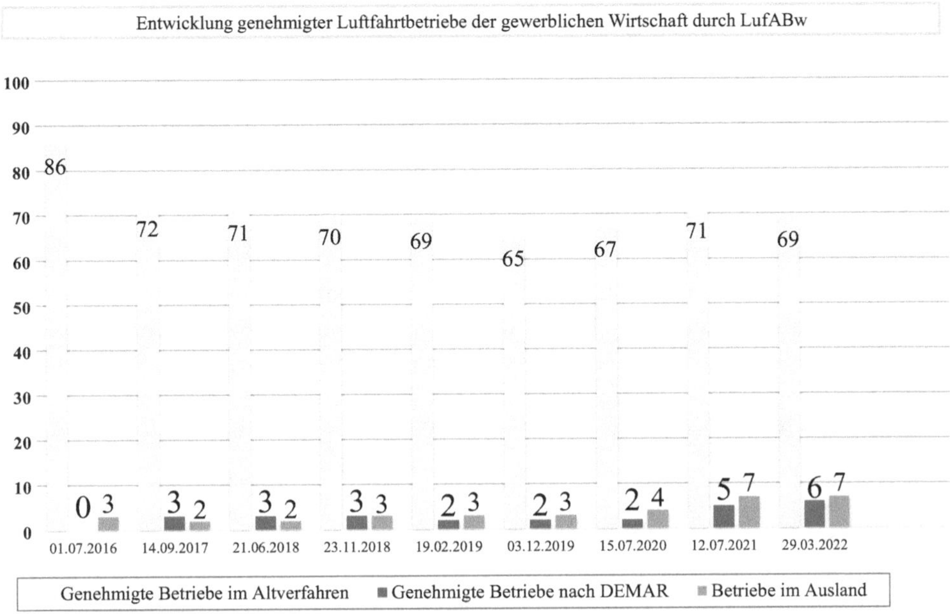

Abb. 12.1 Entwicklung genehmigter Luftfahrtbetriebe der gewerblichen Wirtschaft durch LufABw

Hierzu werden militärisch genehmigten Entwicklungs-, Herstellungs- und Instandhaltungsbetrieben sogenannte „Privilegien" verliehen. Die Ausübung dieser Privilegien durch die gewerbliche Wirtschaft setzt dabei aktuell eine „Beleihung" des genehmigten Betriebs voraus, also die Übertragung festgelegter hoheitlicher Rechte.

Eine solche Beleihung kennt jedoch Grenzen. Bestimmte hoheitliche Aufgaben verbleiben auch künftig – analog zum zivilen Luftrecht – beim Staat bzw. der zuständigen Behörde, dem Luftfahrtamt der Bundeswehr (LufABw). Hierzu gehört etwa die Musterzulassung. Dies gilt unabhängig davon, ob die Ausführenden aus der gewerblichen Wirtschaft, Teil der Bundeswehr oder Teil einer anderen öffentlichen Organisation sind.[2] Insoweit besteht auch für Leistungserbringer innerhalb der Bundeswehr, wie Geschwader, Instandsetzungszentren oder Ausbildungseinrichtungen eine Genehmigungspflicht nach den Anforderungen der DEMAR durch das LufABw.[3]

Die Anzahl der durch LufABw genehmigten Betriebe war über die letzten Jahre relativ konstant (vgl. Abb. 12.1). Bei Ausweitung der DEMAR Migration auf weitere Luftfahrzeugmuster ist jedoch mit einem weiteren Anstieg der nach DEMAR genehmigten Betriebe zu rechnen.

[2] Vgl. BMVg, (2021), Dachvorschrift, #4028.

[3] Vgl. BMVg, (2021), Dachvorschrift, #4028.

12.2 Rahmenbedingungen für die Einbindung gewerblicher Leistungen

Obgleich die luftrechtliche Verantwortung für ihre Luftfahrzeuge und Komponenten immer bei der Bundeswehr verbleibt, ist es dennoch möglich, die gewerbliche Wirtschaft mit der Durchführung zulassungsrelevanter Aufgaben in den Bereichen der Entwicklung, Herstellung und/oder Instandhaltung zu beauftragen.

Grundsätzlich strebt die Bundeswehr immer dort die Einbindung von gewerblichen Leistungen an, wo es militärisch vertretbar und wirtschaftlich sinnvoll ist.[4] Konkret ist dies der Fall, wenn seitens der Bundeswehr Kapazitäten oder Kompetenzen erst aufgebaut werden müssten oder eine Durchführung durch die Bundeswehr aus anderen Gründen nicht angestrebt wird (z. B. eigener Entwicklungsbetrieb zur Unterstützung der Aufgaben des HMilMz).

Klassifizierung von Zulieferern

In der allgemeinen Auftragsvergabe an die gewerbliche Wirtschaft für zulassungsrelevante Produkte und Dienstleistungen unterscheiden wir in Zulieferer, Lieferanten und Unterauftragnehmer.[5] Diese Unterteilung in der gewerblichen Auftragsvergabe orientiert sich dabei an den zivilen luftrechtlichen Definitionen des Luftfahrt-Bundesamtes. Hier ist ein Zulieferer *(Supplier)* der Oberbegriff für Lieferanten *(Vendors)* sowie Unterauftragnehmern *(Subcontractor)* und Dienstleistern *(Service Provider)* (vgl. Abb. 12.2):

- Lieferanten sind Zulieferer mit einer Genehmigung als Herstellungsbetrieb. Auch Betriebe, die Rohmaterial, Normteile, Standardteile oder Verbrauchsmaterial liefern gelten als Lieferanten.
- Unterauftragnehmer hingegen sind Zulieferer ohne eine Genehmigung als Herstellungsbetrieb aber auch genehmigte Herstellungsbetriebe, die Produkte ohne Lufttüchtigkeitsbescheinigung liefern. Sie führen Bestandteile der Leistungserbringung im Auftrag des genehmigten Betriebs aus, z. B. Fertigung von Zeichnungsteilen, Oberflächenbehandlung, Engineering-Dienstleistungen.
- Dienstleister führen Arbeiten an Luftfahrzeugen und Komponenten aus, oder unterstützen die Produktion, z. B. im Bereich der Lackierung, der Kalibrierung, der zerstörungsfreien Werkstoffprüfung (NDT), der Logistik, aber auch im Bereich des Qualitätsmanagements, oder auch Schulungsdienstleister.

Die Kategorie *Dienstleister* findet im militärischen Zulassungswesen aktuell keine Anwendung, allerdings sollte der Begriff und die Definition der Vollständigkeit halber Erwähnung finden.

---

[4] vgl. Militärische Luftfahrtstrategie BMVg (2016, S. 109).

[5] Vgl. BMVg, (2021), Dachvorschrift, #4042.

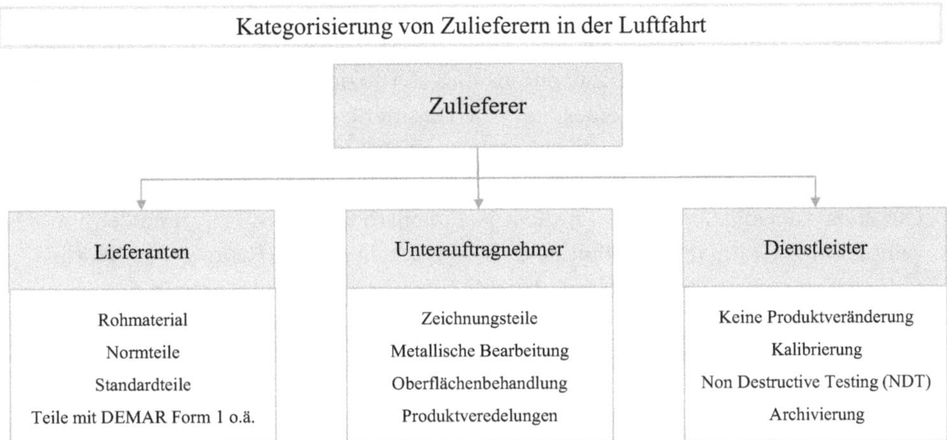

Abb. 12.2 Kategorisierung von Zulieferern in der Luftfahrt am Beispiel „Herstellung" (vereinfachte Darstellung)

Werden Unterauftragnehmer in die gewerbliche Leistungserbringung eingebunden, erfolgt dies entweder unter der luftrechtlichen Verantwortung eines anderen Lieferanten oder direkt unter der Aufsicht der Bundeswehr selbst. In beiden Fällen muss der Unterauftragnehmer entsprechend qualifiziert und konsequent überwacht werden.

Qualitätssysteme bei Zulieferern ohne luftfahrttechnische Genehmigung nach DEMAR

Jeder DEMAR-Betrieb hat seine Zulieferer in sein eigenes Qualitätssystem einzubinden und einen angemessenen Nachweis über deren Qualitätsfähigkeit zu führen. Dies setzt eine Prüfung zu Beginn der Geschäftsbeziehung voraus. Darüber hinaus müssen DEMAR-Betriebe ihre Zulieferer im Anschluss – auf Basis eines durch das LufABw genehmigten Verfahrens – laufend überwachen. Art und Umfang richten sich hierbei nach der Komplexität der zugelieferten Arbeiten, nach dem Vorhandensein einer eigenen Genehmigung und nach den Erfahrungen bzw. der Leistungsfähigkeit des Zulieferers.

Zulieferer mit einer eigenen Genehmigung (Lieferanten) verfügen naturgemäß über ihr eigenes behördlich überwachtes Qualitätssystem. In diesem Fall kann die Überwachung dieses Betriebs durch einen gewerblichen Auftraggeber deutlich reduziert werden.

Anders ist die Lage, wenn der DEMAR-Betrieb Unterauftragnehmer ohne Genehmigung einbindet. Da genehmigte Betriebe stets die volle luftrechtliche Verantwortung für alle ihre Unterauftragnehmer (z. B. Fertigung von Unterbaugruppen in der Herstellung oder Erbringung von Nachweisen in der Entwicklung) tragen, müssen hier engmaschige Überwachungsmechanismen dieser Unterauftragnehmer definiert werden.

Unterauftragnehmer werden von ihrem DEMAR-Betrieb daher in der Regel aufgefordert, ihre Qualifikation durch eine Zertifizierung entsprechend der EN 9100er Normenreihe von einer dazu akkreditierten Zertifizierungsstelle (z. B. TÜVs, DEKRA, BSI) nachweisen zu lassen. Die betriebliche Lieferanten-/Einkaufspolitik des DEMAR-Betriebs setzt dann das Vorhandensein eines solchen Qualitätsmanagementsystems für die Zusammenarbeit voraus. Aufgrund der hohen Zulieferkomplexität und -vielfalt ist dies – gerade in der Herstellung – im Normalfall auch die einzig praktisch gangbare Möglichkeit, alle Zulieferer in das eigene Qualitätssystem einheitlich und somit angemessen und kontrollierbar einzubinden.

12.3 Grundlagen gewerblicher Auftragsvergaben

Alle Luftfahrtprojekte der Bundeswehr werden über den gesamten Lebenszyklus durch die gewerbliche Wirtschaft begleitet und unterstützt. Die gewerbliche Leistungserbringung erstreckt sich dabei auf die Entwicklung, Herstellung und Instandhaltung von Luftfahrzeugen und Komponenten sowie auf die Ausbildung von Personal. Hierzu strebt die Bundeswehr eine vertiefte und ressourcenschonende Kooperation mit der gewerblichen Wirtschaft an.[6]

Art und Umfang gewerblicher Leistungen mit Bezug zum militärischen Zulassungswesen leiten sich dabei aus verschiedenen projektspezifischen Rahmenbedingungen und Anforderungen ab.

Im Bereich der Entwicklung, Herstellung und Instandhaltung sind dabei im Wesentlichen drei unterschiedliche Zulassungslösungen mit jeweils sehr unterschiedlichen Anforderungen möglich:

- Entwicklungs- und Beschaffungsverträge für nationale, oder multinationale Projekte mit deutscher Beteiligung (z. B. Eurofighter, A400M, Euro Drohne),
- Kauflösungen, bei denen die zu beschaffenden Luftfahrzeuge bereits über eine Musterzulassung einer anderen militärischen Luftfahrtbehörde verfügen (z. B. C-130J Super Hercules, P-8A Poseidon),
- kombinierte Kauf- und Entwicklungslösungen, die auf einem zivilen TC basieren und einer militärischen Anpassungsentwicklung bedürfen (z. B. LUH SOF, Weiße Flotte, Open Skies etc.).

Im Bereich gewerblicher Dienst- und Unterstützungsleistungen sind dabei unterschiedliche Zulassungsanforderungen zu berücksichtigen, z. B. bei:

[6] Vgl. BMVg, (2021), Dachvorschrift, #1002.

- systemspezifischen[7] Dienstleistungen, die nur von einem oder wenigen Marktteilnehmern angeboten werden können (z. B. Entwicklungsbetrieb zur Unterstützung des HMilMz, Instandhaltung bestimmter Luftfahrzeuge und Waffensysteme, Unterstützungsleistungen durch den OEM (Original Equipment Manufacturer) oder einem anderen systemunterstützenden Betrieb), sowie
- systemunabhängigen Dienstleistungen, die von einer Vielzahl von Marktteilnehmern angeboten werden können (z. B. Erstellung/Pflege von Dokumenten, Unterstützungsaufgaben im Bereich der CAMO, Schulungen).

Grundsätzlich strebt die Bundeswehr an, zunächst den OEM eines betreffenden Luftfahrzeugs oder einer Komponente vertraglich direkt in die Leistungserbringung über den gesamten Lebenszyklus einzubinden. Alternativ beauftragt die Bundeswehr einen oder mehrere systemunterstützende Betriebe mit der Erbringung vergleichbarer Leistungen.[8]

12.3.1 Allgemeine Beschaffungsanforderungen der Bundeswehr

Die Beschaffung, also der Einkauf gewerblicher Leistungen, erfolgt immer auf der Grundlage eines Vertrags zwischen dem Auftraggeber Bundeswehr und dem Auftragnehmer (gewerbliche Wirtschaft). Bei der Beschaffung von Rüstungsgütern ist das BAAINBw für die Vertragsgestaltung und -verhandlung verantwortlich.

Da es sich hierbei um privatrechtliche Verträge handelt, gilt zwischen den Parteien Vertragsfreiheit, d. h. die Vertragspartner können Form und Inhalt eines Vertrags frei gestalten. Hierfür nutzt das BAAINBw üblicherweise standardisierte und in weiten Teilen mit den einschlägigen Interessenvertretungen[9] der gewerblichen Wirtschaft abgestimmte Vertragsbedingungen, die fallbezogen in die gewerblichen Liefer- und Leistungsverträge aufgenommen werden.

Die Vertragsanforderungen untergliedern sich dabei in:

- *allgemeine Anforderungen,* die sich aus Gesetzen und Verordnungen ableiten,
- *besondere Anforderungen,* die sich aus dem Beschaffungsprozess der Bundeswehr ergeben, sowie
- *spezifische Anforderungen* auf dem Gebiet des militärische Zulassungswesen von Luftfahrzeugen und Komponenten.

[7] Vgl. BMVg, (2021), Dachvorschrift. Abschn. 4.6.7

[8] Vgl. BMVg, (2021), Dachvorschrift. Abschn. 4.6.7

[9] z. B. BDI: Bundesverband der Deutschen Industrie e. V., BDSV: Bundesverband der Deutschen Sicherheits- und Verteidigungsindustrie e. V.; BDLI: Bundesverband der Deutschen Luft- und Raumfahrtindustrie e. V.

Zu den **allgemeinen Anforderungen** zählen z. B. die Vorgaben aus dem Haushalts- und dem Vergaberecht. Durch den Haushalt wird dabei festgelegt, in welchem Zeitraum eine Beschaffung erfolgen soll und welches Budget den Streitkräften dafür zur Verfügung steht. Dies beeinflusst maßgeblich den Umfang der zu beschaffenden gewerblichen Leistungen.

Das Vergaberecht beinhaltet alle Regeln und Vorschriften, die die Bundeswehr in einem Beschaffungsprozess zu beachten hat. Auch dies hat unmittelbare Auswirkung auf Art und Bedingungen für den Bezug gewerblicher Leistungen.

Durch **besondere Anforderungen** legt die Bundeswehr darüber hinaus eigene Regelungen, und Standards für die Beschaffung und die Umsetzung gewerblicher Leistungen fest. Hierzu zählen z. B. Anforderungen an die[10]

- Vertraulichkeit,
- Katalogisierung,
- Qualitätssicherung,
- Güteprüfung sowie
- Zahlungsbedingungen.

Darüber hinaus legt die Bundeswehr weitere **spezifische Anforderungen** an eine Beschaffung fest. Hierzu zählen etwa projektbezogene Vorgaben aus dem nationalen militärischen Zulassungswesen wie z. B. der anzuwendende Regelungsraum, sowie die sich daraus abgeleiteten Genehmigungsanforderungen an Entwicklungs-, Herstellungs- und/oder Instandhaltungsbetriebe der gewerblichen Wirtschaft.

APQP 2310

Bei den AQAPs *(Allied Quality Assurance Publications)* handelt es sich um einen NATO-Qualitätsstandard, der bereits in den 1960er Jahren entwickelt und später als Grundlage für die Entwicklung der ISO 9000er Normenreihe herangezogen wurde. Eine besondere Bedeutung für Zulieferer von militärischen Luftfahrtzulieferindustrie spielt dabei vor allem die AQAP 2310. Bei dieser handelt es sich um einen auf die EN 9100[11] aufbauenden und um NATO Vorgaben erweiterten Anforderungskatalog für besonders komplexe Rüstungsprojekte. Im Vordergrund steht dabei die Einrichtung eines kunden- und prozessorientierten Qualitätsmanagementsystems. Damit zeigt die AQAP eine andere Ausrichtung als die DEMAR, die ihren Fokus allein auf die Produktsicherheit legt.

[10] BAAINBw (2015).

[11] Eine detaillierte Darstellung der EN 9100 findet sich bei Hinsch (2020).

Über die Notwendigkeit zur Einführung der AQAP entscheidet das BAAINBw als Auftraggeber militärischer Projekte. Der Standard wird jedoch nicht flächendeckend eingefordert, sondern erfolgt auftragsabhängig. Um sich der Angemessenheit der QM-Systeme zu vergewissern, führt das BAAINBw vor Ort bei den Lieferanten Überprüfungen (Audits) durch.

Die AQAP ist keine klassische Zertifizierung. Der Betrieb erhält nach der Überprüfung lediglich eine Bescheinigung, mit der die Erfüllung der AQAP Anforderungen bestätigt wird. Eine pro-aktive betriebliche AQAP Zertifizierung ist somit nicht möglich.

12.3.2 Beschaffungsanforderungen aus dem militärischen Zulassungswesen

Die spezifischen Anforderungen aus dem militärischen Zulassungswesen der Bundeswehr ergeben sich aus:

- der Dachvorschrift (BMVg),
- den Einleitungsvorschriften für die Regelungsräume (beide BMVg), sowie
- den Vorschriften der nachgeordneten Bereiche (LufABw, BAAINBw, Streitkräfte).

Da diese spezifischen Anforderungen des militärischen Zulassungswesens nur den Charakter bundeswehrinterner Verwaltungsvorschriften haben, gelten sie zunächst nur für die Bundeswehr selbst. Sie sind insoweit kein allgemein geltendes Recht und stellen zunächst keine verbindliche Anforderung für die gewerbliche Wirtschaft dar. Demzufolge muss das BAAINBw im Fall einer Beschaffung gewerblicher Leistungen vertraglich zunächst sicherstellen, dass die entsprechenden Anforderungen aus dem militärischen Zulassungswesen auch für die gewerbliche Wirtschaft eine verbindliche Gültigkeit erlangen.

Die Übertragung dieser Anforderungen auf die gewerbliche Wirtschaft setzt das BAAINBw durch gesonderte Vertragsanlagen um, in denen zwischen Auftraggeber und Auftragnehmer Art, Umfang und Anwendbarkeit des militärischen Zulassungswesens für die jeweilige Liefer- und Leistungserbringung vereinbart werden. Dies erfolgt individuell für jedes Waffensystem und auf Grundlage des in der Zulassungsstrategie festgelegten Regelungsraums. Bei diesen Vertragsanlagen handelt es sich um das PuZ Papier[12] bzw. das frühere Bek[13]-Papier.

[12] PuZ: Anforderungen aus dem Prüf- und Zulassungswesen für Luftfahrzeuge der Bundeswehr.

[13] Benannt nach Herrn Bek, einem Juristen aus dem BMVg.

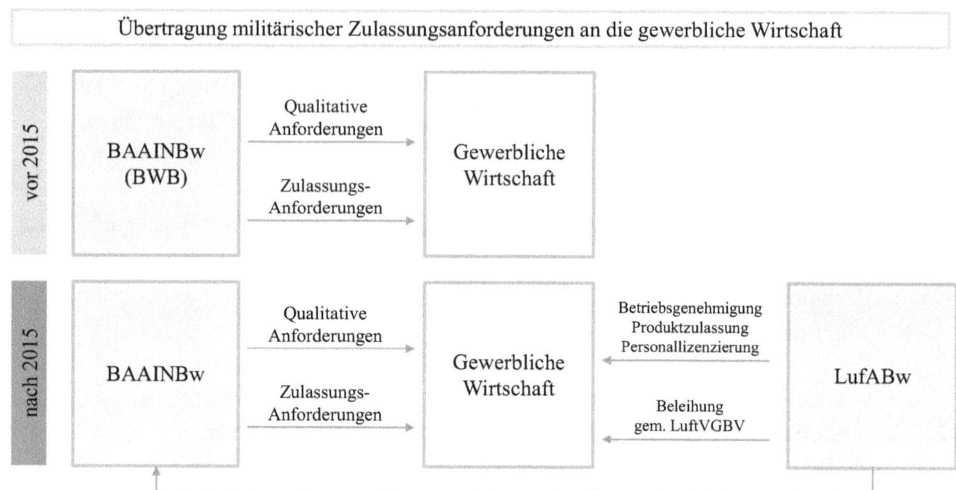

Abb. 12.3 Übertragung militärischer Zulassungsanforderungen auf die gewerbliche Wirtschaft (vereinfachte Darstellung)

- Das Bek Papier legte den Fokus auf die produktbezogenen Zulassungsanforderungen der Bundeswehr. Es definierte vor allem spezifische Anforderungen an die Musterprüfung und -zulassung sowie die Stück- und Nachprüfung im Altverfahren.
- Das PuZ Papier gilt als Nachfolger des BEK Papiers und beinhaltet neben den produktbezogenen auch betriebsbezogene Zulassungsanforderungen. Das PuZ Papier orientiert sich wie sein Vorgänger in der aktuellen Version an den Zulassungsanforderungen aus dem Altverfahren. Ein PuZ Papier für den Regelungsraum DEMAR befindet sich in der Erstellung (Stand Spätsommer 2022).

Abb. 12.3 beschreibt die Übertragung militärischer Zulassungsanforderungen an die gewerbliche Wirtschaft durch LufABw und BAAINBw.

12.4 Erlangung einer Betriebsgenehmigung

Eine Betriebsgenehmigung im Sinne der Bundeswehr ist die Bestätigung durch das LufABw, dass ein Betrieb (oder eine bundeswehrinterne Organisation) die DEMAR Anforderungen an die entsprechende Betriebsart erfüllt.[14] Folgende Betriebsgenehmigungen existieren aktuell:

[14] Vgl. BMVg, (2021), Dachvorschrift, #4029.

- Entwicklung – DEMAR 21J,
- Herstellung – DEMAR 21G,
- Instandhaltung – DEMAR 145,
- Aufrechterhaltung der Lufttüchtigkeit – DEMAR M (CAMO),
- Ausbildungsbetriebe – DEMAR 147.

Generell führt die DEMAR aus, dass jede Organisation, die beabsichtigt, ein Luftfahrzeug oder eine Komponente zu entwickeln, herzustellen, oder instandzuhalten, einen Antrag auf Genehmigung als Entwicklungs-, Herstellungs-, oder Instandhaltungsbetrieb an das LufABw stellen kann. Jedoch ist der Antrag zweckgebunden, d. h. es muss ein dienstliches Interesse der Bundeswehr vorliegen. In der Regel lässt sich die Erklärung des dienstlichen Interesses durch einen Vertrag mit dem BAAINBw nachweisen, aber auch alternative Vorgehensweisen sind möglich. So legt die Bundeswehr folgende, weitere Kriterien für das Vorliegen eines dienstlichen Interesses zugrunde:[15]

- ein mehrfaches Unterauftragnehmer-Verhältnis,
- die Kritikalität der zu erbringenden Leistung für die Lufttüchtigkeit,
- nicht ausreichende Expertise des Hauptauftragnehmers für Lufttüchtigkeitsaspekte des unterbeauftragten Leistungsumfangs sowie
- der berechtigte Anspruch auf Schutz seines geistigen Eigentums.

Instandhaltungsbetriebe und Betriebe in mehrfachem Unterauftragnehmerverhältnis erhalten im Regelfall eine eigenständige Genehmigung.[16]

Im Anschluss an einen Vertragsschluss und/oder eine Erklärung des dienstlichen Interesses, stellt der Auftragnehmer einen Antrag beim LufABw auf Erteilung einer entsprechenden Betriebsgenehmigung.

In der Folge startet der entsprechende Genehmigungsprozess. Dabei muss der Betrieb:

- ein DEMAR konformes Betriebshandbuch sowie unterstützende Dokumente (z. B. Verfahren und Arbeitsanweisungen) erstellen,
- in angemessenem Umfang Aufzeichnungen führen,
- Vorgaben aus dem Betriebshandbuch im betrieblichen Alltag umsetzen und leben,
- ausreichende Kapazität/Ressourcen vorhalten, sowie
- qualifiziertes Personal einsetzen.

Nach einer vorgeschalteten Dokumentenprüfung führt das LufABw ein oder mehrere Vorort-Audits durch. Wenn der Betrieb die Erfüllung aller Genehmigungsanforderungen nachweisen kann, stellt das Amt die Genehmigungsurkunde aus. In dieser ist auch der

[15] Vgl. BMVg, (2021), Dachvorschrift, #4044.

[16] Vgl. BMVg, (2021), Dachvorschrift, #4044, #4061.

Genehmigungsumfang festgelegt. Für die Aufrechterhaltung der Genehmigung ist der Betrieb selbst verantwortlich. Hierzu koordiniert er die notwendigen Maßnahmen, z. B. die kontinuierliche Überwachung und Auditierung mit dem für ihn zuständigen Betriebsprüfer des LufABw. Der Ablauf einer Betriebsgenehmigung durch das LufABw ist in Abb. 12.4 dargestellt.

Im Gegensatz zu einem zivilen Betriebsgenehmigungsverfahren entstehen der Industrie im Rahmen der Erlangung und Aufrechterhaltung einer DEMAR Genehmigung keine Gebühren für die Antragstellung und die behördliche Überwachung durch das LufABw.

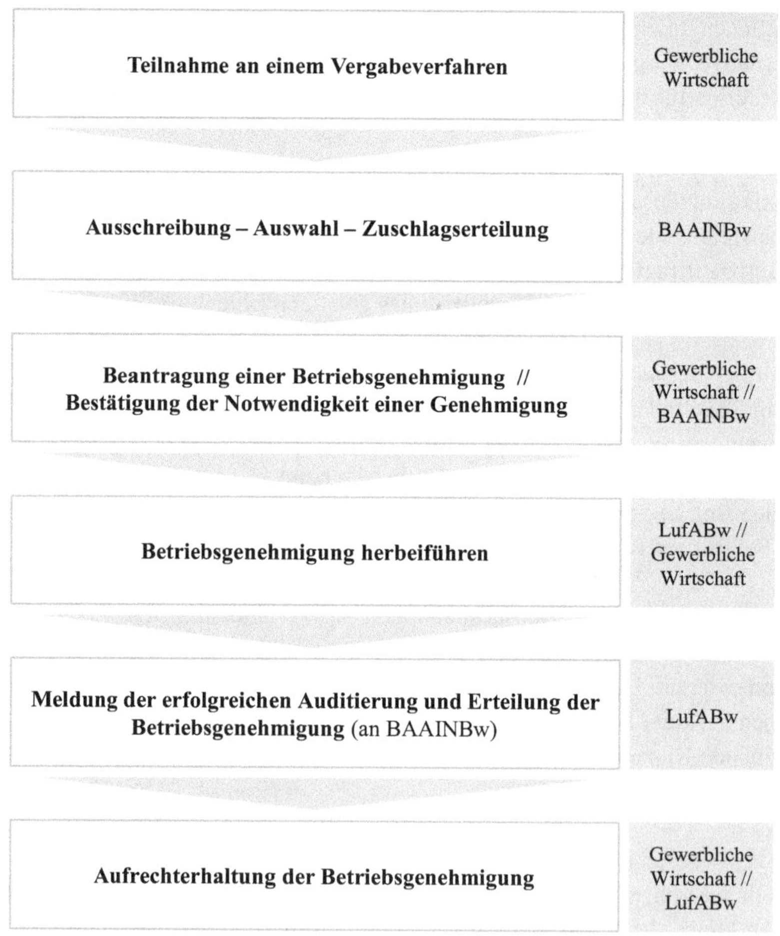

Abb. 12.4 Erlangung einer Betriebsgenehmigung durch LufABw (vereinfachte Darstellung)

12.5 Beleihung

Im Rahmen einer Auftragsvergabe an die gewerbliche Wirtschaft kann diese Aufgaben übernehmen, die als hoheitlich definiert sind. Eine solche Übertragung wird als Beleihung bezeichnet. Durch diese Beleihung erhält die gewerbliche Wirtschaft die Berechtigung, zugewiesene Verwaltungsaufgaben des Staates eigenständig wahrzunehmen.

Eine Beleihung kann für die Bundeswehr immer dann sinnvoll und zweckmäßig sein, wenn es dieser an eigener Kapazität oder Kompetenz fehlt, Aufgaben im militärischen Zulassungswesen eigenständig erbringen zu können. Die Vorgaben für eine Beleihung der gewerblichen Wirtschaft im Hinblick auf das militärische Zulassungswesen ergeben sich dabei aus:

- dem Luftverkehrsgesetz § 30a zur Ermächtigung einer Beauftragung gewerblicher Wirtschaftsteilnehmer,
- der Verordnung über die Beleihung juristischer Personen des privaten Rechts gemäß § 30a des Luftverkehrsgesetzes (LuftVG Beleihungsverordnung – LuftVGBV), sowie aus
- der Bereichsvorschrift LufABw C1-275/1-8900 Bestimmungen zur Beauftragung mit der Wahrnehmung von Aufgaben gemäß § 30a Luftverkehrsgesetz und der Beleihungsverordnung zum Luftverkehrsgesetz.

Eine Beleihung der gewerblichen Wirtschaft ist grundsätzlich im Altverfahren und im Standardverfahren (Stand 2022) möglich.[17] Der Umfang einer Beleihung ist dabei abhängig von dem angewendeten Regelungsraum, in dem die Beleihung stattfinden soll.

Art und der Umfang einer Notwendigkeit zur Beleihung wird vor einer Beauftragung der gewerblichen Wirtschaft auf Basis der Zulassungsstrategie festgelegt. Ein weiteres Kriterium für eine Beleihung ist darüber hinaus das „Vorhandensein der erforderlichen amtsseitigen Ressourcen, insbesondere qualifiziertes Auditpersonals, welches für die Überwachung der Beleihung notwendig ist.“[18]

Die Bundeswehr fasst die Beleihung aktuell sehr weit und definiert auch solche Aufgaben als hoheitlich, die es im zivilen Luftrecht nicht sind. So werden im militärischen Zulassungswesen aktuell folgende Aufgaben als hoheitlich definiert und können im Rahmen der Beleihung an die gewerbliche Wirtschaft übertragen werden:

---

[17] Seit Veröffentlichung der Luftverkehrsbeleihungsverordnung (LuftVGBV) in 2019 ist es möglich, Herstellungs- und Instandhaltungsbetriebe auch im Altverfahren zu beleihen. Eine Beleihung von Entwicklungsbetrieben ist nur im Standardverfahren DEMAR möglich.

[18] LufABw (2020), C1-275/1-8900, #401, Satz 3.

- Die Ausstellung von Freigabebescheinigungen im Regelungsraum DEMAR sowie von Stück- und Nachprüfscheinen für Luftfahrzeuge und Komponenten im Altverfahren,
- Die Bestätigung der Lufttüchtigkeit von Triebwerken sowie die Ausstellung einer Freigabebescheinigung für die Verwendung dieser Triebwerke in Luftfahrzeugen der Bundeswehr im Rahmen der Herstellung nach DEMAR,
- Die Ausbildung von erlaubnispflichtigem Personal nach DEMAR 66 sowie entsprechender Prüfungen und Bescheinigungen, nicht jedoch die tatsächliche Ausstellung einer MAML.

Um die luftrechtliche Konformität zu bescheinigen, wird in der DEMAR neben einer Betriebsgenehmigung und eines festgelegten Genehmigungsumfangs, auch immer eine zusätzliche Beleihung vorausgesetzt.[19] Dabei kann der erteilte Umfang einer Betriebsgenehmigung durch das LufABw größer sein als der festgelegte Beleihungsumfang, aber niemals kleiner.[20]

Auch setzt eine Beleihung immer voraus, dass der zu beleihende Lieferant bereits als Entwicklungs-, Herstellungs-, Instandhaltungs-, oder Ausbildungsbetrieb durch das LufABw genehmigt ist und ein entsprechender Vertrag zwischen dem Lieferanten und dem BAAINBw besteht.[21]

Die Erteilung einer Beleihung ist damit ein zweistufiger Prozess durch das LufABw:[22]

1. Erteilung einer Betriebsgenehmigung und des Genehmigungsumfangs,
2. Bestimmung und Erteilung des Beleihungsgegenstands und -umfangs.

Diese Zweistufigkeit ist dem Sachverhalt geschuldet, dass die DEMAR keinen Gesetzescharakter aufweist und zunächst nur im Innenverhältnis der Bundeswehr Anwendung findet. Demgegenüber erfolgt die Beleihung im Rahmen gesetzlicher Vorgaben auf der Grundlage des Luftverkehrsgesetzes und der Luftverkehrsbeleihungsverordnung.

Wie auch die Betriebsgenehmigung, wird die Beleihung nur auf Antrag durch den genehmigten industriellen Lieferanten bei LufABw erteilt. Jedoch wird keine Erklärung des dienstlichen Interesses durch das BAAINBw vorausgesetzt, da dies bereits durch die vorliegende DEMAR Genehmigung gegeben ist.

Grundsätzlich bedarf es für die erfolgreiche Umsetzung von Beleihungen der gewerblichen Wirtschaft durch die Bundeswehr weitergehender Konkretisierungen. Derzeit ist nicht klar geregelt, bei welchen Aufgaben innerhalb des militärischen Zulassungswesens

---

[19] Vgl. LuftVG (2021) § 30a i. v. m. LuftVGBV (2019), § 2 (1).

[20] LufABw (2020), C1-275/1-8900, #306.

[21] Vgl. LuftVGBV (2019), § 2 (1).

[22] Vgl. LufABw (2020), C1-275/1-8900, #307.

es sich tatsächlich um eine hoheitliche Aufgabe handelt, die beleihungsbedürftig ist. Der Rahmen ist hier aktuell sehr weit gefasst.

Ohne eine Eingrenzung wird es für die Bundeswehr komplex, alle Vorteile des Standardverfahrens DEMAR zu Anwendung zu bringen, so wie es im zivilen Luftrecht durch die Privilegienvergabe im Rahmen einer behördlichen Betriebsgenehmigung an die gewerbliche Wirtschaft bereits automatisch erfolgt.

Drei Fragen an Frank Dörner, Fachanwalt für Luftrecht[23]

Welche Haftungsgrundsätze sind bei einer Beauftragung der gewerblichen Wirtschaft durch das BAAINBw im Bereich der militärischen Luftfahrt zu beachten?

Mit Vertragsschluss verpflichtet sich der Industriepartner, die Leistung vereinbarungsgemäß zu erfüllen. Kommt es zu Leistungsstörungen, also Mängel, Verzug oder Nichterfüllung, so stehen dem Bund die jeweiligen, nach Art des Vertrags (Kauf, Werkleistung, Dienstvertrag) typischen Gewährleistungs- und/oder vertraglichen Schadenersatzansprüche zu.

Darüber hinaus kann es aber auch zu Haftung gegenüber Dritten kommen. Ein Schaden im Innen-, d. h. Vertragsverhältnis wäre z. B., wenn durch eine fehlerhaft bei der Industrie instandgesetzte Komponente, ein Luftfahrzeug der Bundeswehr bei einem Triebwerkstestlauf beschädigt wird. Der Bund hätte Anspruch auf Nachbesserung und Schadenersatz bezüglich des Triebwerks.

Ein Schaden im Außenverhältnis könnte beispielsweise dadurch entstehen, dass durch den Einbau dieser fehlerhaften Komponente ein Luftfahrzeug der Bundeswehr abstürzt und ein Schaden an Zivilpersonen oder am Eigentum Dritter entsteht. Dann entstehen neben den vertraglichen Pflichten gegenüber dem Bund auch gesetzliche Schadenersatzverpflichtungen aus Produzentenhaftung gegenüber dem Drittgeschädigten.

Zwar haftet für Schäden, die beim Betrieb eines Militärluftfahrzeuges entstehen, zunächst immer der Halter des Luftfahrzeuges, also die Bundeswehr, in unbegrenzter Höhe. Aber stellt sich heraus, dass der Schaden auf ein (Teil-)Verschulden eines Zulieferers zurückzuführen ist, eröffnet dies Regressansprüche für den Bund oder auch direkte Ansprüche des/der Geschädigten gegenüber dem Zulieferer.

Die Rechtsgrundlagen für die Haftungsregelungen ergeben sich aus dem zivilrechtlichen Vertrag zwischen dem BAAINBw und dem Zulieferer sowie aus den

[23] Frank Dörner ist Fachanwalt für Verwaltungsrecht und Luftfahrtsachverständiger sowie geschäftsführender Partner der Rechtsanwaltkanzlei Air-Law.de/Dörner & Partner mbB.

vertraglichen und gesetzlichen Schadensersatzansprüchen aus dem bürgerlichen Recht. Beide gelten für alle Zulieferer der Bundeswehr in gleicher Weise.

Tritt also ein Schaden ein, ist zunächst festzustellen, ob dieser vollständig oder zumindest teilweise durch den Zulieferer schuldhaft verursacht wurde. Dann ist eine Haftung für jede Art des Verschuldens, d. h. leichte und grobe Fahrlässigkeit und selbstverständlich für Vorsatz gegeben. Dann gelten unter Umständen noch weitere Haftungsansprüche, vor allem aus der Beleihung.

Worum geht es bei der Beleihung und wie sieht hierbei die Haftungssituation aus?

Bei der Beleihung geht es um die Übertragung hoheitlicher Aufgaben an die Privatwirtschaft, in Anlehnung an die Privilegienvergabe in der zivilen Luftfahrt, woraus sich Rechte aber auch Pflichten für die gewerbliche Wirtschaft ableiten.

Falls also beliehene Zulieferer vorsätzlich oder zumindest grob fahrlässig gehandelt haben und hierdurch ein Schaden entstanden ist, kommt neben einer Haftung aus dem Vertrag noch eine Haftung über die Beleihung hinzu. Dies bedeutet, dass der Bund für Amtshaftungsansprüche, denen er selbst ausgesetzt sein könnte, bis zu einer Höhe von 767 Mio. EUR in Regress gegenüber seinen Zulieferern gehen kann.

Jedoch richten sich die Haftungsregelungen zur Beleihung nur an genehmigte Lieferanten, d. h. nur an durch das LufABw genehmigte Entwicklungs-, Herstellungs-, Instandhaltungs-, und Ausbildungsbetriebe. Diese müssen zudem für die Erbringung zulassungsrelevanter Aufgabenstellungen, wie z. B. die Ausstellung von Bescheinigungen der Lufttüchtigkeit bzw. der Feststellung der Lufttüchtigkeit mit einem Bauteil beliehen worden sein. Dabei haftet der Lieferant auch für alle Schäden, die durch ein Fehlverhalten seiner Unterauftragnehmer entstehen. Es obliegt ihm, die besonderen Haftungsregelungen in geeigneter Weise an Unterauftragnehmer weiterzugeben.

Sollte nun also der Bundeswehr durch einen beliehenen Lieferanten oder dessen Unterauftragnehmer ein Schaden entstehen, den dieser vorsätzlich, oder zumindest grob fahrlässig verursacht hat, greifen verschiedene Haftungsregelungen. Wenn die Bundeswehr wegen eines Schadens im Außenverhältnis, also von Dritten in Anspruch genommen wird, finden neben den allg. Regelungen des Bürgerlichen Gesetzbuches, zusätzlich auch noch die Regelungen aus dem Luftverkehrsgesetz und der Luftverkehrsgesetzbeleihungsverordnung Anwendung.

Alternative Haftungsregelungen, bis hin zur kompletten Haftungsfreistellung der Industrie, können allerdings nach wie vor in den Verträgen zwischen dem BAAINBw und der Industrie gesondert verhandelt und vereinbart werden. Eine Haftungsverzicht kann dabei nicht vereinbart werden, sondern nur die „Freistellung" – also die Übernahme von Schadenersatzverpflichtungen durch den Bund.

Sollte keine weitgehende Haftungsfreistellung durch die Bundeswehr erfolgen, gilt es durch die Industrie geeignete Maßnahmen (z. B. durch das Vorhalten entsprechender Versicherungen) zu treffen, um diese möglichen Schadens- und Haftungsrisiken zu minimieren.

Können neben den zivilrechtlichen auch strafrechtliche Haftungsrisiken entstehen?
Die strafrechtliche Verantwortung jedes Einzelnen, der für die Sicherheit im Luftverkehr eine Rolle spielen kann, wird dadurch selbstverständlich nicht ausgeblendet bzw. versichert.

§ 315a StGB stellt bereits die abstrakte Gefährdung von Leib oder Leben eines anderen Menschen oder von fremden Sachen von bedeutendem Wert unter eine erhebliche Strafandrohung (bis zu 5 Jahre Freiheitsstrafe), wenn diese Gefahr durch einen „als sonst für die Sicherheit Verantwortlichen" durch grob pflichtwidriges Verhalten gegen Rechtsvorschriften zur Sicherung des Luftverkehrs hervorgerufen wurde.

Kommt es zu konkreten Schäden, stehen ggf. Strafbarkeiten wegen fahrlässiger Körperverletzung (§ 229 StGB) bis hin zur fahrlässigen Tötung (§ 222 StGB) im Raum.

Literatur

BAAINBw: Allgemeine Auftragsbedingungen (Beschaffungshilfe für befreundete Staaten) -Bundesamt für Wehrtechnik und Beschaffung. 111b/08.2015

Bundesministerium der Verteidigung: Militärische Luftfahrtstrategie, 2016

Bundesministerium der Verteidigung (BMVg, 2021): Grundsätze der Zulassung von Luftfahrzeugen (Dachvorschrift), Nr. A-275/1, Version 1, 2021

Hinsch, M.: Qualitätsmanagement in der Luftfahrtindustrie. 5. Aufl. Berlin, Heidelberg 2020.

Luftfahrtamt der Bundeswehr (LufABw, 2020): Bestimmungen zur Beauftragung mit der Wahrnehmung von Aufgaben gemäß § 30a Luftverkehrsgesetz und der Beleihungsverordnung zum Luftverkehrsgesetz, Nr. C1-275/1-8900, Version 1, 2020

Luftverkehrsgesetz (LuftVG) in der Fassung der Bekanntmachung vom 10. Mai 2007 (BGBl. I S. 698), das zuletzt durch Artikel 131 des Gesetzes vom 10. August 2021 (BGBl. I S. 3436) geändert worden ist. 2021

Verordnung über die Beleihung juristischer Personen des privaten Rechts gemäß § 30a des Luftverkehrsgesetzes (LuftVG-Beleihungsverordnung – LuftVGBV), 2019

Herausforderungen 13

Dieses Kapitel thematisiert die Herausforderungen der DEMAR Migration. Nach einer Einleitung werden zunächst einzelne Herausforderungen der DEMAR Migration sowohl aufseiten der gewerblichen Wirtschaft wie auch aufseiten der Bundeswehr exemplarisch dargestellt. Diese umfassen neben grundlegenden systemischen Herausforderungen (Abschn. 13.1) vor allem auch offene Fragen im Bereich Recht und Regelwerk, die in Abschn. 13.2 thematisiert werden. Im Anschluss folgen dann organisatorische (Abschn. 13.3) und personelle (Abschn. 13.4) Handlungsfelder, deren erfolgreiche Bearbeitung wesentlich zur erfolgreichen DEMAR Migration des nationalen militärischen Luftfahrt-Zulassungswesens beitragen können.

13.1 Ausgangssituation

Eines der übergeordneten Ziele des militärischen Zulassungswesens in Deutschland ist - bei bestmöglicher Erfüllung des Auftrages der Streitkräfte - die Gewährleistung der sicheren Teilnahme von Luftfahrzeugen der Bundeswehr am allgemeinen Luftverkehr.[1] Hierzu wurde dem BMVg gesetzlich das Recht übertragen in begründeten Ausnahmefällen von geltenden Anforderungen der Zivilluftfahrt abzuweichen.[2] Mit diesem Recht geht die Pflicht einher, eigene Prozesse und Verfahren, auch für das militärische Luftfahrt-Zulassungswesen zu etablieren.

[1] Vgl. BMVg (2021), Dachvorschrift, #1001.ff.

[2] Vgl. LuftVG (2021) § 30.

M. Hinsch et al., *Einführung in die DEMAR*,
https://doi.org/10.1007/978-3-662-65676-1_13

In diesem Zuge hat sich im Laufe der Zeit eine hohe Vorschriften- und Verfahrensvielfalt und damit eine große Komplexität in der Anwendung entwickelt. Bereits innerhalb der Bundeswehr sind zahlreiche Verfahrens- und Prozessbeteiligte über verschiedene Organisation mit unterschiedlichen Rollen und Aufgaben in das Zulassungswesen eingebunden. Darüber hinaus leisten nationale und internationale gewerbliche Zulieferer sowie ausländische militärische Luftfahrtbehörden einen wesentlichen Beitrag zur Erlangung und Aufrechterhaltung von Musterzulassungen für Luftfahrzeuge der Bundeswehr. Die DEMAR Einführung hat die innerhalb der Bundeswehr über Jahrzehnte entwickelte und etablierte Vorschriften- und Verfahrenskomplexität weiter erhöht. Mit mittlerweile über 20 zulassungsrelevanten Vorschriften werden dabei selbst erfahrene Regelwerkkenner regelmäßig an die Grenze des Beherrschbaren geführt.

Parallel zur erweiterten Zulassungsdokumentation zieht die Einführung der DEMAR auch einen prozessualen Paradigmenwechsel im Zulassungswesen nach sich. In diesem Zuge muss die Bundeswehr dafür Sorge tragen, dass nicht nur ihre eigene Organisation die angestrebten Migrationsziele erreicht. Auch muss sie ihre Stakeholder, vor allem die gewerblichen Zulieferer, aktiv in die DEMAR Migration einbinden und „mitnehmen". Nur dann kann die Austauschbarkeit von zulassungsrelevanten Leistungen und Dokumenten sowie eine reibungslose Verzahnung militärischer Zulassungsanforderungen über die Leistungserbringung im kompletten Lebenszyklus fliegender Waffensysteme sichergestellt werden.

Nur wenn alle Beteiligten effektiv und effizient in die DEMAR Migration eingebunden werden, ist es möglich die gewünschten Vorteile möglichst zielgerichtet und umfassend zu erreichen.

Die Bundeswehr als staatliche Großorganisation muss dabei ein besonderes Augenmerk darauf richten, dass die Vielzahl an Vorschriften nicht zum Selbstzweck wird. Das eigentliche Ziel des Zulassungswesens darf im Rahmen der DEMAR Migration nicht aus dem Auge geraten:

Erreichung eines definierten Flugsicherheitsniveaus unter bestmöglicher Nutzung vorhandener Ressourcen (Effektivität)

Im Folgenden werden wesentliche Herausforderungen der DEMAR Migration in der Bundeswehr beleuchtet. Dafür wurden diese wie folgt kategorisiert:

- Systemische Herausforderungen,
- regulatorische Herausforderungen,
- organisatorische Herausforderungen,
- personelle Herausforderungen.

13.2 Systemische Herausforderungen

Die Migration in die DEMAR bringt für die Bundeswehr ein grundlegendes Umdenken im Vergleich zum bisherigen Altverfahren mit sich. Die damit verbundenen Veränderungen müssen dabei im behördlichen Alltag sowohl in den Prozessen als auch im Bewusstsein aller Beteiligten fest verankert werden. Im Wesentlichen geht es dabei um drei Aspekte:

- eine geänderte Überwachungslogik,
- einen geänderten Überwachungsumfang und
- ein geändertes Überwachungsvorgehen.

Die *geänderte Überwachungslogik* hat ihren Ursprung in den zivilen Zulassungsanforderungen, die dort bereits seit den 1990er Jahren erfolgreich etabliert wurden. Diese zivilen Gesetze und Verordnungen bilden die Grundlage für die (D)EMAR. Sie geben daher die Zielrichtung für diese neue Überwachungslogik vor und verzichten auf die behördliche Stück- und Nachprüfung im Rahmen militärischer Luftfahrzeuge und Komponenten. An die Stelle der direkten Produktüberwachung tritt eine indirekte Organisationsüberwachung genehmigter Entwicklungs-, Herstellungs- und Instandhaltungsbetriebe durch das LufABw. Mit einer behördlich erteilten Genehmigung wird den Betrieben bzw. Organisationen also das Recht auf zulassungsrelevante Freigaben für militärische Luftfahrzeuge und Komponenten übertragen. Insoweit erfolgt mit der DEMAR Migration ein Wechsel in der Überwachungsstrategie von einer im Altverfahren gängigen **produktbezogenen Überwachung** hin zu einer **prozessbezogenen Überwachung.**

Der *geänderte Überwachungsumfang* der DEMAR leitet sich ebenfalls aus den zugrunde gelegten zivilen Zulassungsforderungen ab. Im Altverfahren unterliegen neben Luftfahrzeugen und Komponenten auch weitere Ausrüstung der behördlichen Überwachung. Entsprechendes Equipment wie z. B. Werkzeuge, Bodendienstgeräte und Prüfmittel sind aus Sicht der DEMAR nicht mehr relevant bzw. werden weitestgehend durch den Entwicklungsbetrieb selbst definiert. Dies gilt es insbesondere bei der Migration von Bestandswaffensystemen in die DEMAR sowie bei einer hybriden Anwendung von Altverfahren und Standardverfahren entsprechend zu berücksichtigen.

Das *geänderte Überwachungsvorgehen* zeigt sich in der konsequenten Trennung zwischen den Aufgaben des LufABw und des BAAINBw. In der überwiegenden Zeit des Altverfahrens zeichnete das BAAINBw und seine Vorgängerorganisation das BWB[3] sowohl für die Prüfung der Qualität wie auch für die Prüfung der Lufttüchtigkeit im Rahmen der Stück- und Nachprüfung verantwortlich. Diese Aufgabenzuordnung wurde

[3] Bundesamt für Wehrtechnik und Beschaffung.

mit der Aufstellung des LufABw geändert. Im Fortgang verblieb im BAAINBw die Verantwortung für die qualitative Produktfreigabe (ZtQ), während die Verantwortung für die zulassungsrelevante Produktfreigabe an das LufABw überging. Dennoch verblieben zwar die Kontroll- und Prüfaktivitäten für die jeweilige Freigabe an derselben Stelle im Prozess, jedoch änderten sich die Zuständigkeiten. So wurde im Altverfahren das BAAINBw für die Prüfung der Vertragsanforderungen und das LufABw für die Feststellung der Lufttüchtigkeit verantwortlich.

Mit Einführung der DEMAR trennen sich nun die Kontroll- und Prüfaktivitäten, weil die Lufttüchtigkeit durch die genehmigten Betriebe festgestellt wird, die ihrerseits durch das LufABw überwacht werden. Die vertragsrechtliche Überwachung indes erfolgt auch unter der DEMAR weiterhin über die ZtQ im BAAINBw. Während also im Altverfahren ein regelmäßiger Austausch zwischen BAAINBw und LufABw über die gleichzeitig stattgefundene Prüfung von Vertragsanforderungen und Lufttüchtigkeit garantiert war, muss dieser Abstimmungsprozess in der DEMAR neu organisiert werden, um eine umfassende Bewertung externer Zulieferer durch die Bundeswehr aufrechterhalten zu können.

Diese systemischen Veränderungen bedürfen eines zielorientierten und klar strukturierten Veränderungsprozesses (Change Management), der neben den fachlichen Anpassungen auch die kulturellen Veränderungen ausreichend berücksichtigt.

13.3 Regulatorische Herausforderungen

Einheitliche und transparente Zulassungsanforderungen

Es ist unstrittig, dass militärische Luftfahrzeuge gegenüber zivilen Luftfahrzeugen anderen Anforderungen und Belastungen ausgesetzt sind. Auch unterscheidet sich das zivile und das militärische Geschäftsmodell der Betreiber. In der Zivilluftfahrt liegt der Fokus auf der erbrachten Flugstunde als Garant für eine hohe betriebswirtschaftliche Auslastung. Im militärischen Geschäftsmodell steht die Verfügbarkeit einsatzbereiter Waffensysteme im Vordergrund. Zudem variieren die Missions- und Einsatzkonzepte, die teilweise mit ein- und demselben militärischen Muster abzubilden sind. Umso wichtiger ist es, dass es klare und eindeutige Vorgaben für das militärische Zulassungswesen gibt, um eine möglichst hohe Handlungssicherheit aller Prozessbeteiligten zu gewährleisten. Hierzu gehören neben einer klaren Zielsetzung und deren Kommunikation auch das Vorliegen einer einheitlichen und transparenten Vorgabedokumentation.

Zwar nutzt die Bundeswehr die DEMAR bereits seit 2013,[4] jedoch liegt erst seit der Veröffentlichung der Dach- und Einleitungsvorschriften in 2021 eine vollständige und

[4] Die ersten durch das BMVg veröffentlichten DEMAR in 2013 wurden noch waffensystemspezifisch für die Instandhaltung des A400M (DEMAR 145/A400M) erstellt. Erstmals in 2017 wurden allgemeingültige DEMAR durch das LufABw erlassen, die unabhängig vom jeweiligen Muster für alle fliegenden Waffensysteme der Bundeswehr Anwendung finden können.

musterübergreifende Anforderungsgrundlage für die Umsetzung des Standardverfahren DEMAR in der Bundeswehr vor. Im nächsten Schritt gilt es nun zügig, die bestehenden Vorschriften der verschiedenen Ebenen mit der DEMAR inhaltlich in Einklang zu bringen. Dies gilt insbesondere auch in Bezug auf die mittlerweile recht umfangreiche Weisungslage zu Ausnahmeregelungen. Zudem wäre es wünschenswert, dass alle Regelwerke, die für die Aufgabenwahrnehmung der gewerblichen Wirtschaft notwendig sind, nicht als Verschlusssache zu klassifizieren und zentral, aktuell an einer Stelle und insbesondere digital bereitzustellen, wie es im zivilen Zulassungswesen üblich ist.

Zulassungsprozess als Hauptprozess
Im zivilen Zulassungswesen setzen gesetzliche Vorgaben den Rahmen für alle damit in Verbindung stehenden Aktivitäten. Dies wird im nationalen militärischen Zulassungswesen aktuell nicht praktiziert. In der Bundeswehr ist der Prozess für das Zulassungswesens teilweise konkurrierend mit den Anforderungen aus dem Beschaffungsprozess (CPM), dem Regelungsmanagement (A-550/1) sowie weiteren, insbesondere logistischen Prozessen und Verfahren geregelt. Die Umsetzung des Altverfahrens wurde über Jahre hinweg auf diese Prozesslandschaft der Bundeswehr angepasst und ermöglichte es, auch unter Einbindung der gewerblichen Wirtschaft, einen sicheren Flugbetrieb der Streitkräfte zu gewährleisten. Die DEMAR Migration stellt diese etablierte Prozesshierarchie und -umsetzung vor zahlreiche Herausforderung und führt die innerhalb der Bundeswehr etablierte Verantwortungsteilung an ihr Grenzen.

Migration von Bestandswaffensystemen aus dem Altverfahren
Logistisch sind die Instandhaltungsmaßnahmen an Luftfahrzeugen der Bundeswehr in vier „Materialerhaltungsstufen" gegliedert. Das Altverfahren berücksichtigt dies in der Umsetzung zulassungsrelevanter Anforderungen. Die Umstellung auf die DEMAR bedingt nun die Instandhaltungsklassifizierung in *Line* und *Base Maintenance.* Insbesondere bei Bestandswaffensystemen, die in die DEMAR umgeklappt werden, sind dabei sämtliche Instandhaltungsunterlagen anzupassen, gegliederte Instandhaltungsmaßnahmen nach Materialerhaltungsstufen in *Line* oder *Base Maintenance* neu zu klassifizieren und das bestehende freigabeberechtigte Personal entsprechend auf diese neuen Instandhaltungsstufen der DEMAR aus- bzw. weiterzubilden.

Übertragbarkeit militärischer Zulassungsanforderungen auf die gewerbliche Wirtschaft
Die Zulassungsanforderungen der DEMAR werden durch interne Verwaltungsvorschriften für die Bundeswehr verpflichtend. Dieses Vorgehen schafft jedoch keine Verbindlichkeit gegenüber der gewerblichen Wirtschaft, die in die Entwicklung, Herstellung und Instandhaltung militärischer Luftfahrzeuge eingebunden ist. Daher müssen die Zulassungsanforderungen der DEMAR für die gewerbliche Wirtschaft zivilrechtlich über Verträge verbindlich gemacht. Sie sind zwischen dem Auftraggeber Bundeswehr und der gewerblichen Wirtschaft grundsätzlich frei verhandelbar. Andere EMAR Mitgliedsstaaten gehen hier einen anderen Weg. Neben den zivilen EU-Gesetzen wurden dort auch

die militärischen Zulassungsanforderungen der EMAR als nationales Gesetz etabliert, sodass eine Verbindlichkeit auch für die gewerbliche Wirtschaft geschaffen wurde. Dies erleichtert in diesen Ländern allgemeinverbindliche Änderungen am EMAR-Regelwerk. Auf diese Weise werden die Risiken der Lock-in Falle, denen sich die Staaten durch üblicherweise sehr lang laufende Verträge mit der gewerblichen Wirtschaft ausgesetzt sehen, stark abgefedert.

Privilegienvergabe an die gewerbliche Wirtschaft
Das zivile Zulassungswesen beinhaltet eine Vergabe gesetzlich definierter Rechte (Privilegien) an die gewerbliche Wirtschaft. Durch diese Privilegienvergabe kann in weiten Teilen die luftrechtlich relevante behördliche Muster-, Stück- und Nachprüfung von Luftfahrzeugmustern, Luftfahrzeugen und Komponenten entfallen. An ihre Stelle tritt eine prozessbezogene Überwachung durch die zuständige Luftfahrtbehörde.

Die Vergabe von Privilegien geht im zivilen Zulassungswesen mit der Erteilung einer behördlichen Betriebsgenehmigung einher. Ein zivil genehmigter Entwicklungs-, Herstellungs-, Instandhaltungs- oder Ausbildungsbetrieb ist also automatisch berechtigt, die ihm erteilten Privilegien innerhalb des behördlich erteilten Genehmigungsumfangs vollumfänglich anzuwenden, ohne „beliehen" worden zu sein.

Das militärische Zulassungswesen sieht in der DEMAR einen erweiterten zweistufigen Prozess über eine Beleihung vor. Wird einem militärischen Entwicklungs-, Herstellungs-, Instandhaltungs- oder Ausbildungsbetrieb eine behördliche Genehmigung durch das LufABw erteilt, erhält dieser zwar Privilegien, sodass eine behördliche Stück- und Nachprüfung grundsätzlich entfallen kann. Zur Ausübung dieser Privilegien bedarf es jedoch eines weiteren Genehmigungsverfahrens zur Beleihung, auf Grundlage der LuftVGBV. Erst wenn der Betrieb durch das LufABw zusätzlich beliehen wurde, darf dieser die DEMAR seine Privilegien auch tatsächlich ausüben.[5]

Faktisch bedarf die Privilegienvergabe also eines gesonderten Beleihungsverfahrens, über eine Beantragung durch die gewerbliche Wirtschaft und Genehmigung durch das LufABw. Mit der Beleihung wird dabei ein Beleihungsumfang festgelegt. Dieser richtet sich nach den Anforderungen der Bundeswehr und dem Umfang der Betriebsgenehmigung. Das Konstrukt der Beleihung sorgt in der gewerblichen Wirtschaft für erhebliche Unsicherheit und somit zu Widerständen, weil es von der Sache und als Konstrukt schwer vermittelbar ist, sowie zu schwer prognostizierbaren Risiko- und Haftungspositionen führt. Dazu trägt wesentlich bei, dass das Vorgehen der Beleihung in der zivilen EU-Gesetzgebung gänzlich unbekannt ist. Die betrieblichen Privilegien werden nicht als *hoheitlicher Akt* eingestuft, was dem zivilen System deutlich weniger Komplexität und Aufwand verleiht, ohne jedoch die Sicherheit der Luftfahrzeuge herab-

[5] Vgl. z. B. LufABw (2022) AMC und GM zur DEMAR 145, AMC 145.B.25 (c)-DE.

zusetzen. Insoweit wäre hier eine Prüfung der Hoheitlichkeit der Aufgaben und eine Orientierung an dem bewährten zivilen Modell konsequent.

Da das Problem auch aufseiten der Bundeswehr erkannt wurde, finden hierzu unter der Federführung des BMVg aktuell entsprechende Abstimmungen mit der gewerblichen Wirtschaft zum weiteren Vorgehen statt.

13.4 Organisatorische Herausforderungen

Heterogene Stakeholderlandschaft
Die DEMAR Migration wird durch eine heterogene Stakeholderlandschaft aufseiten der Bundeswehr beeinflusst. Es zeigt sich eine komplexe Aufgabenverteilung im militärischen Zulassungswesen für Luftfahrzeuge:

- im BMVg Führungsstab Streitkräfte und Abteilung Ausrüstung,
- in der Steuergruppe Zulassung BMVg,
- im LufABw,
- im BAAINBw,
- bei den Teilstreitkräften.

Dabei verfügt jeder dieser Verantwortungsträger über das Recht, für seinen Zuständigkeitsbereich eigene Vorschriften zu erstellen und Weisungen zu erlassen. Praktisch wird damit oft auch Einfluss auf die Rollen und Verfahren der anderen Verantwortungsträger ausgeübt.

Insbesondere für die erfolgreiche Einbindung der gewerblichen Wirtschaft in die DEMAR-Migration stellt dieser Zustand eine große Herausforderung dar, denn es ist regelmäßig schwierig bis fast unmöglich, den richtigen Ansprechpartner zu identifizieren, der dann auch noch auskunftsfähig und zudem entscheidungsbefugt ist. Risiken ergeben sich dabei insbesondere durch folgende Umstände:

- Es mangelt an praktischer Anwendungserfahrung. Das Regelwerk zum Standardverfahren ist mit rund 10 Jahren vergleichsweise jung und es gibt bisher wenig praktische DEMAR Anwendungsfälle innerhalb der Bundeswehr.
- Das militärische Regelwerk ist mit über 2000 Seiten, verteilt über zahlreiche Einzelvorschriften, vergleichsweise komplex. Zugleich sind die bundeswehrinternen Qualifizierungsanforderungen an die DEMAR kaum definiert, insbesondere bei Administrativpersonal, sowie auf der Entscheider-Ebene. Aus diesem Grund werden hier auch nur wenige Qualifikationsmaßnahmen gefordert und angeboten.
- Viele Positionen, insbesondere in zivilen und militärischen Fachfunktionen, werden nur für 2–5 Jahre gehalten, sodass nur wenige Stelleninhaber eine Bereitschaft entwickeln, sich tiefgehend in das Regelwerk einzuarbeiten,

- Behörden und öffentliche Organisationen sind kulturell risikoavers, sodass bereits bei geringen Zweifeln zunächst die Ablehnung einer Zustimmung vorgezogen wird.

Diese Umstände haben zur Folge, dass Veränderungen zulassungsrelevanter Anforderungen nach Vertragsunterzeichnung regelmäßig zu Projektverzögerungen führen. Die Einrichtung einer zentralen Stelle als kompetenter Ansprechpartner in allen militärischen Zulassungsfragen würde die Zusammenarbeit zwischen der Bundeswehr und der gewerblichen Wirtschaft zumindest erleichtern.

DEMAR Aufbau- und Ablauforganisation
Für eine erfolgreiche DEMAR-Migration bedarf es einer funktionsfähigen Aufbau- und Ablauforganisation. Um die Umsetzung der DEMAR-Anforderungen sowie die zielgerichtete Einbindung der gewerblichen Wirtschaft zu ermöglichen, muss diese Aufbau- und Ablauforganisation sowohl in der Bundeswehr als auch in der gewerblichen Wirtschaft fest etabliert werden. Dies gilt für die Gesamtstruktur, aber auch für die einzelnen Regelungsbereiche. So sind beispielsweise aktuell noch nicht in allen Teilstreitkräften, die für einen Betrieb unter DEMAR notwendigen CAMOs etabliert und durch das LufABw genehmigt. Ähnliches gilt für die Instandhaltungsbetriebe innerhalb der Bundeswehr, die auf der Grundlage der CAMO-Vorgaben entsprechende Instandhaltungsmaßnahmen durchführen sollen und hierfür eine DEMAR-145 Genehmigung durch das LufABw benötigten.

Auch aufseiten der gewerblichen Wirtschaft besteht noch keine ausreichende Anzahl genehmigter DEMAR-Betriebe, um eine umfassende Betreuung militärischer Luftfahrzeuge und Komponenten durchgängig auf der Basis der DEMAR-Anforderungen sicherstellen zu können. Mit Stand März 2022 sind von den insgesamt 71 durch das LufABw genehmigten militärischen Luftfahrtbetriebe für das Altverfahren nur sechs Betriebe auch nach DEMAR genehmigt.

Drei Fragen an Robert Haarmann, Head of Quality bei HENSOLDT[6]

Wann haben Sie mit der DEMAR Migration begonnen?
Wir haben bei HENSOLDT direkt nach der Abspaltung von Airbus im Jahr 2016 mit den Vorbereitungen zu DEMAR begonnen. Aufgrund meiner Erfahrung als Leiter Qualitätsmanagementsystem in Manching in den Jahren 2009 bis 2011 als

[6] HENSOLDT ist ein deutscher Champion der Verteidigungsindustrie mit einer führenden Marktposition in Europa und globaler Reichweite. Das Unternehmen mit Sitz in Taufkirchen bei München entwickelt Sensorlösungen für Verteidigungs- und Sicherheitsanwendungen. Maßgeblich im Bereich Radartechnologie, Elektronische Kampfführung, Avionik und Optronik.

wir die Mitarbeiterqualifikation der QS Prüferinnen und -Prüfer auf zivile Verfahren umgestellt hatten und aufgrund meiner Mitarbeit in verschieden Gremien, wie dem BDLI Fachausschuss Qualität sowie im Industrieunterstützungsteam zum Aufbau des Luftfahrtamts der Bundeswehr, war es mir ein besonderes Anliegen, dass wir die neue Firma HENSOLDT dahingehend richtig aufstellen. Meinem CEO, Thomas Müller, ist das Thema Qualität als Wettbewerbsvorteil immens wichtig, daher hat er von Anfang an die Vorbereitungen zu DEMAR aktiv unterstützt. Wir wollten, dass HENSOLDT hier ein Vorreiter bei der Einführung dieses neuen Regelwerkes ist. So haben wir bereits im Jahr 2016 mit einer durchgehenden Human Factors Schulung unserer Mitarbeiterinnen und Mitarbeiter im Herstellungs- und Instandsetzungsbereich begonnen. Für meinen damaligen Leiter Operations und mich war dies nicht nur eine Erfüllung einer regulativen Vorgabe, sondern uns war wichtig ein Bewusstsein unserer Mitarbeiterinnen und Mitarbeiter zum Thema Human Factors zu entwickeln, welches schlussendlich zur Reduzierung von Unfällen, Fehlern durch Unachtsamkeit und letztendlich zu Kosteneinsparungen führt.

Schon seit vielen Jahren gibt es die Bestrebungen, die etablierten und europäisch einheitlichen Verfahren der zivilen Luftfahrt auch im militärischen Bereich einzuführen. Dies wird und wurde sowohl vom BDLI und seinen Mitgliedsfirmen als auch auf der Amtsseite, international über das MAWA Forum und national über das BMVg, vorangetrieben. Das militärische Luftrecht ist sehr stark geprägt von der Verantwortungsaufteilung zwischen Industrie und amtlichen Stück- und Nachprüfern. Dies führte immer wieder zu Verzögerungen im operativen Ablauf. So hatte ich in meiner Zeit als Quality Operations Leiter bei Airbus in Manching immer wieder Diskussionen über hinreichende bzw. zum Zeitpunkt des industriellen Arbeitsablaufs notwendige Verfügbarkeit von amtlichen Stück- und Nachprüfern. Auch wenn die Zusammenarbeit mit der militärischen Amtsseite stets vertrauensvoll und professionell war, so war ich doch neidisch auf meine Qualitätskollegen aus der zivilen Luftfahrt, wo der industrielle CAT C Freigabeberechtigte die luftrechtliche Bestätigung selbstständig durchführt. Klare Zuordnung der Verantwortlichkeiten an die Industrie inklusive aber auch der Verpflichtungen sind im militärischen Bereich genauso anzustreben wie im zivilen Sektor.

Hier ein schönes Beispiel meines Produktionsleiters aus meinen Anfangsjahren bei HENSOLDT: Nachdem er zum Accountable Manager ernannt wurde und ihm die persönliche luftrechtliche Verantwortung deutlich wurde, war nicht nur seine Bereitschaft Qualitätssicherungsaufgaben zu finanzieren deutlich erhöht, sondern er hat diese sogar verstärkt eingefordert.

Welche konkreten Erfahrungen haben Sie gesammelt?
Im Jahr 2017 kam die konkrete Forderung seitens OCCAR im Auftrag der französischen Luftwaffe für eines unser Kartenzieldarstellungsgeräte eine EMAR Genehmigung seitens der französischen Zulassungsbehörde zu erlangen. Das Luftfahrtamt der Bundeswehr mit seinem damaligen Amtschef General Dr. Rieks sowie das Team der Abteilung 4 haben uns sehr unterstützt, dahingehend, dass durch Anwendung der gegenseitigen Anerkennung zwischen Frankreich und Deutschland, das LufABw das Audit durchführte. Dadurch haben wir erfolgreich vermieden, dass jede Nation über ihre jeweilige Zulassungsbehörde uns hätte auditieren müssen. Wir als HENSOLDT waren der erste Betrieb in Deutschland, die eine Anerkennung nach DEMAR 21G, Herstellungsbetriebe, erhielt.

Was würden Sie anderen Firmen bei der Einführung von DEMAR empfehlen?
Es ist klar und deutlich zu sagen: Eine DEMAR Einführung kostet Geld. Aber man profitiert auch davon. Wichtig ist es, einen Qualitätsmanager zu etablieren, der sowohl das zivile Luftrecht als auch die militärische Vorschriftenlage umfassend verstanden hat und sich permanent über die laufenden Änderungen informiert. Die gesetzlichen Forderungen erklären „was ist zu tun“. Die Organisation muss dann das „wie sind die Forderungen umzusetzen“ gestalten. Und hier gilt es aufzupassen, dass es nicht zu kompliziert und kostenintensiv wird. Ich empfehle hier ein IT-Tool gestütztes integriertes Geschäftssystem, welches automatisch Querbeziehungen zwischen den diversen Regelwerken wie DEMAR, EASA Regularien, EN 9100, AQAP, etc. sowie deren Umsetzung in Dokumenten und Prozessen darlegt. Die Zeiten, in der man manuell Quervergleichslisten erstellt, sind vorbei. Des Weiteren sollten auch die Betriebshandbücher möglichst wenig Prosa enthalten, sondern immer auf die Prozesse des Geschäftssystem verweisen. Wenn man sowohl zivil als auch militärisch im Altverfahren (A1-275) sowie im DEMAR Raum tätig ist, müssen jeweils drei Handbücher für Entwicklung, Herstellung und Instandhaltung vorgehalten werden. Das würde dann in Summe zu neun Handbüchern führen. Hier bietet es sich an, für die jeweilige Anerkennung ein „Hauptdokument“ zu erstellen. Die anderen Handbücher beschreiben dann nur das Delta für den jeweiligen Regelungsraum und referenzieren ansonsten nur auf das Basisdokument. Weiter gedacht wäre auch ein komplett integriertes Herstellungs- und Instandhaltungsbetriebshandbuch (POE/MOE) denkbar, welches alle drei Regelungsräume abdeckt.

Einer der wichtigsten Punkte, um behördliche Anerkennungen zu erlangen ist, dass ein stabiles Vertrauensverhältnis zwischen dem Betrieb und der zuständige Zulassungsbehörde (EASA, LBA, LufABw) besteht. Das muss sich die Organisation durch Transparenz, Offenheit und ein starkes und unabhängiges QM

System erarbeiten. Ich möchte behaupten, dass wir genau dies bei HENSOLDT durch langjähriges kontinuierliches Handeln erreicht haben. Aufgrund meiner 20-jährigen Tätigkeit in verschiedensten Qualitätsfunktionen bin ich der Überzeugung, dass eine vollintegrierte und unabhängige Qualitätsorganisation mit Berichtslinie des Qualitätsleiters zum CEO die wirksamste Methode ist. Sie ist auch die kostengünstigste, da hier die Qualitätsorganisation durch ihre Unabhängigkeit die stärkste „Durchschlagskraft" besitzt.

Ausrüstern kann ich nur empfehlen, eine eigene DEMAR Anerkennung anzustreben, wenn immer es möglich ist. Dies ist wichtig, um zum einen Mehrfachzulassungen bei einem Querschnittsgerät zu vermeiden. Zum anderen hilft dies, unabhängiger gegenüber dem Plattform-Anbieter (oder dem TC-Holder) zu sein und diesem gegenüber nicht mehr betriebliches Wissen als notwendig für das Zulassungsverfahren darlegen zu müssen. Wenn die Zulassung des Equipments über den Plattform-Anbieter läuft, muss der Ausrüstersehr viele Daten zur Verfügung stellen. Daher ist es besser, wenn der Ausrüster direkt mit der Behörde eine Genehmigung erwirkt.

Rollen- und Aufgabenkonzepte: Halterschaft der Musterzulassung
In der zivilen Welt sind die antragstellenden Entwicklungsbetriebe als Eigentümer der Konstruktionsdaten zugleich Inhaber der Musterzulassung, wobei das entwickelnde Unternehmen üblicherweise auch immer Hersteller des entsprechenden Baumusters ist.

Anders ist dies bei der Bundeswehr. Der Halter der militärischen Musterzulassung (HMilMz) ist das BAAINBw. In Ermangelung einer eigenen Genehmigung als Entwicklungsbetriebb muss sich der HMilMz für die Erfüllung seiner Aufgaben jedoch regelmäßig durch externe Auftragsvergaben auf gewerbliche Entwicklungsbetriebe abstützen. Diese benötigen hierfür eine Genehmigung durch das LufABw. Dies stellt insbesondere dann eine Herausforderung dar, wenn es, wie in multinationalen Projekten üblich, den *einen* Entwicklungsbetrieb für ein Waffensystem nicht gibt, sondern die Entwicklungsdaten für ein Muster über die verschiedenen militärischen Luftfahrtbehörden unterschiedlicher Länder sowie deren Zulieferer verteilt sind.

Dieser Sachverhalt führt häufig zu einem hohen Abstimmungs- und Koordinierungsaufwand zwischen den Beteiligten. Zudem erhöht die Tatsache, dass es neben einem privilegierten Entwicklungsbetrieb auch noch den gesamtverantwortlichen HMilMz im BAAINBw gibt, die Verfahrenskomplexität deutlich.

Anerkennung ziviler Genehmigungen und QM-Systeme
Die DEMAR sieht vor, dass für bereits zivil genehmigte Betriebe ein vereinfachtes Verfahren der Anerkennung zur Anwendung kommen kann. Für eine Erstgenehmigung oder eine Erweiterung des Genehmigungsumfangs auf militärische Produkte und Leistungen

kann sich das LufABw im Genehmigungsverfahren damit auf die Unterschiede zwischen den zivilen und militärischen Genehmigungsanforderungen beschränken.[7] Diese Möglichkeit zur (teilweisen) Anerkennung von durch EASA bzw. LBA erteilten Betriebsgenehmigungen wird durch das LufABw allerdings aktuell kaum genutzt. Da insbesondere das LBA über jahrzehntelange Erfahrung bei der Überwachung von DEMAR-vergleichbaren Anforderungen verfügt,[8] böten sich hier dem LufABw Potenziale zur Kapazitätsoptimierung im Zuge von Betriebsüberwachungen.

Die Delta-Anforderungen zwischen dem zivilen Regelwerk und den DEMAR sind übrigens wesentlich dem Umstand geschuldet, dass letztere den zivilen EU-Regularien zeitlich hinterherlaufen. Etwa einmal jährlich wird eine Änderung der EU-Verordnungen zur Initial bzw. Continuing Airworthiness herausgegeben. Diese Änderungen werden dann mit Zeitverzug in die EMARs eingepflegt und fließen danach in die nationale DEMAR ein. Da also die EMARs den EU-Regularien hinterherhinken, liegen die DEMAR in ihrem Evolutionsstatus stets mehrere Jahre hinter den aktuell gültigen zivilen EU-Regularien. Für Betriebe, die bereits über eine zivile Genehmigungsgrundlage verfügen und auch als LTB im Altverfahren durch das LufABw genehmigt sind, erweist sich dies als spürbare Bürde, weil sie damit drei unterschiedliche interne Qualitätssysteme führen und Regelwerkänderungen verfolgen müssen.

Innereuropäische Anerkennung von EMAR Genehmigungen
DEMAR-Betriebsgenehmigungen, DEMAR-Freigabebescheinigungen und DEMAR-Lizenzen erlangen aufgrund von staatlichen Souveränitätsvorgaben nur eine nationale Gültigkeit. Eine automatische Anerkennung durch andere EMAR Staaten erfolgt nicht. Sollte also ein in Deutschland nach DEMAR genehmigter Betrieb beabsichtigen, Komponenten und Systeme in ein anderes europäisches Partnerland zu liefern, bedarf es trotz einer gemeinsamen EMAR-Grundlage, weiterhin zusätzlicher nationaler Genehmigungs- bzw. Anerkennungsverfahren (Recognition). Bisher ist es in Ausnahmefällen möglich, dass das LufABw auch eine Betriebsgenehmigung für die deutsche gewerbliche Wirtschaft erteilt, wenn diese ausschließlich Leistungen für Partnernationen erbringt.[9] Hierzu bedarf es jedoch zunächst immer der einzelfallbezogenen Abstimmung zwischen den jeweils zuständigen nationalen militärischen Luftfahrtbehörden der in diesem Fall betroffenen Länder.

Der nächste konsequente Schritt wäre, dass Freigabebescheinigungen für Komponenten oder Betriebsgenehmigungen unter den EMAR-Staaten generell wechselseitig anerkannt werden, analog dem zivilen Vorgehen der EASA-Mitgliedsstaaten.

[7] Vgl. z. B. LufABw (2017), AMC und GM zur DEMAR 21, GM 21.A.135 (1).

[8] Auf Basis der analogen Vorgaben aus der EU-Gesetzgebung.

[9] Vgl. BMVg (2021), Dachvorschrift, # 4031.

13.5 Personelle Herausforderungen

Harmonisierung von Personalbedarfsanalysen
Nach der Definition der Prozess- und Verfahrensstrukturen sowie der Rollen und Aufgaben für die DEMAR Migration innerhalb der Bundeswehr gilt es, diese mit geeigneten personellen Ressourcen auszustatten und im behördlichen Alltag zu *leben.* Hierbei spielt neben der Personalverfügbarkeit (Kapazität) insbesondere deren Qualifikation (Kompetenz) eine zentrale Rolle.

Dabei sind die Vorgaben an das DEMAR-Personal deutlich detaillierter als die im Altverfahren, sodass für eine erfolgreiche DEMAR-Migration eine umfassende Personalbedarfsanalyse in Hinblick auf Menge und Qualifikation voraussetzt. Diese DEMAR-spezifischen Anforderungen an Kompetenz und Kapazität verdeutlichen sich an zwei Beispielen aus dem Bereich der DEMAR 145:

- Die Bescheinigung der ordnungsgemäßen Durchführung der Instandhaltung wird durch speziell dafür ausgebildetes und teils behördlich lizenziertes Personal vorgenommen. Solches freigabeberechtigte Personal hat eine fest vorgegebene Ausbildung zu durchlaufen. Diese dauert üblicherweise mehrere Jahre.[10] Die Verfügbarkeit von freigabeberechtigtem Personal nach DEMAR ist aus diesem Grund zeitlich sorgfältig und mit ausreichendem zeitlichem Vorlauf zu planen, da die gesamte Betriebsgenehmigung, insbesondere in der Instandhaltung, von diesen Freigaberessourcen abhängt.
- Des Weiteren legt die DEMAR 145 z. B. fest, dass der Anteil an eigenem Fachpersonal (Kapazität) zur Durchführung von Instandhaltungsmaßnahmen innerhalb eines genehmigten DEMAR-145 Betriebes mindestens 50 % betragen muss.[11] Dies ist nicht nur bezogen auf die Gesamtorganisation des genehmigten Betriebs eine vorgegebene Bedingung, sondern gilt auch für jeden Dockplatz und jeden Werkstattbereich. Die Möglichkeit zur Einbindung von Fremdpersonal, also von Personal aus der gewerblichen Wirtschaft oder auch von Personal einer anderen militärischen Einheit[12] zur Wahrnehmung eigener Aufgaben innerhalb eines genehmigten DEMAR 145-Betrieb ist damit deutlich reglementiert und bedarf der umfassenden Planung.

Konsequente Definition und Umsetzung von Eigen- und Fremdleistungen
Ein wesentlicher Aspekt bei der Einführung der DEMAR ist eine zunehmende Abstützung auf die gewerbliche Wirtschaft.[13] Ein Fokus der Bundeswehr liegt dabei

---

[10] Vgl. z. B. LufABw (2022) AMC und GM zur DEMAR 145, AMC 145.A.30(i)-DE.
[11] Vgl. LufABw (2022) AMC und GM zur DEMAR 145, AMC 145.A.30(d).
[12] Vgl. LufABw (2022) AMC und GM zur DEMAR 145, AMC 145.A.30(d).
[13] Vgl. Militärische Luftfahrtstrategie BMVg, (2016, S. 39).

auf dem gesicherten Rückgriff auf qualifiziertes Personal der gewerblichen Wirtschaft, denn zahlreiche DEMAR relevante Aufgaben können gar nicht mehr von der Bundeswehr ohne externe Unterstützung wahrgenommen werden. Beispielhaft hierfür ist die fehlende Entwicklungsbetriebsgenehmigung des HMilMz. Wenn dies politisch gewollt ist und ökonomische Gründe durchaus dafür sprechen, so muss die Bundeswehr sicherstellen, dass zeitgerecht entsprechende Konzepte für die Einbindung der gewerblichen Wirtschaft erarbeitet werden. Dabei sollte zunächst die Umsetzung einer umfassenden DEMAR-Zielstruktur im betrieblichen Alltag der Bundeswehr unabhängig von der Kapazität der internen Organisation erfolgen, wie es teilweise in der Vorschriftenlandschaft der Bundeswehr aktuell dargelegt ist. Sieht also die DEMAR die Umsetzung einer Anforderung vor, darf die fehlende eigene Kompetenz oder Kapazität innerhalb der Bundeswehr nicht das Kriterium für die verzögerte oder gar ausbleibende Umsetzung dieser Anforderung sein.

Spätestens auf Grundlage einer Personalbedarfsanalyse muss die Bundeswehr festlegen, welche DEMAR-relevanten Aufgaben durch eigenes und welche durch Fremdpersonal übernommen werden sollen. Dabei muss diese Festlegung frühzeitig erfolgen, denn die Gewinnung und Ausbildung von DEMAR-Personal ist sowohl für die Bundeswehr als auch für die gewerbliche Wirtschaft zeit- und kostenintensiv. Dies gilt umso mehr in Zeiten zunehmenden Fachkräftemangels. Die Anrechnung und Übertragbarkeit militärischer Dienstzeiten und Lizenzen auf die zivile Luftfahrt, wie zwischen LufABw und LBA in 2019 vereinbart,[14] zielen in die richtige Richtung. In diesem Zuge sollte in Betracht gezogen werden, diese Übertragungslogik auch umgekehrt für den Wechsel von Personal von einem zivilen in ein militärisches Beschäftigungsverhältnis zu etablieren, beispielsweise im Rahmen der Einbeziehung von Reservisten.

Um die DEMAR Migration weiter zu beschleunigen wäre es zusätzlich denkbar auch zivile Auditoren in die Überwachung der genehmigten DEMAR-Betriebe einzubeziehen.

Literatur

Bundesministerium der Verteidigung (BMVg, 2021): Grundsätze der Zulassung von Luftfahrzeugen (Dachvorschrift), Nr. A-275/1, Version 1, 2021

Bundesministerium der Verteidigung: Militärische Luftfahrtstrategie, 2016

Luftfahrtamt der Bundeswehr (LufABw, 2017): AMC und GM zur DEMAR 21 – Militärische Zulassung von Luftfahrzeugen und zugehöriger Produkte, Bau- und Ausrüstungsteile sowie Genehmigung von Entwicklungs- und Herstellungsbetrieben, Nr. A1-275/3-8902, Version 1, 2017

[14] Vgl. Vereinbarung zwischen dem Luftfahrt-Bundesamt und der Bundeswehr, vertreten durch das Luftfahrtamt der Bundeswehr, über die Anrechnung praktischer Instandhaltungstätigkeiten des luftfahrzeugtechnischen Personals der Bundeswehr an Luftfahrzeugen und Luftfahrtgerät der Bundeswehr, Köln/Braunschweig 2019.

Luftfahrtamt der Bundeswehr (LufABw, 2022): AMC und GM zur DEMAR 145, Nr. A1-275/3-8906, Version 2, 2022

Luftverkehrsgesetz (LuftVG) in der Fassung der Bekanntmachung vom 10. Mai 2007 (BGBl. I S. 698), das zuletzt durch Artikel 131 des Gesetzes vom 10. August 2021 (BGBl. I S. 3436) geändert worden ist. 2021

Vereinbarung zwischen dem Luftfahrt-Bundesamt und der Bundeswehr, vertreten durch das Luftfahrtamt der Bundeswehr, über die Anrechnung praktischer Instandhaltungstätigkeiten des luftfahrzeugtechnischen Personals der Bundeswehr an Luftfahrzeugen und Luftfahrtgerät der Bundeswehr, Köln/Bonn, 2019

Glossar

Begriff deutsch	Abkürzung	Begriff englisch	Erklärung deutsch
Akzeptable Mittel zur Einhaltung	AMC	Acceptable Means of Compliance	Die AMC stellen eine Methode dar, mit der die DEMAR erfüllt werden kann. Es sind Praktiken, deren Nichtbeachtung gegenüber der Behörde zu begründen sind. Hält sich der genehmigte Betrieb nicht an die AMC, so muss dieser gegenüber der zuständigen Behörde nachweisen, dass die Alternativen ebenfalls zur Sicherstellung der Einhaltung der DEMAR führen. Diese Alternativen sind durch den Luftfahrtbetrieb zu erarbeiten und durch die zuständige Behörde zu genehmigen. Alle DEMAR verfügen über AMC, welche durch das LufABw herausgegeben werden. Diese sind – wie die DEMAR selbst – keine Gesetze und gelten als interne Bundeswehrvorschriften. Sie werden nur durch Vertrag für die Industrie gültig.
Altverfahren			Das Altverfahren (früher: 19/1 bzw. 1525) wurde in den 1950er Jahren als das Prüf- und Zulassungswesen für Luftfahrzeuge und Luftfahrtgerät der Bundeswehr eingeführt. Dabei wurde der Schwerpunkt für die Gewährleistung der Lufttüchtigkeit auf die Prüfung des Stück gelegt (Produktorientierung) 2019 wurde das bis dahin als „Regelverfahren" benannte Altverfahren durch die DEMAR als neues Standardverfahren abgelöst. Die Möglichkeit, das Altverfahren weiterhin zu verwenden, wird für die Bundeswehr nach wie vor gezielt für Bestandswaffensysteme genutzt. Unter bestimmten Umständen können auch neu einzuführende Waffensysteme unter den Vorgaben des Altverfahrens zugelassen und/oder betrieben werden.

M. Hinsch et al., *Einführung in die DEMAR*,
https://doi.org/10.1007/978-3-662-65676-1

Begriff deutsch	Abkürzung	Begriff englisch	Erklärung deutsch
Änderung an der militärischen Musterzulassung		Change to Military Type Certificate	Eine Änderung der militärischen Musterzulassung ist eine Änderung an einem zugelassenen Luftfahrzeug, wie in DEMAR 21.A.91 definiert. Es wird zwischen kleinen (geringfügigen) und großen (erheblichen) Änderungen unterschieden.
Anweisungen zur Aufrechterhaltung der Lufttüchtigkeit	ICA	Instructions for continued airworthiness	Anweisungen zur Aufrechterhaltung der Lufttüchtigkeit beschreiben die Methoden, Inspektionen, Prozesse und Verfahren, die erforderlich sind, um Luftfahrzeuge inkl. deren Komponenten lufttüchtig zu halten. Sie gehören zu den Vorgabedokumenten des Entwicklungsbetriebs, die für die geplante Instandhaltung eines Luftfahrzeugs oder einer Komponente erstellt werden und in der Instandhaltung zu berücksichtigen sind.
Artefakte			Ein lufttüchtigkeitsbezogenes Dokument, entweder in Papierform oder in elektronischer Form, das als Nachweis für eine Beurteilung der Lufttüchtigkeit verwendet werden kann. Artefakte sind demnach Zulassungen fremder Luftfahrtbehörden (z. B. Musterzulassungen, ergänzende Musterzulassungen), die dann durch das LufABw anerkannt werden können, wenn mit der fremden Luftfahrtbehörde eine Anerkennung *(Recognition)* besteht. In der Anerkennungsurkunde zwischen den beiden Behörden sind die anzuerkennenden Artefakte zu bezeichnen.
Base Maintenance	BM	Base Maintenance	Umfangreichere Instandhaltungsereignisse am Luftfahrzeug zur Wiederherstellung des Soll-Zustands, für die das Luftfahrzeug temporär die Einsatzbereitschaft verlässt.
Bau- und Ausrüstungsteile	B&A	Parts and Appliances	Bau- und Ausrüstungsteile sind Bestandteile eines Gesamtluftfahrzeugs. Der Begriff *Bau- und Ausrüstungsteile* wird in der DEMAR 21 im Bereich der Entwicklung und Herstellung verwendet. Analog dazu werden diese Teile in der DEMAR 145 als *Komponenten* bezeichnet.

Begriff deutsch	Abkürzung	Begriff englisch	Erklärung deutsch
Bauvorschriften	CS	Certification Specification	Bauvorschriften sind luftfahrtbehördliche Vorgaben an das Design von Luftfahrzeugen. Im EASA Raum werden diese als Certification Specification (CS) bezeichnet, andere sind die FARs, STANAG, Def-STAN, usw. Für fliegende Waffensysteme der Bundeswehr wird auf das EMACC Handbuch (European Military Airworthiness Certification Criteria) der EDA zurückgegriffen. Bisweilen werden auch EASA Certification Specifications bei der Definition der Musterzulassungsbasis oder bei der Nachweisführung herangezogen.
Befristete Erlaubnis zur Nutzung im Flugbetrieb	BENF		Befristete Erlaubnis zur Nutzung im Flugbetrieb, um in eilbedürftigen Einsatzfällen eine beschleunigte Nutzungserlaubnis bei Änderungen am Muster zu ermöglichen, bei denen absehbar die Nachweisführung erfolgreich abgeschlossen werden wird. Entscheidungen für eine BENF trägt der Amtschef des Luftfahrtamts der Bundeswehr.
Beleihung			Die Übertragung hoheitlicher Aufgaben auf oder juristische Personen des Privatrechts. Mit § 30a LuftVG in Verbindung mit der LuftVGBV wurde die Möglichkeit eröffnet, einen Betrieb/eine Organisation zu beleihen. Dies umfasst z. B. die Freigabe von Luftfahrzeugen und Komponenten nach Instandhaltung oder die Einstufung von Änderungen in der Entwicklung. Die Definition zu beleihender Handlungen sowie die Bescheidung obliegt der übertragenden Behörde.
Bescheinigung über die Prüfung der Lufttüchtigkeit	MARC	Military Airworthiness Review Certificate	Betreiber müssen in regelmäßigen Abständen die Lufttüchtigkeit des eigenen Luftfahrzeugs feststellen. Hierfür bedarf es alle 12 Monate einer Prüfung der zugehörigen Instandhaltungsaufzeichnungen sowie alle 3 Jahre einer physischen Inspektion des Luftfahrzeugs. Diese Prüfung wird durch eine CAMO durchgeführt und als *Military Airworthiness Review* bezeichnet. Im Anschluss an die Prüfung erfolgt die Bestätigung mittels eines MARC (DEMAR Form 15).

Begriff deutsch	Abkürzung	Begriff englisch	Erklärung deutsch
Betriebs- und Versorgungsverantwortlicher	BtrbVersVwt		Der Betriebs- und Versorgungsverantwortlicher Inspekteur oder die Betriebs- und Versorgungsverantwortliche Präsidentin des BAAINBw ist für Luftfahrzeuge im eigenen Zuständigkeitsbereich verantwortlich für die Aufrechterhaltung der Lufttüchtigkeit. Die Zuordnung von Luftfahrzeugen zum Verantwortungsbereich erfolgt hierbei anhand des Haltereintrages in der Luftfahrzeugrolle. Die zugehörigen Aufgaben können delegiert werden (nicht aber die damit verbundene Verantwortung).
Dauerhafte Flugfreigabe	DFF		Die Dauerhafte Flugfreigabe stellt eine Ergänzung der beiden Regelungsräume „Altverfahren“ und „Standardverfahren DEMAR“ der Bundeswehr dar. Sie kommt in Ausnahmefällen zur Anwendung, wenn im Rahmen der Musterprüfung die Vorgaben der Musterzulassungsbasis und des Musterprüfprogramms für die Zulassung des Musters nach Maßgabe des jeweiligen Regelungsraums nicht vollständig eingehalten bzw. nachgewiesen werden können. Hierbei wird das erhöhte Risiko bewertet mit der Erfüllung des militärischen Auftrags gegenübergestellt. Die Entscheidung erfolgt auf Basis des Abweichungsrechts (§ 30 LuftVG) der Bundeswehr durch den Generalinspekteur.
DEMAR Form 1			Ein durch das LufABw herausgegebenes Formblatt zum Zweck der Bescheinigung der Lufttüchtigkeit von neuen Komponenten durch den Hersteller, oder von Instandhaltungsarbeiten, die an gebrauchten Komponenten durchgeführt wurden. Die DEMAR Form 1 ist somit die Freigabebescheinigung für Komponenten in der DEMAR 21G und in der DEMAR 145.
DEMAR Form 4			Ein durch das LufABw herausgegebenes Formblatt, in welchem Details zu leitendem Personal dargelegt werden müssen. Die gemäß DEMAR spezifizierten leitenden Personen müssen mit diesem Formblatt an die zuständige Behörde gemeldet werden. Die über dieses Formblatt vom LufABw akzeptierten Personen werden auch als *Form 4 Halter* bezeichnet.
DEMAR Form 52			Siehe Freigabedokument

Begriff deutsch	Abkürzung	Begriff englisch	Erklärung deutsch
DEMAR Form 53			Siehe Freigabedokument
Deutsche Militärische Einzelteilzulassung	DEMPA	German Military Part Approval	Die DEMPA stellt ein Äquivalent zur zivilen EPA Kennzeichnung dar. Eine solche Zulassung ist notwendig, wenn der genehmigte Herstellungsbetrieb auf Basis einer Zeichnung eines Entwicklungsbetriebs eine Komponente fertigt und dieser Entwicklungsbetrieb nicht TC-Halter ist.
Deutsche Militärische Technische Standardzulassung	DEMTSO-Teil	German Military Technical Standard Order	Eine Deutsche Militärische Technische Standardzulassung genehmigt einen Luftfahrtstandard und autorisiert die Verwendung der nach diesem Standard hergestellten Bordausrüstung oder Zusatzausrüstung in der Luftfahrt, unabhängig vom Luftfahrzeugmuster. Sie dient dazu, einer Ausrüstung die Übereinstimmung mit dem geforderten Luftfahrtstandard zu bescheinigen.
DEU Military Airworthiness Requirements	DEMAR		Vgl. Standardverfahren
Dienstleister			Dienstleister führen Arbeiten am Produkt oder im unmittelbaren Produktumfeld aus, wobei jedoch keine Änderungen an den Teilen vorgenommen werden. Typische Beispiele sind Kalibrierungen, zerstörungsfreie Werkstoffprüfung (NDT) oder Logistikaufgaben. Auch Schulungsanbieter fallen unter die Kategorie der Dienstleister.
Eigenvollzugskompetenz			Die Eigenvollzugskompetenz ist die Berechtigung einer Behörde, Vorschriften eigenständig zu erlassen. Im Umfeld der Bundeswehr gilt dies für das BMVg, das vom in Deutschland geltenden Luftverkehrsgesetz (LuftVG) abweichen und hierzu eigene Vorschriften für die Entwicklung, Herstellung und Instandhaltung sowie den Betrieb von militärischen Luftfahrzeugen erstellt. Die Eigenvollzugskompetenz ist die Grundlage für die Vorschriftenlandschaft des militärischen Zulassungswesens.

Begriff deutsch	Abkürzung	Begriff englisch	Erklärung deutsch
Entwicklungsunterlagen (anwendbar)		Applicable Design Data	Vorgabedokumente des Entwicklungsbetriebs, die während des Musterzulassungsprozesses erstellt werden. *Anwendbare Entwicklungsunterlagen (auch Konstruktionsdaten genannt)* ist der Überbegriff für alle Konstruktionsdaten und kann sowohl genehmigte Entwicklungsunterlagen *(Approved Data)* als auch die nicht genehmigten Entwicklungsunterlagen *(Non Approved Data)* meinen. Typische Entwicklungsunterlagen in der Herstellung sind Zeichnungen, Schaltpläne, Prüfanweisungen oder Materialvorgaben. Die gängigen Entwicklungsunterlagen in der Instandhaltung sind Manuals, wie AMM, CMM, SRM, EM, etc. Auch Normen, Standards sowie anerkannte Spezifikationen gelten als Applicable Data, sofern in den Entwicklungsunterlagen auf diese referenziert wird.
Entwicklungsunterlagen (genehmigt)	ADD	Approved Data	Vorgabedokumente des Entwicklungsbetriebs, die über eine Musterzulassung genehmigt wurden. Entwicklungsunterlagen kommen immer bei der Serienfertigung zur Anwendung. Man unterscheidet genehmigte Herstellungsunterlagen *(Approved Design Data)* und genehmigte Instandhaltungsunterlagen *(Approved Maintenance Data)*. Dabei gelten auch Normen, Standards und anerkannte Spezifikationen als Approved Data, sofern in den Entwicklungsunterlagen auf diese referenziert wird.
Entwicklungsunterlagen (nicht genehmigt)	NADD	Non Approved Data	Vorgabedokumente des Entwicklungsbetriebs, die (noch) nicht über eine Musterzulassung genehmigt wurden. Nicht genehmigte Entwicklungsunterlagen *(Non Approved Design Data)* spielen beim Bau von Prototypen oder Erprobungskörpern eine wichtige Rolle.
European Defence Agency	EDA		Eine 2004 gegründete Behörde der Europäischen Union, die mit der europäischen Harmonisierung im Bereich der Rüstungsplanung, -beschaffung und -forschung beauftragt ist.
European Military Airworthiness Requirements	EMAR		Europäische harmonisierte Lufttüchtigkeitsanforderungen für militärische Luftfahrzeuge, die über das MAWA Forum als Vorschlag veröffentlicht wurden. Aus den EMARs leiten sich die nationalen militärischen Zulassungsvorschriften der einzelnen Mitgliedsstaaten ab. Die EMARs bilden in Deutschland die Grundlage für das nationale Standardverfahren DEMAR.

Begriff deutsch	Abkürzung	Begriff englisch	Erklärung deutsch
Fertigungsunterlagen		Manufacturing Data	Aus den Vorgaben des Entwicklungsbetriebs (Approved Design Data) abgeleitete Vorgaben des Herstellungsbetrieb, um die Entwicklungsvorgaben zu detaillieren. Beispiele sind Arbeitskarten, Herstellungsparameter, Grenzmuster und Schablonen oder Arbeitsanweisungen.
Fluggenehmigung	PtF	Permit to Fly	Fluggenehmigungen im Sinne eines Permit to fly sind notwendig für Luftfahrzeuge, die über (noch) keine Verkehrszulassung verfügen.
Freigabeberechtigtes Personal	CS	Certifying Staff	Besonders qualifiziertes Personal, welches betrieblich berechtigt wurde, die Lufttüchtigkeit von Luftfahrzeugen oder Komponente nach der Herstellung und/oder Instandhaltung zu bescheinigen. Freigabeberechtigtes Personal in der Instandhaltung benötigt für die Bescheinigung der Instandhaltung von Gesamtluftfahrzeugen neben der betrieblichen Berechtigung eine behördliche Lizenz auf Grundlage der DEMAR 66 durch das LufABw.
Freigabebescheinigung nach Luftfahrzeuginstandhaltung	CRS	Certificate of Release to Service	Siehe Freigabedokument
Freigabedokument		Release Certificate	Freigabedokumente bestätigen die Lufttüchtigkeit eines Luftfahrzeugs oder einer Komponente nach Herstellung oder Instandhaltung. Freigabedokumente klassifizieren sich wie folgt: • Konformitätserklärung eines Gesamtluftfahrzeugs nach Herstellung (DEMAR Form 52) • Konformitätsbescheinigung für Komponenten nach Herstellung auf Basis von Non approved Design Data (DEMAR Form 1) • Freigabebescheinigung für Komponenten nach Herstellung bzw. Instandhaltung (DEMAR Form 1) • Freigabebescheinigung nach Herstellung vor Auslieferung für Luftfahrzeuge (DEMAR Form 53) • Freigabebescheinigung für Luftfahrzeuge nach Instandhaltung (Certificate of Release to Service).

Begriff deutsch	Abkürzung	Begriff englisch	Erklärung deutsch
Fremdkörperschädigung	FOD	Foreign Object Debris/ Damage	Nach Herstellung oder Instandhaltung zurückgelassene Teile, z. B. Werkzeug, Tücher, Tuben und Dosen, Kugelschreiber, Verpackung, Bohrspäne, Münzen, Smartphones. Auch Oberflächenverunreinigungen durch Öl, Fette oder Staub fallen unter die FOD Rubrik. FOD steht für Foreign Object Debris (= Schrott => Ursachen) sowie Foreign Object Damage (= Beschädigung => Folgen).
Gewerbliche Wirtschaft			Zusammenfassender Begriff für alle Betriebe aufseiten der Privatwirtschaft, die die Bundeswehr bei der Erfüllung ihrer Aufgaben unterstützen. Hierbei kann es sich hierbei um Lieferanten, Unterauftragnehmer oder Dienstleister handeln.
Halter der Militärischen Musterzulassung	HMilMz		Der HMilMz übernimmt mit Erteilung der Musterzulassung die Verantwortung für die Aufrechterhaltung der Lufttüchtigkeit für das Luftfahrzeugmuster (Continued Airworthiness). Der HMilMz wird somit formal zum Design-Verantwortlichen nach Abschluss der Entwicklungsphase. Die Aufgabenwahrnehmung HMilMz kann delegiert werden. Der HMilMz ist BAAINBw angesiedelt.
Handbuch		Exposition	Ein Dokument, welches den Genehmigungsumfang einer Organisation dokumentiert und nachweist, dass die DEMAR Anforderungen in der internen QM-Dokumentation berücksichtigt werden.
Instandhaltung		Maintenance	Instandhaltung bezieht sich auf alle Maßnahmen, die während der Nutzungsdauer zur Erhaltung des bestimmungsgemäßen Gebrauchs durchgeführt werden müssen, um die durch Abnutzung, Alterung und Witterungseinwirkung entstehenden baulichen und sonstigen Abweichungen vom „Soll“ ordnungsgemäß zu verlangsamen oder zu beseitigen.
Instandsetzung			Instandsetzung bezieht sich auf alle Maßnahmen, die bei bereits eingetretenen Mängeln und Schäden zur Wiederherstellung eines Soll- Zustands dienen.

Begriff deutsch	Abkürzung	Begriff englisch	Erklärung deutsch
Komponenten		Components	Begriff aus der DEMAR 145/DEMAR M. Zu den Komponenten gehören Triebwerke und Propeller, sowie alle Bau- und Ausrüstungsteile. In der DEMAR 21 wird der Begriff der Komponente nicht verwendet, stattdessen wird dort von Bau- und Ausrüstungsteilen gesprochen.
Konfigurationsmanagement	KM	Configuration Management	Konfigurationsmanagement (KM) ist die systematische Steuerung und vollständige Dokumentation von Produktzusammensetzung und -eigenschaften über den gesamten Produktlebenszyklus. Es dient somit dem Zweck, ein Produkt auf Basis formalisierter Verfahren vollständig technisch bzw. fachlich-inhaltlich in seiner Produktentwicklung zu beschreiben.
Konformitätsbescheinigung	COC	Certificate of Conformance	Eine Bescheinigung/Bestätigung, dass eine Komponente, Betriebs-, Roh- oder Hilfsstoff den vertraglich festgelegten Anforderungen und/oder auf einem anerkannten (nationalen oder internationalen) Standard entspricht.
Konformitätserklärung für neu hergestellte Luftfahrzeuge (21G, DEMAR Form 52)		Aircraft Statement of Conformity	Siehe Freigabedokument
Konformitätserklärung nach Ende des Entwicklungsprozesses (DEMAR 21J)	DoC	Declaration of Compliance	Eine vom Leiter des Entwicklungsbetriebs unterzeichnete Erklärung, die die Einhaltung aller anwendbaren Anforderungen der Musterzulassungsbasis und ggf. der Umweltschutzanforderungen belegt. Es wird erklärt, dass das Luftfahrzeug innerhalb der spezifischen Konstruktions- und Leistungsgrenzen lufttüchtig ist und während der Entwicklung, die im genehmigten Handbuch spezifizierten Prozesse eingehalten wurden.
Lebenszeitbegrenzte Bauteile		Life limited Part (LLP)/ Time Changeable Items (TCI)	Teile, die als Bedingung für ihre Zulassung eine bestimmte Betriebszeit, Kalenderzeit, Anzahl von Betriebszyklen oder andere zugelassene Einheiten der Lebensdauerbeschränkung nicht überschreiten dürfen.
Lieferant		Vendor	Ein Lieferant ist ein Zulieferer, der Teile mit einer behördlichen Freigabebescheinigung liefert. Auch Betriebe, die Rohmaterial sowie Norm-/Standardteile zuliefern, werden als Lieferanten klassifiziert.

Begriff deutsch	Abkürzung	Begriff englisch	Erklärung deutsch
Line Maintenance			Hierbei handelt es sich um Wartungsaktivitäten zur Bewahrung des Sollzustands. Instandhaltungsmaßnahmen, die während des laufenden Flugbetriebs vorgenommen werden, ohne das Luftfahrzeug aus der Einsatzbereitschaft zu nehmen, fallen unter die Line Maintenance.
Lizenzierung			Die Lizenzierung von Personal ist die Bestätigung des erforderlichen Ausbildungs- und Erfahrungsstandes einer natürlichen Person durch eine Luftfahrtbehörde, wodurch die Person für geeignet erklärt wird, Freigabetätigkeiten an einem Luftfahrzeug nach erfolgter Instandhaltung vorzunehmen.
(zuständige) Luftfahrtbehörde	NMAA	National Military Airworthiness Authority	Nationale militärische Luftfahrtbehörde, die für die Lufttüchtigkeit von militärischen Luftfahrzeugen verantwortlich ist. In Deutschland ist dies das Luftfahrtamt der Bundeswehr (LufABw).
Luftfahrtgerät			Begriff aus dem Altverfahren. In der DEMAR wird von Komponenten oder Luftfahrzeugen bzw. von Produkten sowie Bau- und Ausrüstungsteilen gesprochen.
Luftfahrzeug-Instandhaltungsprogramm	IHP	Aircraft Maintenance Programme	Dokument, das die spezifischen planmäßigen Instandhaltungsaufgaben und deren Häufigkeit der Durchführung, die zugehörigen Instandhaltungsverfahren und die zugehörigen Standardinstandhaltungspraktiken, die zur Erhaltung der Lufttüchtigkeit der Luftfahrzeuge, für die es gilt, beschreibt oder durch Verweis einbezieht. Das IHP wird durch die CAMO für jedes Luftfahrzeug stückbezogen erstellt und durch das LufABw freigegeben.
(militärische) Luftfahrzeugrolle		(military) national register	Die Luftfahrzeugrolle der Bundeswehr ist eine Liste, in die jedes zum Flugbetrieb zugelassene Luftfahrzeug der Bundeswehr, für welches die Verkehrszulassung erteilt und ein Kennzeichen vergeben wurde, aufgeführt ist. Die Luftfahrzeugrolle wird vom LufABw geführt.

Begriff deutsch	Abkürzung	Begriff englisch	Erklärung deutsch
Lufttüchtigkeit		Airworthiness	Lufttüchtigkeit definiert die Fähigkeit eines Luftfahrzeugs oder einer Komponente ohne wesentliche Gefährdung für Luftfahrzeugbesatzung, Bodenpersonal, Passagiere oder Dritte betrieben werden zu können.
Lufttüchtigkeitsanweisung	LTA	Airworthiness Directive (AD)	Eine LTA ist ein durch das LufABw herausgegebenes Dokument, das Maßnahmen zur Wiederherstellung ausreichender Sicherheit an einem Luftfahrzeug enthält. Bei Veröffentlichung von LTAs liegen Mängel vor, die im Musterzulassungsprozess noch nicht absehbar waren. Diese werden dann während des Flugbetriebs oder im Rahmen der Instandhaltung durch die Nutzer oder durch DEMAR Betriebe festgestellt. Die Umsetzung von LTAs ist vorgeschrieben.
Luftverkehrsgesetz	LuftVG		Das Luftverkehrsgesetz ist die zentrale Rechtsgrundlage des Luftfahrtrechts in Deutschland.
Luftverkehrsgesetz-Beleihungsverordnung	LuftVGBV		Verordnung über die Beleihung juristischer Personen des privaten Rechts gemäß § 30a des Luftverkehrsgesetzes zur Wahrnehmung der in § 30a Absatz 1 Satz 1 des Luftverkehrsgesetzes angeführten Aufgaben durch einen Verwaltungsakt des Luftfahrtamtes der Bundeswehr.
Master Minimum Equipment List	MMEL	Master Minimum Equipment List (MMEL)	Die MMEL ist ein Vorgabedokument des Entwicklungsbetriebs, das festlegt, welche Systeme und Komponenten mindestens funktionstüchtig verfügbar sein müssen, um die Lufttüchtigkeit des Luftfahrzeugs zu gewährleisten. Die MMEL wird für das jeweilige Luftfahrzeugmuster erstellt.
Materialverantwortlicher für die Einsatzreife	MatVwtEinsRf		Die Rolle als Materialverantwortliche für die Einsatzreife der Luftfahrzeuge nimmt die Präsidentin des BAAINBw wahr. Hierbei wird u. a. der Lebenszyklus im Rahmen der Nutzungssteuerung der Waffensysteme geplant und gesteuert. Operativ nimmt der Projektleiter im BAAINBw die produktbezogenen Aufgaben wahr.

Begriff deutsch	Abkürzung	Begriff englisch	Erklärung deutsch
Menschliche Faktoren		Human Factors (HF)	Es ist ein Sammelbegriff für psychische, kognitive und soziale Einflussfaktoren, die zwischen menschlichen und technischen Systembestandteilen wirken. In der DEMAR werden unter Human Factors all jene Umstände subsumiert, die Einfluss auf das Arbeitsergebnis der in der Entwicklung, Herstellung oder Instandhaltung tätigen Personen nehmen.
Methoden zur Einhaltung	MoC	Means of Compliance	Die Methoden, die verwendet werden, um die Konformität der Nachweise im Entwicklungsprozess mit jeder in der Basis der Musterzulassung genannten Zulassungsanforderung nachzuweisen. Beispiele sind Prüfung, Analyse und Inspektion.
Militärische ergänzende Musterzulassung	MSTC	Military Supplemental Type Certificate – STC	Ein von der Behörde ausgestelltes oder anerkanntes Dokument, das eine wesentliche Ergänzung an einer Musterzulassung durch eine andere Organisation als den ursprünglichen Entwicklungsbetrieb bescheinigt.
Militärische Musterzulassung	MTC	Military Type Certificate	Von einer Behörde ausgestellte Bescheinigung, die besagt, dass ein Luftfahrzeug den geltenden Lufttüchtigkeitsanforderungen entspricht.
Militärische Personallizenz für die Instandhaltung von Luftfahrzeugen	MAML	Military Aircraft Maintenance Licenses	Eine Lizenz, die dessen Inhaber berechtigt, Luftfahrzeuge nach erfolgter Durchführung von Instandhaltungsmaßnahmen erneut für den Flugbetrieb freizugeben. Voraussetzung ist, dass der Lizenzinhaber Qualifikationsmaßnahmen entsprechend DEMAR 66 durchlaufen hat. Die Lizenz wird musterbezogen durch das LufABw erteilt. Ergänzend zur behördlichen Lizenz muss stets eine betriebliche Berechtigung ausgesprochen werden, bevor der Inhaber Instandhaltung im Namen des genehmigten Betriebs ausführen darf.
Military Airworthiness Authorities Forum	MAWA-Forum		Das MAWA-Forum wurde 2008 gegründet, um die Harmonisierung der Lufttüchtigkeitsanforderungen der EDA Nationen zu unterstützen. Es besteht aus Vertretern jeder der EDA National Military Airworthiness Authorities (NMAAs) und wird von der EDA geleitet, die auch die organisatorische und administrative Unterstützung leistet.

Begriff deutsch	Abkürzung	Begriff englisch	Erklärung deutsch
Mindestausrüstungsliste	MEL	Minimum Equipment List	Die Minimum Equipment List stellt die individuelle Ableitung der MMEL für jedes einzelne Luftfahrzeug dar. Sie wird durch die betreibende Organisation stückbezogen für jedes Luftfahrzeug erstellt. Die MEL kann restriktiver gefasst sein als die MMEL, keinesfalls aber dürfen die Anforderungen der MMEL in der MEL unterschritten werden.
Modifikation		Modification	Eine Modifikation ist eine Änderung der Konstruktion gegenüber der zugelassenen Konfiguration. Typische Beispiele sind Bauteiländerungen, Ergänzungen von Geräten oder Softwareänderungen und beinhalten oft eine Überarbeitung der Zeichnungen und der unterstützenden Dokumentation. Für jede Modifikation ist eine Änderung der Musterzulassung oder eine ergänzende Musterzulassung erforderlich.
Musterbauzustand/Musterbauart		Type Design	Es handelt sich um die Definition des Designs eines Luftfahrzeugs. Der Musterbauzustand wird beschrieben über Zeichnungen, Schaltpläne und Spezifikationen, die erforderlich sind, um die Konfiguration und die Konstruktionsmerkmale der Produkte zu definieren.
Musterprüfprogramm		Certification Programme	Dokument zur Planung und systematischen Durchführung der Nachweisführung. Es legt Art und Umfang der Nachweise zur Erfüllung einzelner Lufttüchtigkeitsforderungen fest. Das Musterprüfprogramm wird zu Beginn des Entwicklungsprozesses durch den Entwicklungsbetrieb ausgearbeitet und durch die zuständige Luftfahrtbehörde freigegeben.
Musterprüfrahmenprogramm			Das Musterprüfrahmenprogramm ist die Bezeichnung der Musterzulassungsbasis im Altverfahren und findet in der DEMAR keine Anwendung mehr.
Musterzulassung	TC	Type Certificate (TC)	Die Musterzulassung ist die behördliche Bestätigung, dass die Konstruktion eines Luftfahrzeugs (Muster) die definierten Anforderungen an die Lufttüchtigkeit für den vorgesehenen Verwendungszweck erfüllt.

Begriff deutsch	Abkürzung	Begriff englisch	Erklärung deutsch
Musterzulassungsbasis		Type Certification Basis	Auflistung der zu erfüllenden Lufttüchtigkeitsforderungen, die ggf. auf Vorschlag des Entwicklungsbetriebes durch das LufABw erstellt wird. Die Musterzulassungsbasis kann Teil der Produktspezifikation sein und gibt vor, welche Anforderungen ein Luftfahrzeug erfüllen muss, um eine militärische Musterzulassung zu erhalten.
Nachweisführung		Showing of Compliance	Sie dient dem Zweck, die Übereinstimmung der Entwicklung mit der Musterzulassungsbasis zu prüfen und zu begründen. Bei der Nachweiserbringung handelt es sich um die strukturierte Validierung der Entwicklungsaktivitäten. Die Methoden der Nachweisführung werden über die MoC definiert.
Normteil		Standard Part	Normteile (auch Standardteile) sind normierte Teile, die in Übereinstimmung mit einer anerkannten Spezifikation hergestellt werden. Solche Spezifikationen sind üblicherweise als Industriestandard anerkannt und geben Kriterien für die Konstruktion, Herstellung, Prüfung, Abnahme und Kennzeichnung vor. Beispiele sind EN- oder DIN-Teile sowie Teile nach ANSI oder ASTM. Idealerweise gibt der TC-Halter für sie einen Standard Parts Katalog heraus. Norm- und Standardteile sind ohne DEMAR Form 1 in ein Luftfahrzeug einzubauen. Für sie ist ein Certificate of Conformity, CoC, ausreichend.[1]
Nutzung			Siehe Rüstung
Obsoleszenzmanagement			Obsoleszenzmanagement beschreibt die systematische Erfassung, Analyse und Überwachung kritischer Bauteile, Komponenten, Grundstoffe und Software. Es umfasst alle Tätigkeiten die zur Aufrechterhaltung der Materialverfügbarkeit und damit zum Erhalt des Musterbauzustands notwendig sind.
Produkt (DEMAR 21)		Product	Begriff aus der DEMAR 21, mit dem Luftfahrzeuge, Triebwerke und Propeller gemeint sind. Kennzeichen von Produkten ist, dass Produkte eine Musterzulassung erhalten. Bau- und Ausrüstungsteile gelten insoweit nicht als Produkte, sondern sind immer Bestandteil eines Produkts.

[1] Hinsch, M. (2022).

Begriff deutsch	Abkürzung	Begriff englisch	Erklärung deutsch
Recognition			Anerkennung einer fremden Luftfahrtbehörde mit der bestätigt wird, dass deren Prozesse, Verfahren und Standards sowie personelle Ausstattung geeignet sind, zuverlässige Ergebnisse zu liefern. Dies bedeutet, dass eine ausreichende Konformität mit den Anforderungen der anwendbaren Regelungsraume gewährleistet ist.
Regelungsraum			Das Vorschriftenumfeld, in dem eine militärische Luftfahrzeugzulassung möglich ist. Die Bundeswehr verfügt über zwei Regelungsräume: 1. die DEMAR als Standardverfahren nach A-275/3 sowie 2. das Altverfahren nach A-275/2
Reparatur		Repair	Eine Reparatur ist die Beseitigung von Schäden und/oder die Wiederherstellung eines lufttüchtigen Zustands. Als Reparatur gelten aber nur solche Arbeiten, die Konstruktionsmaßnahmen, d. h. die Einbindung eines nach DEMAR 21J genehmigten Entwicklungsbetriebs erfordern. Weniger komplexe Schäden, die ohne Entwicklungsanteil behoben werden können, z. B. weil deren Reparaturmethode eindeutig in einem Reparaturhandbuch beschrieben sind, fallen unter die Instandhaltung.
Rüstung			Die Realisierung von Rüstungsprojekten der Bundeswehr unterteilt sich in zwei wesentliche Hauptphasen. In der Analysephase Teil 1 und Teil 2 werden die Anforderungen an ein Waffensystem definiert. Diesen schließt sich die Realisierungsphase an, in der die Entwicklung und Herstellung erfolgt. Ebenso ist der Realisierungsphase die Einführung der Waffensysteme bei den Streitkräften und die Aufnahme des Betriebs zugeordnet. Es schließt sich die längste Phase, die Nutzungsphase, an. Diese beginnt mit der Erteilung der Genehmigung zur Nutzung durch den zuständigen Projektleiter.
Safety Management			Beim Safety Management handelt es sich um die strukturierte Auseinandersetzung mit sicherheitsrelevanten Risiken in luftfahrttechnischen Betrieben, um Gefahren für die Lufttüchtigkeit proaktiv zu minimieren. Der Fokus ist damit produktzentriert.

Begriff deutsch	Abkürzung	Begriff englisch	Erklärung deutsch
Standardteil		Standard part	Siehe Normteil
Standardverfahren (DEMAR)			Bei den German Military Airworthiness Requirements (DEMAR) als eigenständigem Regelungsraum handelt es sich um die deutsche Implementierung der im Rahmen des MAWA Forums harmonisierten European Military Airworthiness Requirements (EMAR). Die EMAR basieren auf den gesetzlichen Vorgaben der EU für die zivile Luftfahrt.
Systemunterstützungsbetrieb			Systemunterstützungsbetriebe nehmen u. a. Aufgaben des HMilMz wahr und bedürfen i. d. R. der Genehmigung durch das LufABw als Entwicklungsbetrieb für die beauftragten Leistungen.
Unterauftragnehmer	UAN	Subcontractor	Unterauftragnehmer sind Zulieferer ohne eine eigene behördliche Genehmigung. Sie führen Bestandteile der Leistungserbringung im Auftrag des genehmigten Betriebs als verlängerte Werkbank aus, z. B. Fertigung von Zeichnungsteilen, Oberflächenbehandlung oder Engineering-Dienstleistungen (verlängerter Zeichentisch).
Unterstützungspersonal		Support Staff	Personal, welches das freigabeberechtigte Personal (mit CAT C Lizenz) einer Base-Maintenance Liegezeit im Rahmen der Qualitätssicherung unterstützt. Das Tätigkeitsspektrum des Unterstützungspersonals umfasst dabei vor allem Dokumentenprüfungen und technische Stichproben. Unterstützungspersonal benötigt eine DEMAR 66-Lizenz der Kategorie B1 oder B2 einschließlich entsprechender Musterberechtigung.
Verantwortlicher Betriebsleiter		Accountable Manager	Von der genehmigten Organisation benannte Person, die gegenüber der Behörde für die Einhaltung der DEMAR Anforderungen gesamtverantwortlich ist. Der verantwortliche Betriebsleiter eines gewerblichen Betriebes muss ein Mitglied der Geschäftsleitung sein oder selbst über den entsprechenden Gestaltungspielraum verfügen, Personal einzustellen und sonstige Ressourcen zu beschaffen. Der verantwortliche Betriebsleiter muss seine Kompetenz und sein Bewusstsein nach Ernennung in einem persönlichen Eignungsgespräch gegenüber dem LufABw darlegen.

Begriff deutsch	Abkürzung	Begriff englisch	Erklärung deutsch
Verkehrssicherheit			Die Verkehrssicherheit umfasst alle Tätigkeiten, Verhaltensweisen, Vorkehrungen und Maßnahmen zur sicheren Benutzung von Verkehrsmitteln und Verkehrswegen zu Lande, zu Wasser und in der Luft. Hierzu zählen auch Anforderungen an die Betriebserlaubnis sowie Zulassungsanforderungen. Die Verkehrssicherheit ist ein Begriff aus dem Altverfahren und findet in der DEMAR keine übergeordnete Verwendung.
Verkehrszulassung			Die Verkehrszulassung ist die behördliche Erlaubnis zur Teilnahme am Luftverkehr für ein individuelles Luftfahrzeug. Die Verkehrszulassung ist die formelle Eintragung einzelner Luftfahrzeuge in die militärische Luftfahrzeugrolle durch die Behörde einschließlich Zuweisung eines taktischen Kennzeichens. Nachweis der Verkehrszulassung ist im Standardverfahren das Lufttüchtigkeitszeugnis (im Altverfahren der Verkehrszulassungsschein).
Wehrtechnische Dienststelle 61	WTD 61		Die Wehrtechnische Dienststelle für Luftfahrzeuge und Luftfahrtgerät der Bundeswehr wurde am 1. Oktober 1957 als Erprobungsstelle 61 gegründet und hat ihren Standort in Manching bei Ingolstadt auf dem Fliegerhorst Ingolstadt/Manching. Sie ist für die Erprobung von Luftfahrzeugen für die Bundeswehr zuständig und untersteht organisatorisch dem BAAINBw.
Zertifizierung			Nachweis der betrieblichen Qualitätsfähigkeit als Alternative zur behördlichen Betriebsgenehmigung. Branchentypisch halten viele Betriebe der Luftfahrt, Raumfahrt und Verteidigung eine Zertifizierung aus der EN 91XX Normenreihe. Die AQAP ist demgegenüber kein zertifizierbarer Standard. Eine AQAP Konformität wird durch das BAAINBw lediglich bescheinigt/bestätigt.
Zulassungsstrategie			Die Zulassungsstrategie legt fest, wie Muster- und Verkehrszulassung von Luftfahrzeugen erreicht und erhalten werden sollen und wie die zugehörigen Rollen durch die gewerbliche Wirtschaft, Partnernationen und Dienststellen der Bundeswehr wahrgenommen werden. Die Erstellung der Zulassungsstrategie obliegt dem BAAINBw.

Begriff deutsch	Abkürzung	Begriff englisch	Erklärung deutsch
Zulassungswesen			Der Oberbegriff für alle Aktivitäten im Rahmen der Entwicklung, Zulassung, Herstellung, Instandhaltung, dem Instandhaltungsmanagement oder der Instandhaltungspersonallizenzierung militärischer Luftfahrzeuge und Komponenten im Standardverfahren DEMAR.
Zulieferer			Oberbegriff für Lieferanten, Unterauftragnehmer und Dienstleister.

Literatur

Hinsch, M.: Der EASA Part 21/G – Herstellung in der Luftfahrtindustrie. Berlin/Heidelberg 2022

Stichwortverzeichnis

M. Hinsch et al., *Einführung in die DEMAR*,
https://doi.org/10.1007/978-3-662-65676-1

Zeitfracht Medien GmbH
Ferdinand-Jühlke-Straße 7
99095 Erfurt, Deutschland
produktsicherheit@kolibri360.de